AF747879

© L'Harmattan, 2018
5-7, rue de l'Ecole-Polytechnique, 75005 Paris

www.editions-harmattan.fr

ISBN : 978-2-343-15644-6
EAN : 9782343156446

Darwinisme et éthique chrétienne

Religions et Spiritualité

fondée par Richard Moreau,
Professeur émérite à l'Université de Paris XII
dirigée par Gilles-Marie Moreau et André Thayse,
Professeur émérite à l'Université de Louvain

La collection *Religions et Spiritualité* rassemble divers types d'ouvrages : des études et des débats sur les grandes questions fondamentales qui se posent à l'homme, des biographies, des textes inédits ou des réimpressions de livres anciens ou méconnus.

La collection est ouverte à toutes les grandes religions et au dialogue inter-religieux.

Dernières parutions

Hyejeong SEO, *Après le baptême, le chrétien est-il toujours pécheur ?* Simul justus et peccator *chez Luther*, 2018.
Simona Somsri BUNARUNRAKSA, *Monseigneur Louis Laneau. 1637-1696. Un pasteur, un théologien, un sage ?*, 2018.
D. MEYER, J.-M. MALDAMÉ, A. SAYADI, J.-P. CASTEL, *Lutter contre la violence monothéiste. 3 voix répondent à 10 questions*, 2018.
Sœur MARIE-ANCILLA, *Le Nouvel Âge à l'œuvre dans l'Église, La gnose de retour*, 2018.
Jacques SUAUDEAU, *Le linceul de Turin, de l'analyse historique à l'investigation scientifique, Tome 1 : Face à l'histoire, Tome 2 : Face à l'investigation scientifique*, 2018.
Giraud PINDI, *La procédure de nullité matrimoniale devant l'évêque diocésain*, 2018.
Gérard LEROY, *L'Événement. Tout est parti des rives du Lac*, 2018.
Hélène BOUCHARD, *Pascal et la mystique*, 2018.
Francis WEILL, *Les perles du midrach*, 2018.
Paul BERNARD, *L'enquête Jésus*, 2017.
Grégoire-Sylvestre GAINSI, *De l'amitié à l'eucharistie, Un aller-retour,* 2017.
Elie BOTBOL, Destin et vocation du peuple juif, *Réflexions sur les célébrations de Hanouka et de Pourim et sur le destin du peuple juif depuis la destruction du Temple*, 2017.
Fr. Louis Marie DE FRILEUZE, *« Apparition » de la Vierge Marie au Cameroun. Une spiritualité pour notre temps*, 2017.

Isaac NIZIGAMA

Darwinisme et éthique chrétienne

Un dialogue de sourds

Du même auteur

1. *Introduction à la sociologie de la religion de Peter L. Berger,* Éditions L'Harmattan, Collection « *Logiques sociales* », Paris, 2017.

2. Murundi *qui es-tu ? Genèse et évolution de l'identité citoyenne déchirée au Burundi, des origines à nos jours,* Éditions L'Harmattan, Coll. « *Études africaines* », Paris, 2015.

3. *La « dialectique bergérienne » analysée et critiquée : étude du rapport dialectique entre le pluralisme religieux et l'incertitude religieuse dans la pensée de Peter L. Berger*, Presses Académiques francophones, Riga (Lettonie), 2012.

4. *Par-delà les gènes et les « mêmes » : l'éthique évolutionniste « vraiment darwinienne » chez Daniel Clement Dennett*, Éditions Universitaires Européennes, Riga (Lettonie), 2012.

Introduction

Certains travaux portant sur le darwinisme dès le milieu du 20è siècle, dans le sillage du courant néo-darwiniste, prétendirent restituer la pensée originelle de Charles Darwin (1809-1882) en dénonçant une « mésinterprétation » de cette dernière par ses contemporains évolutionnistes (cf. par ex. Dennett, 2000, p. 54et ss ; Tort, 2017, pp. 3-4). L'aura dont ont été parées la stature et la postérité scientifiques de ce naturaliste anglais a ainsi été, à travers ces travaux, défendue, voire accréditée en jetant un discrédit sur toute tentative critique visant à remettre en question ces lettres de noblesse dans le monde scientifique occidental contemporain. Sa théorie serait ainsi purement scientifique, rien des « théories pernicieuses » dont sont accusés les « fossoyeurs » dénoncés de sa pensée ne pourrait être retracé dans son œuvre. Parmi ces derniers, les plus en vue sont les promoteurs du darwinisme social et de l'eugénisme qui auraient mal compris la pensée de Charles Darwin lui-même.

Loin d'avoir restitué la pensée originelle de Charles Darwin, cette histoire est pour le moins œuvre de bons apologistes et vulgarisateurs évolutionnistes et n'a que peu à voir avec le caractère scientifique dont elle prétend s'accréditer. En effet, une relecture attentive de *La Descendance de l'Homme* notamment des chapitres concernant l'évolution du sens moral et les origines des différences entre humains et animaux quant aux facultés intellectuelles et morales (chapitres 3 à 5) indique clairement le développement, chez Darwin lui-même, d'idées sinon clairement eugénistes et social-darwinistes du moins pouvant favoriser le développement de telles philosophies. Darwin a bel et bien appliqué aux sociétés humaines le mécanisme de la Sélection naturelle fondé principalement sur les idées de la lutte pour l'existence et de la survivance du plus apte c'est-à-dire de la sélection des mieux adaptés et des plus doués et vigoureux parmi les animaux et les humains. Herbert Spencer (1820-1903) n'a peut-être fait que reprendre ces idées, que les développer en en assumant les conséquences logiques pour vulgariser le darwinisme social.

Nous pouvons affirmer, sans grand risque de nous tromper, que Darwin est le père du darwinisme social, de l'eugénisme et du nazisme, du capitalisme sauvage, ultra-libéral, du racisme moderne surtout au sens de racisme culturel. Nous ne sommes d'ailleurs pas les premiers à constater une telle orientation de la pensée darwinienne (cf. par ex. Weikart, 2004, pp. 10-

43). Bien que Charles Darwin ait pris explicitement position contre la traite des Noirs et leur esclavage à une époque où ce fléau était infligé sans état d'âme aux peuples africains par des Occidentaux se justifiant au moyen de théories racistes, il faut se rappeler que le Parlement anglais et les États-Unis d'Amérique avaient déjà délégitimé cette traite négrière en 1807 et en 1808 et que ceux qui continuaient de se livrer à ce commerce des êtres humains le faisaient principalement pour des raisons économiques[1]. Or, dans *The Descent of Man* publié en 1871, soit près d'un demi-siècle après la condamnation officielle de la traite négrière, Darwin usa massivement des expressions comme « les peuples sauvages », les « tribus barbares », les « hommes primitifs », les « hommes semi-simiens », etc. qui sont clairement à connotation ou à tendance raciste. Qui plus est, l'établissement d'une échelle d'humanisation par des critères non seulement civilisationnels et raciaux, mais aussi de santé, d'intelligence, de vigueur physique, de richesse économique, etc. constitue clairement une promotion d'idées eugénistes. Darwin parle même, à cet égard, comme on le verra dans ce livre, d'« homme supérieur » et « d'homme inférieur » sur la base de ces critères.

Qui plus est, Darwin a amplement cité Francis Galton (1822-1911), son propre cousin, statisticien passionné par les phénomènes de l'hérédité qui promut des idées eugénistes concernant la sélection artificielle, de type génétique, appliquée à l'espèce humaine (Tort, 2017, p. 76). Il a cité Herbert Spencer dont les thèses philosophiques sur l'évolutionnisme se combineront avec ses propres idées pour donner lieu au courant du darwinisme social. Par ailleurs, l'étude des œuvres originales de Darwin et de ses diverses correspondances montre que ses distances par rapport aux thèses lamarckiennes[2] ne sont pas si tranchées qu'on a voulu le faire croire. Darwin, dans *La Descendance de l'Homme,* soutient la transmission héréditaire des caractères acquis par habitude telles que les vertus morales et les habitudes favorisant la sociabilité (Charmetant, 2010, p. 116).

---

[1] Voir par exemple à ce propos l'article de Luiz Felipe de ALENCASTRO : « L'abolition de la traite des Noirs », in *Encyclopedia Universalis* [en ligne], consulté le 20 avril 2018. URL : http://www.universalis.fr/encyclopedie/traite-des-noirs/

[2] Jean-Baptiste Lamarck (1744-1829) fut à l'origine de la théorie évolutionniste de type transformiste dont Darwin se réclama en voulant en modifier certaines idées telles que celle de la transmission des caractères acquis par l'organisme par son adaptation à l'environnement (Nizigama, 2007, pp. 9-10).

Le présent ouvrage tente de relire Darwin sur le thème de l'anthropologie et de l'éthique à l'aune de la théologie chrétienne de la grâce. Comme chacun sait, le darwinisme a eu un impact énorme sur l'auto-conception de l'être humain et sur la définition chrétienne de ce dernier. Or, l'existence chrétienne est marquée particulièrement par le thème de la grâce, qui, dès l'antiquité chrétienne, est considérée comme la marque de la surnaturalité de l'être chrétien. Nous aborderons brièvement le thème de l'« image de Dieu » (*Imago Dei*), qui renvoie à la nature profonde et universelle de l'être humain en tant qu'être raisonnable, doué de « libre arbitre », capable d'auto-détermination, dont même la coulpe originelle n'a pas eu raison (Bovy, 1938 ; Huftier, 1968 ; Lot-Borodine, 1970, p. 207). De cette façon, dans la perspective chrétienne, tout être humain détient une dignité inaliénable d'origine divine qui fonde sa responsabilité dans les divers domaines, y compris l'éthique, comme l'a bien montré le philosophe français Paul Ricœur (1913-2005) (Clair, 2002, pp. 153-163). Notre relecture des thèses de Darwin concernant l'éthique vise donc à restituer, le plus près possible, la pensée de Darwin sans les lunettes des commentaires des évolutionnistes et des darwiniens contemporains. Si nous n'étudions pas ici l'ensemble des écrits de Darwin, ni sur le darwinisme en tant que tel ni sur l'éthique, les chapitres choisis dans son livre principal sur l'anthropologie et l'anthropogonie nous semblent suffisants pour accéder à sa pensée à cet égard. Notre objectif est donc plus modeste et circonscrit tout en étant précis et logique. En effet, l'aspect de sa pensée qui nous intéresse est bien celui de l'éthique en lien avec celui de la religion et Darwin n'y a consacré que ces quelques chapitres de son ouvrage majeur portant sur l'origine et la nature de l'homme. Il ne serait pas pertinent de nous perdre dans les méandres de ses autres idées sortant du champ de ce sujet précis. Le but principal de ce livre est donc surtout d'évaluer la compatibilité de sa pensée avec les idées fondamentales du christianisme notamment du point de vue de l'éthique. Dans cette dernière, le thème de la grâce revêt un caractère central. Il sera également utile, pour notre propos, d'amener en discussion les idées des évolutionnistes chrétiens dont nous n'avons retenu qu'un seul, le Chanoine Henry de Dorlodot (1855-1929) qui défendit la compatibilité de la pensée darwinienne avec l'orthodoxie catholique.

Ainsi, *The Descent of Man* (1871)[3] sera notre source sur l'anthropologie et l'éthique darwiniennes. Après avoir brièvement retracé l'évolution du darwinisme, de Charles Darwin au darwinisme contemporain (premier chapitre), nous aborderons sa pensée anthropologique et éthique (2è chapitre). Il sera ici question de restituer ses idées essentielles sur l'homme, sur la morale et sur la religion. Nous le citerons beaucoup, tout en commentant les extraits cités. Une fois ces idées résumées, nous aborderons la pensée chrétienne, en indiquant les caractères essentiels de son éthique (chapitre 3) et en comparant les idées principales du christianisme à cet égard avec les idées darwiniennes résumées (chapitre 4). Il nous suffira d'évoquer à ce moment un des théologiens chrétiens (catholiques) qui ont tenté, en début du 20e siècle, de concilier darwinisme et théologie chrétienne, pour évaluer la pertinence et la portée de cette entreprise de conciliation (chapitre 5). Notre conclusion sera une mise en perspective en rapport avec les développements précédents en indiquant également d'autres perspectives, sur la compatibilité ou l'incompatibilité (à quelque degré qu'on puisse se situer) des deux visions du monde et de l'être humain : la darwinienne et la chrétienne.

Nous espérons que ce livre contribuera à mettre au jour les caractères essentiels de la pensée darwinienne qui doivent être tenus en considération lorsqu'on entreprend de la légitimer et d'ajuster les principes chrétiens en conséquence. Nous sommes conscients de n'être pas les premiers à écrire sur ce sujet ; bien d'autres auteurs ont tenté de le faire avant nous. Il nous semble inutile cependant d'en faire la revue ici, tant la littérature à cet égard est abondante : d'un côté, étant donné le caractère controversé de la pensée darwinienne surtout dans les milieux chrétiennement conservateurs, et, de l'autre, parce que cette pensée a réellement des implications théologiques importantes. L'essentiel pour nous est de proposer un retour aux sources darwiniennes elles-mêmes, une compréhension de ses fondements épistémologiques originaux, une évaluation de la teneur démonstrative de ses preuves. Un détour qui vaut la peine d'être entrepris à l'époque contemporaine puisque la pensée darwinienne est tenue pour vraie, est diffusée dans toutes les couches des sociétés occidentales et est enseignée aux enfants dans les écoles publiques préparant l'humanité de demain.

[3] Nous exploiterons la traduction française publiée en 1891 : Charles Darwin, *La Desendance de l'Homme et la sélection sexuelle*, Préface de Karl Vogt, Éditions G. Reinwald and Cie, Librairies-Éditeurs, Paris, 1891.

Beaucoup de ceux qui diffusent cette pensée et qui la défendent *mordicus* comme une vérité scientifique semblent ne jamais avoir eu à entreprendre cette démarche archéologique qui caractérise pourtant tout intellectuel épris de vérité et d'honnêteté. C'est là un piège du laïcisme dont nous voulons nous méfier à titre de théologien chrétien en proposant cette contribution à sa déconstruction.

Chap. I. Le darwinisme

1.1. De Charles Darwin au néo-darwinisme

Dans *On the Origin of Species* (Darwin, 1859)[4], plusieurs fois édité, Darwin traite uniquement de l'évolution du vivant. Il se garde d'étendre sa théorie de la Sélection naturelle aux sociétés humaines. Dans *The Descent of Man* (Darwin, 1871), il aborde la question de l'origine et de l'originalité de l'homme[5] à travers les lunettes de la théorie développée dans le premier ouvrage, tout en retraçant ce que Patrick Tort appelle « l'effet réversif de l'évolution » (Tort, 2017, p. 72), expression qui ne se trouve pas chez Darwin lui-même. Par le développement des instincts sociaux, notamment de la sympathie, par la naissance de la « civilisation », l'évolution aurait engendré une sorte de paradoxe selon lequel, au lieu de laisser subsister, survivre, uniquement les « plus aptes », il faut plutôt protéger les faibles, prendre soin des moins aptes afin de parer à leur élimination naturelle. Darwin défend ainsi, dans ce sens, dans *La Descendance de l'Homme*, la moralité du genre humain en tant que produit indirect de l'Évolution biologique et de la Sélection naturelle.

Il est utile de rappeler que le darwinisme, dont Charles Darwin est à l'origine, est une théorie évolutionniste transformiste, traitant spécifiquement des questions biologiques dans une perspective non seulement scientifique, mais aussi philosophique, de type radicalement naturaliste, selon laquelle les

---

[4] Nous citons ici la traduction définitive de l'anglais au français qui a été faite par Edmond Barbier et publiée chez Alfred Costes, Éditeur à Paris en 1921, du titre original anglais : *On the Origin of Species by Means of Natural Selection or the Preservation of Favoured Races in the Struggle for Life* (1859). Ici, nous utilisons la version électronique de cette traduction publiée à l'Université du Québec à Chicoutimi en 2006 et disponible sur le Web.

[5] Étant donné l'usage encore répandu, au temps de Darwin, du terme générique de l'« homme » en englobant tout le genre humain, y compris les femmes, nous employons souvent dans ce livre ce terme tout en lui préférant celui d'« être humain » qui sera davantage employé autant que possible.

espèces vivantes descendent les unes des autres en vertu du mécanisme de la Sélection naturelle qui est le facteur principal de leur transformation. La théorie darwinienne est transformiste à l'instar de celle de Jean-Baptiste Lamarck (1744-1829) à l'origine de ce qu'on nomme le lamarckisme. LAMARCK soutenait que le créationnisme biblique est incapable de rendre compte des phénomènes observés par les scientifiques telles que les adaptations des organismes vivants à leur environnement et aux conditions de l'existence. Selon sa théorie, qui insiste sur les modifications adaptatives, tout organisme est soumis à deux tendances : une tendance à la complexification et une tendance à une meilleure adaptation à son milieu de vie. Qui plus est, les caractères acquis au cours des procès d'adaptation aux conditions de l'existence deviennent héréditaires. Cette théorie transformiste défendant l'idée de la transmission des caractères acquis au cours de l'évolution sera développée notamment dans son ouvrage *Philosophie zoologique* (Lamarck & Martins, 1873).

Reprenant cette idée transformiste, Darwin dans *On the Origin of Species* (1859), insiste sur les variations aléatoires des organismes au niveau des caractères héréditaires plutôt que sur les caractères phénotypiques acquis. Bien que des idées lamarckiennes subsistent dans ses écrits notamment lorsqu'il parle de la transmission héréditaire des habitudes transmutées en instincts, il privilégie l'explication du processus de l'évolution biologique au moyen de la Sélection naturelle. Celle-ci agit comme un principe de préservation des variations utiles où intervient toutefois le « puissant principe de l'hérédité ». Son insistance aussi sur la sélection sexuelle se justifie dans ce cadre surtout lorsqu'il parle de l'origine de l'homme dans son second grand ouvrage sur ce sujet. Citons Darwin qui, dans *L'origine des espèces* (1921), explique les raisons qui l'ont poussé à développer sa théorie de la Sélection naturelle comme mécanisme principal de l'évolution biologique :

> Si au milieu des conditions changeantes de l'existence, les êtres organisés présentent des différences individuelles dans presque toutes les parties de leurs structures, et ce point n'est pas contestable ; s'il se produit entre les espèces, en raison de la progression géométrique de l'augmentation des individus, une lutte sérieuse pour l'existence à un certain âge, à une certaine saison ou pendant une période quelconque de leur vie, et ce point n'est pas contestable ; alors, en tenant compte de l'infinie complexité des rapports mutuels de tous les êtres organisés et de leurs rapports avec les conditions de

> leur existence, ce qui cause une diversité infinie et avantageuse des structures, des constitutions et des habitudes, il serait extraordinaire qu'il ne se soit jamais produit des variations utiles à la prospérité de chaque individu, de la même façon qu'il s'est produit tant de variations utiles à l'homme. Mais, si des variations utiles à un être organisé quelconque se présentent quelquefois, assurément les individus qui en sont l'objet ont la meilleure chance de l'emporter dans la lutte pour l'existence ; puis, en vertu du principe si puissant de l'hérédité, ces individus tendent à laisser des descendants ayant les mêmes caractères qu'eux. J'ai donné le nom de sélection naturelle à ce principe de préservation (Darwin, 1921, p. 152).

Ce « principe de préservation » que Darwin a nommé « Sélection Naturelle », constitue, à n'en point douter, la principale innovation de la pensée transformiste darwinienne. L'évolutionnisme lui-même était un courant philosophique en vogue à son époque et reste un paradigme dominant de l'interprétation scientifique de l'histoire du vivant et même de l'Univers à l'époque qui est la nôtre. La pensée évolutionniste s'était ainsi déjà développée dans les milieux scientifiques avant Darwin. C'est Lamarck qui, le premier, avait proposé d'orienter l'évolutionnisme biologique dans le sens transformiste après la découverte des espèces éteintes, par l'étude des fossiles. Il rencontra toutefois une farouche opposition par les défenseurs du principe biblique de la création, qui seront baptisés « créationnistes » et « fixistes ». Parmi eux, Georges Cuvier (1769 - 1832), qui voulut plutôt concilier l'existence des espèces éteintes avec la création biblique en faisant appel à la notion de « création multiple », une création qui serait échelonnée dans le temps (Cuvier, 1825). Pour lui, la disparition des espèces et la création de nouvelles espèces fait suite à la survenance de grandes catastrophes naturelles telles que le Déluge dont une version est racontée aux chapitres 7 et 8 du livre biblique de la Genèse et dont on rencontre des versions similaires dans presque toutes les religions anciennes (des Aztèques et des Mayas aux religions des autochtones australiens en passant les par les mythes africains des origines) (Éliade, 1979, 182 sq). La philosophie de Cuvier fut baptisée « catastrophisme ». Celui-ci s'éloigne de l'interprétation littérale du récit biblique de la création tout en tentant d'en sauver l'enseignement cosmogonique par l'idée d'une création par Dieu, mais échelonnée dans les temps géologiques.

Charles DARWIN s'oppose à cette conception catastrophiste en soutenant la thèse de la continuité dans la nature : « *natura non facit saltus* » (la nature ne fait pas de saut) ; devise qu'il partageait d'ailleurs avec le botaniste suédois Carl von LINNÉ (1707-1778) soutenant pourtant le principe de la création et de la fixité des espèces (Linne & Quesne, 1788). Le fixisme a été défendu philosophiquement pour la première fois par Gottfried Wilhelm LEIBNIZ (1646-1716) qui développa une métaphysique fondée sur le « principe de raison suffisante » : « jamais rien n'arrive sans qu'il y ait une cause ou du moins une raison déterminante, c'est-à-dire qui puisse servir à rendre raison *a priori* pourquoi cela est existant plutôt que non existant et pourquoi cela est ainsi plutôt que de toute autre façon » (Leibniz, Gottsched, & Leibniz, 1763). La métaphysique leibnizienne comporte une théologie défendant une conception philosophique de Dieu à l'instar du « Premier Moteur Immobile » de la métaphysique aristotélicienne (Aristotle & Hamelin, 1931; Dzagoyan, 1986; Manquat & Aristotle. Appendix, 1932). Cette conception de Dieu n'est pas en accord avec la pensée chrétienne selon laquelle Dieu revêt des caractères personnels, relationnels, interagissant avec les humains dans l'histoire, dans leur contingence, au-delà de toute nécessité. Nous développerons cet aspect dans notre troisième chapitre.

À quoi renvoie exactement la position créationniste et fixiste que refuse Darwin ? Le créationnisme biblique et la philosophie fixiste expliquent l'origine du monde, des espèces vivantes et de l'homme par l'idée de la création directe de Dieu (ou de la Cause Première) *ex-nihilo* (à partir de rien) telle que relatée dans le premier livre de la Bible : la *Genèse*, terme lui-même d'origine grecque (*Genesis*) qui signifie justement *« origine », « engendrement »*. Cette doctrine qui est religieuse a donné lieu à une philosophie théiste de la nature selon laquelle c'est Dieu qui a créé les espèces vivantes telles qu'elles sont, qu'elles ont toujours été et qu'elles seront toujours. Les espèces sont donc fixes, elles ont été créées distinctes une fois pour toutes. Elles participent à un ordre naturel voulu par Dieu, qui est immuable, invariable, jusqu'à la fin du monde terrestre. Si des variétés peuvent exister à l'intérieur des espèces, celles-ci restent en elles-mêmes immuables et fixes en vertu de leurs caractères essentiels.

Dans le langage de la philosophie aristotélicienne, ce sont les « accidents » qui peuvent changer, se modifier, se transformer, mais les essences, les formes, ne peuvent se modifier que si leur Cause Première en décide. La doctrine fixiste sur le plan philosophique remonte ainsi bien plus loin qu'à Leibniz, à la théorie des essences de Platon au IVe avant Jésus-

Christ, en passant par la théorie des substances d'Aristote (Aristotle, 1879). Elle sera transposée dans la philosophie chrétienne notamment par saint Thomas d'Aquin (D'Aquin & Gosselin, 1948). Il est important de noter que c'est précisément cette interprétation de la réalité et du vivant qu'entendent remettre en question les théories évolutionnistes de type naturalistes et transformistes telles que celle de Charles Darwin.

Faut-il aussi rappeler que nonobstant le fait que le darwinisme soit devenu le paradigme dominant de l'interprétation scientifique de l'histoire du vivant à l'époque contemporaine, il n'a jamais réussi à évincer cette conception créationniste et fixiste qui tient toujours la route dans les milieux religieux, dans la culture populaire, mais aussi dans certains milieux scientifiques qui critiquent le caractère essentiellement hypothétique des thèses macro-évolutionnistes des darwiniens ? On peut citer ici par exemple « *l'association de science créationniste du Québec* »[6] dont les membres pour la plupart se réclamant du monde académique affirment avoir démenti dix arguments de la théorie évolutionniste, y compris celle darwinienne. Aux États-Unis, les défenseurs du créationnisme sont très actifs pour démontrer la fausseté de l'évolutionnisme darwinien. Certains parmi eux prônent une lecture littérale de la Genèse biblique notamment en termes de jours de la création et de l'âge de la terre[7].

La conception créationniste est difficile à concilier avec la théorie de la Sélection naturelle telle que l'entendent notamment les néo-Darwiniens, prônant une « théorie synthétique de l'Évolution ». La principale pomme de discorde n'est pas seulement le fait de postuler au début des choses visibles l'action d'un Créateur intelligent, mais aussi et surtout celui consistant à maintenir dans le fonctionnement de la Nature l'idée d'une *Surnature*, d'une « Providence », instance métaphysique qui assurerait la préservation, la conservation de l'Univers et des êtres vivants en tant que Cause Première non-causée. Il est à noter toutefois tout en refusant le principe fixiste de la création des espèces dans leurs distinctions essentielles, que Darwin lui-même, à la fin de *L'origine des espèces*, a émis d'hypothèse d'un Créateur à l'origine des « puissances de la vie », excluant ainsi un évolutionnisme matérialiste radical. En divers endroits toutefois, Darwin affirme dans son

[6] www.creationnisme.com consulté le 2018-02-18.
[7] www.answeringenesis.org consulté le 2018-02-2018. Ce site est ouvertement religieux de la mouvance évangélique.

ouvrage n'être pas en mesure d'expliquer dans le cadre de sa théorie l'origine de la vie en tant que telle, parce que pour lui, celle-ci ne peut pas provenir de la matière brute.

Quant à Herbert Spencer, il développa, dans ses travaux philosophiques, davantage une théorie évolutionniste matérialiste radicale qu'il qualifia de « *Loi de l'évolution* » dans son « plan général de la philosophie synthétique » publié sous forme de « *Programme* » (1860) deux ans avant la publication des *Premiers principes*[8]. Selon Spencer, l'évolution est un passage graduel de l'homogène vers l'hétérogène et de l'incohérent vers le cohérent. Un phénomène évolue dans le sens d'une différenciation et d'une intégration (organisation) croissante de la matière. « L'évolution est une intégration de matière et une dissipation concomitante de mouvement, durant laquelle la matière passe d'une homogénéité indéfinie et incohérente à une hétérogénéité définie et cohérente et durant laquelle le mouvement retenu subit une transformation parallèle » (Spencer & Cazelles, 1871 Chap. XVII).

Cette conception de l'évolution comme un progrès de la matière vers plus de complexité et de cohérence n'est pas partagée par Charles Darwin. Chez ce dernier qui se limite au problème de la transformation des espèces les unes dans les autres sans expliquer l'origine de la vie elle-même (à part son hypothèse de l'existence d'un Créateur), c'est la lutte pour l'existence expliquée par la progression géométrique de l'augmentation des individus, idée reprise d'ailleurs de l'*Essay on the Principle of Population* (1798) de l'économiste anglais Thomas Malthus (1766-1834) (cf. Tort, 2017, pp. 17, 37) qui est à l'origine de la sélection et non une quelconque loi de l'évolution de la matière. Chez les humains, comme il l'affirme dans *La descendance de l'homme et la sélection sexuelle,* la Sélection naturelle aurait sélectionné l'instinct social allant à l'encontre de la lutte sauvage pour la survie prévalant dans le monde non-humain, d'une manière qui aurait donné naissance à l'altruisme moral ; celui-ci étant considéré comme un avantage sélectif dans la lutte pour l'existence non seulement entre humains et groupes sociaux, mais également entre le genre humain et le reste des vivants[9]. Contrairement à la loi spencérienne de l'évolution, le mécanisme

[8] Herbert Spencer, *First Principles*, D. Appleton and Company, NY, 1895.
[9] Voir à ce propos les travaux qui ont porté sur cette pensée éthique darwinienne en comparaison avec l'éthique philosophique développée notamment par Emmanuel Kant et

darwinien de la Sélection naturelle n'est dirigé vers aucun but préalable, seule la survie de l'espèce apparaît expliquer son action. On peut d'emblée remarquer ici que la pensée darwinienne devient incompatible avec l'idée de l'existence d'un Créateur intelligent qui aurait impulsé les puissances de la vie à des formes non vivantes originelles puisque si cela était le cas l'évolution ne serait pas dénuée de tout plan et de toute finalité. On peut ainsi à juste titre s'interroger sur les raisons qui ont poussé Darwin à émettre cette hypothèse à la fin de son ouvrage alors que l'ensemble de son argumentation fondée sur le mécanisme de la Sélection naturelle apparaît complètement se passer de cette hypothèse d'un plan conçu par un Créateur à l'origine du vivant. Nous reviendrons sur ce problème à notre cinquième chapitre.

Darwin maintient en effet l'idée des variations avantageuses dans la lutte pour la survie des êtres vivants et l'applique aussi à l'émergence graduelle des sociétés humaines : l'instinct social, l'altruisme biologique, serait une de ces variations sélectionnées par « Dame Nature » parce qu'elle est avantageuse pour les espèces concernées, d'abord chez les animaux dits sociaux, ensuite chez les premiers humanoïdes, ensuite chez les primates du genre *homo*, ensuite chez les tribus d'« hommes sauvages » qui sont déjà des *homo sapiens* non encore civilisés, et enfin chez les « hommes civilisés ». Dame Nature ou la Sélection naturelle travaillerait sur des variations dans les structures des organismes qui essaient de s'adapter à leurs milieux de vie (constitués notamment des autres êtres, de l'environnement et des conditions de l'existence). Les individus qui ont des structures les mieux adaptées ont davantage de chances de remporter la compétition dans la lutte pour l'existence. Le principe de l'adaptation, comme le montrera Stephen Jay Gould (1941-2002), est à tenir pour associé à celui de la Sélection naturelle dans la pensée darwinienne (Gould, 2002).

Darwin a également insisté sur les mécanismes de l'hérédité, notamment lorsqu'il traite de la « sélection sexuelle » qu'il pense être particulièrement à l'œuvre dans les sociétés humaines, l'instinct social étant plus développé chez les femmes que chez les hommes. L'hérédité permet aux individus ayant des structures adaptées de les transmettre à leurs descendants au moyen de la reproduction. Or, la reproduction chez les humains est sexuée.

---

d'autres philosophes (Grafen, 1989 ; Porter, Darwin, Huxley, Spencer, & Tyndall, 1874 ; Ruse, 2009 ; Schurman & Kant, 1881).

Elle passe par les femmes qui tendent à favoriser la sociabilité en vue de la survie de l'espèce humaine. À cet égard, il faut rappeler également la théorie darwinienne de la « pangénèse » élaborée par Darwin pour expliquer le mécanisme de l'hérédité chez les organismes vivants : chaque cellule peut produire un petit germe, ou gemmule, qui provoque la formation d'une partie analogue à celle dont il provient. Sur le plan humain et social, il ne s'agirait pas simplement d'une « pangénèse » mais d'une transmission non seulement des instincts sociaux, mais également des habitudes sociales qui, comme nous le verrons plus loin, seraient à l'origine de la moralité proprement dite.

Ces aspects spécifiques à la théorie darwinienne seront particulièrement soulignés par les Néo-darwiniens se reconnaissant dans ce qu'on appelle « la théorie synthétique de l'Évolution » que Daniel Clement Dennett qualifie de « darwinisme orthodoxe » (Dennett, 1995). Parmi eux, certains défendent une théorie radicale du darwinisme, faisant de la Sélection nature l'équivalent séculier du Créateur biblique, tout en lui attribuant des attributs opposés. Pour cela, ils furent qualifiés d'« ultra-darwiniens ». Peuvent être comptés parmi les « ultra-darwiniens » Daniel Clement Dennett (Dennett, 1987, 1992, 1995 ; D. C. Dennett, 2003), Richard Dawkins (R. Dawkins, 1986, 2003, 2011) qui défendent par exemple la thèse de la sélection naturelle comme un « Horloger aveugle », c'est-à-dire un architecte/Horloger non prévoyant de la complexité organisée qui se rencontre dans les choses vivantes dont l'unité est le gène, et dans la culture humaine dont l'unité serait le « même ». Examinons brièvement l'origine de ce courant darwinien.

1.2. Le néo-darwinisme

Le néo-darwinisme ou théorie synthétique de l'évolution est le résultat de l'approfondissement de la théorie darwinienne en y intégrant les résultats des avancées de la recherche en biologique moléculaire, surtout en biologie génétique. Les deux auteurs que nous venons de mentionner intègrent ces approfondissements dans leurs analyses. Trois amendements de la théorie originelle de Darwin ont été faits tenant compte des développements récents dans les divers domaines scientifiques touchés par la théorie darwinienne : le premier amendement fait suite à la théorie d'Auguste WEISMANN (1834-1914) selon laquelle la continuité germinale est fondée sur des corpuscules du patrimoine héréditaire. Cette théorie fut présentée en 1883 et ressemble encore pour beaucoup à l'hypothèse de la « *pangenèse* » formulée par DARWIN lui-même sans connaître encore le concept de « gène ». Le deuxième amendement correspond à l'intégration, entre 1930 et 1940, des lois de la génétique mendélienne (de Gregor MENDEL, 1822-1884). Le troisième correspond à la découverte en 1953, de l'ADN par Francis CRICK (1916-2004) et James WATSON (1928 -) prix Nobel de médecine, mais ouvertement raciste envers les Noirs[10]. La macromolécule d'ADN est le support universel de l'hérédité. Appliquée à la théorie darwinienne avec les approfondissements précédents, elle devient la « théorie synthétique de l'évolution ». Ses défenseurs prétendent qu'à l'époque contemporaine, avec ces approfondissements, le darwinisme est devenu plus une science du laboratoire, affaire des biologistes, des spécialistes du génie génétique, non plus seulement celle des botanistes ou des collecteurs de coléoptères. Mais là également, il convient d'attirer l'attention des chercheurs sur le fait que la découverte de l'ADN en tant que support de l'information génétique (pour préciser le concept d'hérédité), codée et extrêmement organisée, constitue l'un des arguments majeurs contre la théorie darwinienne de la Sélection naturelle. L'ADN serait à cet égard un démenti évident de la thèse macro-évolutive non orienté, car l'idée d'un concepteur intelligent s'imposerait à l'origine de l'information codée dans l'ADN. Car, il est extrêmement improbable que l'ADN se soit mise en place d'elle-même par des mécanismes évolutionnaires aveugles comme le prétendent les darwiniens.

Mais l'aspect du darwinisme qui intéresse particulièrement notre propos ici est celui touchant à l'éthique. La théorie synthétique de l'évolution traite surtout de science, de biologie. Des philosophes, ultra-darwiniens, ont tenté d'étendre, au-delà des thèses darwiniennes lui-même, en se basant notamment sur la

---

[10]« M. Watson, âgé de 79 ans, a indiqué au *Sunday Times* qu'il aurait aimé que tout le monde soit égal, mais que "ceux qui ont à traiter avec des employés noirs savent que ce n'est pas vrai". "Nos politiques sociales se fondent sur le fait que leur intelligence est la même que la nôtre (Occidentaux blancs), alors (...) que toutes les recherches concluent que ce n'est pas vraiment le cas", a-t-il affirmé au journal britannique »
cf. http://www.lemonde.fr/ameriques/article/2007/10/20/le-scandale-ne-des-propos-racistes-du-prix-nobel-james-watson-s-amplifie_969190_3222.html, consulté le 2018-04-20. On peut d'ailleurs se demander si ce n'est pas justement la théorie darwinienne à laquelle il adhère qui est à l'origine de sa conception raciste des différences entre Blancs et Noirs. Car tout chacun sait qu'à l'intérieur des races humaines se trouvent des différences de tous ordres entre individus, et que par conséquent, il y a des doués chez les Noirs comme chez les Blancs, et des stupides chez les Noirs comme chez les Blancs, comme tous peuvent également développer des habilités intellectuelles et physiques lorsqu'ils sont soumis aux mêmes conditionnements éducationnels. Cette généralisation de l'intelligence ou de la stupidité sur des races humaines entières ne peut être que le résultat d'une conception évolutionniste de l'origine de l'être humain et de ses races. Nous reviendrons sur cette critique plus loin dans cet ouvrage.

théorie synthétique de l'évolution, ces données au domaine de la culture et de l'éthique. Richard Dawkins, anglais, a publié l'ouvrage intitulé *The Extended Phenotype* (1982) où il théorise sa notion de « *même* » considérée comme l'équivalent culturel du gène. Celui-ci est pour lui un « gène égoïste » qui utilise les êtres vivants pour se répliquer, se perpétuer (R. Dawkins, 1976). Dirigé donc par l'égoïsme génétique, la Nature se montre comme un Horloger aveugle, expression qui traduit le mieux la nature de la Sélection darwinienne (R. Dawkins, 1986). Et cette caractéristique de Dame Nature s'appliquerait, *mutatis mutandis*, à la culture humaine où l'égoïsme génétique serait doublé de l'égoïsme « mémétique », les cultures ayant, à l'instar des organismes biologiques, leur unité de réplication qu'est le « même » (R. Dawkins, 1989).

Daniel Clement Denett, philosophe américain, a publié l'ouvrage intitulé *Freedom Evolves* (D. C. Dennett, 2003) où il traite d'éthique darwinienne en présentant justement la liberté humaine, source de la responsabilité éthique, comme un produit de l'évolution biologique et culturelle, une évolution de cette même liberté poursuivant son cours. Sa théorie à cet égard s'attaque au problème de la conscience humaine et de l'esprit dans son ouvrage *Consciousness explained* (Dennett, 1991). L'explication envisagée de la conscience et de la liberté s'inscrit dans le cadre d'une défense de la théorie darwinienne exposée dans *Darwin's Dangerous Idea* (Dennett, 1995) où Dennett défend la thèse de l'Horloger aveugle à l'instar de son collège biologiste et philosophe Dawkins. La sélection naturelle aurait ainsi constitué des « grues évolutionnaires » permettant de l'élever des origines de la vie, où les organismes unicellulaires émergèrent spontanément des produits chimiques de la Terre primitive, pour ensuite se répliquer et évoluer progressivement vers la pluricellularité, dans « l'infini espace du Dessein » par une sorte d'« algorithmes évolutionnaires » (dans le jargon dennettien), histoire que l'on peut tenter de reconstituer à l'aide de simulations informatiques. Avec cette théorie, Dennett pense ne plus avoir besoin de « crochets célestes » (les idées religieuses, à l'instar du Créateur de la vie postulé par Darwin) pour expliquer les phénomènes humains notamment celui de la liberté et de la conscience morale. Il pense, comme Dawkins, que « Darwin leur donne de devenir des athées intellectuellement comblés » (R. Dawkins, 1988). Mais il faut bien dire d'emblée que ces théories débordent à coup sûr les thèses anthropologiques et éthiques de Darwin lui-même telles qu'elles furent formulées dans son livre *La Descendance de l'Homme*.

Les néo-darwiniens ou ultra-darwiniens comme on a fini par les caractériser, abordent cet aspect également par le biais de ce qu'on a appelé « la sociobiologie » qui part des études de la socialité dans le règne animal pour tenter d'expliquer les comportements sociaux humains en termes de stades évolués à partir des instincts animaux[11]. Sur ce point, les sociobiologistes sont plus fidèles à la pensée darwinienne en termes d'explication de l'origine du sens éthique que les ultra-darwiniens non sociobiologistes, tel que D.C. Dennett, qui étendent surtout les théories génétiques au domaine de la culture et de la morale notamment par l'idée d'un équivalent culturel du gène. Sachant que Darwin lui-même expliquait les comportements moraux à partir d'« instincts sociaux », des sentiments comme la sympathie, etc. il faut donc reconnaître que le courant sociobiologiste prolonge l'œuvre de Darwin dans *La Descendance de l'homme* où une véritable approche éthique est développée (Baxter, 2007 ; Dennen, Smillie, & Wilson, 1999 ; Naour, 2009).

Mais qu'est-ce qu'exactement l'« éthique darwinienne » ? Quelles sont principalement les affirmations de Darwin à cet égard ? Les chapitres III, IV et V de la *Descendance de l'homme* traitent spécifiquement des différences entre facultés intellectuelles et morales de l'homme et celles des animaux, du sens moral et religieux et du développement de ces facultés chez l'homme, aussi bien chez les peuples dits « sauvages » que chez les peuples dits « civilisés ». Nous y trouvons donc le matériau dont nous avons besoin pour examiner notre problématique. Le prochain chapitre constitue une restitution commentée de ces idées. Nous laisserons Darwin lui-même s'exprimer et nous y ajouterons quelques commentaires qui nous serviront de base à notre confrontation avec la pensée chrétienne au chapitre IV de cet ouvrage. L'objectif de celui-ci est de montrer, sans prétendre épuiser la question, que l'éthique chrétienne et le darwinisme, malgré les efforts du siècle dernier allant dans le sens de la conciliation, entretiennent, en réalité, un dialogue de sourds.

---

[11] Cf. notamment Barash, 1982 ; Christen, 1979 ; Lumsden & Wilson, 1981 ; Szekely, Moore, & Komdeur, 2010 ; E. O. Wilson, 1976, 1978.

Chap. II. Anthropologie et éthique darwiniennes

2.1. Une anthropologie naturaliste et matérialiste

Dans son ouvrage intitulé *The Descent of Man and the Selection in Relation to Sex* (Darwin, 1871), Darwin a formulé ses thèses sur la nature humaine. Il y livre également sa vision de la morale et de l'éthique. Fidèle à son intuition centrale expliquée dans *On the Origin of Species* (1859) selon laquelle l'ensemble des êtres vivants sont le fruit d'une évolution longue et graduelle et selon un processus de transformation des espèces les unes dans les autres sous l'action du mécanisme de la Sélection naturelle, Darwin considère l'être humain comme faisant partie intégrante de ce processus, dans ses aspects tant physiques et biologiques que culturels et moraux. Deux principales traductions françaises de ce livre ont été proposées, l'une en 1872, sous le titre de *La Descendance de l'Homme* (Darwin, 1891), l'autre, plus récente, sous le titre de *La Filiation de l'Homme* (Darwin, 2013)[12]. Cet ouvrage eut pour objet d'examiner si l'homme, à l'instar d'autres espèces, est issu par filiation de quelque forme ou de quelque espèce plus ancienne. Il s'agissait, pour Darwin, de comprendre ainsi son mode de développement et la valeur des différences raciales au sein du genre humain.

En suivant Patrick Tort qui a résumé les idées principales de ce livre (Tort, 2017), Darwin dressa, dans ce livre, la liste des phénomènes de ressemblances qui rendent, selon lui, indiscutable le lien entre la constitution anatomo-physiologique de l'être humain et celle des autres membres des groupes des Vertébrés. L'anatomie comparée dont Thomas Huxley était spécialiste (Huxley, 1877, 1879, 1880) et à qui Darwin a emprunté ses

[12] La dernière traduction semble plus fidèle au titre original de l'ouvrage, mais là n'est pas notre principale préoccupation. De cette façon, nous nous référerons à la première traduction tout en sachant que le contenu des deux traductions, à l'exception du titre, reste le même.

arguments (Darwin, 1883), lui fournit des idées en faveur de ce lien notamment les ressemblances anatomo-physiologiques entre animaux et humains (cf. Tort, 2017, p. 54). Ces ressemblances étant constatées, Darwin recourt aussi à des données tirées de l'anthropologie physique, de l'anthropométrie, de l'observation du comportement humain et de l'étude des sociétés qu'il appelle « civilisées », à l'instar de beaucoup de ses contemporains adeptes de la « mission civilisatrice » de l'Europe pour les autres peuples, en comparaison avec les cultures exotiques, parmi lesquelles celles que Darwin a lui-même observées durant son voyage sur le *Beagle* (Darwin, 1994 ; Darwin & Barlow, 1945). La conclusion de l'analyse de Darwin de ces données anatomo-physiologiques et anthropologiques quant à la variabilité au sein du genre humain est qu'elle se constate au niveau des races et des sociétés humaines, de sorte que, pour Darwin, la Sélection naturelle démontre son activité au sein même de l'humanité.

Mais si l'être humain démontre des traits physiques qui le lient à l'ensemble d'autres Vertébrés notamment les mammifères supérieurs, Darwin n'en demeure pas moins frappé par la différence qui existe entre cet être capable de raison et de culture et les autres mammifères, mêmes supérieurs, qui en sont moins capable ou n'en sont pas du tout. Néanmoins, sur le plan physique, les différences à ce niveau, notamment celles concernant le cerveau, bien qu'elles puissent susciter l'étonnement, sont, pour lui, liées à l'évolution notamment par le mécanisme de l'hérédité (Darwin, 1883). La sélection sexuelle apparaît à Darwin comme un mécanisme central dans ce mécanisme, à côté de la Sélection naturelle, pour rendre compte de la filiation de l'Homme. Darwin répond d'ailleurs, dès la préface de la deuxième édition de *The Descent* à deux critiques importantes adressées à sa théorie concernant le rôle de la sélection sexuelle:

> La sélection sexuelle a été traitée avec plus d'étendue dans le présent ouvrage, par la raison que l'occasion s'en présentait pour la première fois. J'ai été frappé de la ressemblance de la plupart des critiques à moitié favorables, de la sélection sexuelle, avec celles qu'avait rencontrées la sélection naturelle, prétendant, par exemple, que ces principes pouvaient bien expliquer quelques faits isolés, mais ne pouvaient certainement pas être employés avec l'extension que je leur ai donnée. Ma conviction sur le pouvoir de la sélection sexuelle n'a cependant pas été ébranlée, quoiqu'il soit probable, et même certain, qu'avec le temps un certain nombre de mes conclusions pourront être trouvées erronées, chose tout à fait explicable, puisqu'il s'agit d'un sujet traité

pour la première fois. Lorsque les naturalistes se seront familiarisés avec l'idée de la sélection sexuelle, je crois qu'elle sera acceptée plus largement, comme elle a d'ailleurs été admise déjà par plusieurs des juges les plus autorisés (cf. Préface de Darwin, 1891).

Il est donc important de souligner cependant que les deux mécanismes théorisés par Darwin, à savoir, la Sélection naturelle et la sélection sexuelle s'inscrivent exclusivement dans le cadre d'un naturalisme matérialiste comme l'a bien souligné Patrick Tort :

> Cette remarquable dialectique du biologique et du social, qui se construit pour l'essentiel dans les chapitres III, IV, V et XXI[13] de *La Filiation* et qui, en plus de s'opposer à toutes les conduites oppressives, préserve l'indépendance des sciences sociales en même temps qu'elle autorise et même requiert le matérialisme éthique déductible d'une généalogie scientifique de la morale, n'a été reconnue dans toute sa force logique qu'à partir du début des années 1980 (Tort, 2017, p. 57).

Comme nous le verrons dans ce chapitre, M. Tort a certainement tort de penser que la théorie darwinienne « s'oppose à toutes les conduites oppressives », du moment que l'évolution vers la civilisation et l'amélioration de l'espèce humaine sur le plan tant intellectuel que moral requiert la domination des groupes civilisés sur les peuples « sauvages », l'élimination des vicieux, des débiles, des moins aptes pour favoriser le développement des vertueux, des intelligents et des plus aptes : l'exemple du soutien à la peine capitale des criminels, considérés comme naturellement immoraux, de l'enfermement des « hypochondriaques » jusqu'à leur suicide, etc. est assez parlant à cet égard. Darwin constate, avec regret comme on le verra plus loin, que ce travail de sélection n'est plus pleinement accompli dans les sociétés dites civilisées, mais cela engendre pour lui une sorte de dégénérescence de l'espèce.

Qui plus est, devons-nous le rappeler, le naturalisme éthique darwinien se trompe puisque l'évolution morale des sociétés dites « civilisées » ne dépend

---

[13] À noter que contrairement à *La Filiation de l'Homme*, traduction sur laquelle a travaillé Patrick Tort, *La Descendance de l'Homme* ne comporte pas de chapitre XXI. Dans celle-ci, les chapitre XIX et XX portent sur les caractères sexuels secondaires chez l'homme. Ils n'intéressent pas directement le sujet de ce livre qu'est l'éthique sauf pour les questions en rapport avec les rapports entre les sexes (masculin et féminin) que nous avons jugé bon de ne pas traiter ici.

pas de la sélection, mais de l'enseignement des valeurs morales dont le christianisme, combiné avec la philosophie gréco-romaine de l'antiquité, peut se targuer d'être le principal moteur dans les sociétés occidentales (malgré les tares connues de son histoire telles que la traite négrière indiquée plus haut). Ce ne sont pas, par exemple, les moralement mauvais qui subissent la peine capitale, mais aussi et souvent des innocents, tel que le montre, de façon emblématique, la crucifixion de Jésus de Nazareth. La justice sociale n'est nullement une tendance naturelle de l'homme qui a plutôt tendance à suivre la loi dite de la jungle, qui est celle bien entendu de la Sélection naturelle, légitimant la domination du plus fort sur le plus faible, le plus fort n'étant pas nécessairement le plus vertueux, ni le meilleur du point de vue moral, mais celui qui détient la force physique, militaire et économique de s'imposer sur les autres, souvent aux prix des sacrifices énormes, y compris les crimes les plus odieux.

En quoi, exactement, l'être humain est tout de même le produit de l'évolution et de la Sélection naturelle et sexuelle avec ses capacités qui lui sont propres ? C'est la question dont la recherche de solution occupe la majeure partie de l'ouvrage consacré à l'anthropologie chez Darwin. Parmi ses réponses, Darwin théorise sa conception de l'éthique, car qui parle de caractères spécifiques à l'être humain, nul ne peut ignorer l'aspect éthique et social. De quoi s'agit-il exactement ? Examinons la question de plus près.

2.2. Éthique évolutionniste et naturaliste

2.2.1. Différences entre animaux et humains

L'éthique darwinienne, on vient de le voir, relève du « matérialisme éthique » (Tort, 2017). Darwin établit « un continuum biologico-social » que Patrick Tort a tenté d'expliquer avec sa thèse de l'*effet réversif de l'évolution* (ibid.), qui n'est pas toutefois une thèse de Darwin lui-même, du moins explicitement. En effet, dans *La Descendance de l'Homme*, qui comporte deux parties, Darwin a traité, dans un premier temps, de la « descendance ou l'origine de l'homme » (chapitres I à VII). Les questions d'ordres culturelles et morales y sont traitées spécialement en ses chapitres III, IV et V. Les chapitres III et IV comparent les facultés mentales de l'Homme avec celles des animaux, y compris au niveau du sens moral ; le chapitre V traite du développement des facultés intellectuelles et morales « pendant les temps primitifs et les temps civilisés ». Dans la deuxième partie (chapitres VIII à XX), il traite de la sélection sexuelle et des caractères sexuels secondaires chez les mammifères et chez l'homme. Il faut noter aussi l'accent mis, dans cette partie, par Darwin, sur la différence entre les « sauvages » et les « civilisés » dans le comportement et la sélection sexuelle notamment dans le dernier chapitre de l'ouvrage.

Différences des capacités intellectuelles

Nous avons vu, affirme Darwin, dans les deux derniers chapitres, [c'est-à-dire I et II], que la conformation corporelle de l'homme, c'est-à-dire la ressemblance de ses traits anatomo-physiologiques avec d'autres mammifères supérieurs, prouve clairement qu'il descend d'un type inférieur ; on peut objecter, il est vrai, que l'homme diffère si considérablement de tous les autres animaux par le développement de ses facultés mentales que cette conclusion doit être erronée (Darwin, 1891, pp. 66-67). Il s'attelle ainsi à démontrer en quoi cette objection ne tient pas la route. Tout en reconnaissant que ces différences « énormes », dit-il, existent entre les animaux inférieurs et les êtres humains, il soutient que la descendance de l'être humain d'un type inférieur, au moyen de modifications lentes et graduelles, est prouvée par sa théorie. La démonstration qu'il entreprend dans ce livre vise à montrer comment les facultés intellectuelles de l'être humain sont bel et bien le produit de l'évolution par Sélection naturelle et sexuelle :

> Il faut bien admettre aussi qu'il y a un intervalle infiniment plus considérable entre les facultés intellectuelles d'un poisson de l'ordre le plus inférieur, tel qu'une lamproie ou un amphioxus, et celle de l'un des singes les plus élevés, qu'entre les facultés intellectuelles de celui-ci et celles de l'homme ; cet intervalle est, cependant, *comblé par d'innombrables gradations* [...]. D'ailleurs, à ne considérer que l'homme, la distance n'est-elle pas *immense au point de vue moral* entre *un sauvage*, tel que celui dont parle l'ancien navigateur Byron, qui écrasa son enfant contre un rocher parce qu'il avait laissé tomber un panier plein d'oursins, et *un Howard ou un Clarkson* ; *au point de vue intellectuel, entre un sauvage qui n'emploie aucun terme abstrait, et un Newton ou un Shakespeare ?* Les gradations les plus délicates relient les différences de ce genre, qui existent entre les hommes les plus éminents des races les plus élevées et les sauvages les plus grossiers (Darwin, 1891, p. 67 ; à nous les italiques).

Il faut d'abord remarquer ici cette « différence immense » que Darwin constate, tant au point de vue moral qu'intellectuel, entre l'homme « sauvage » et l'homme « civilisé ». Darwin l'attribue, non à l'éducation, mais à l'évolution, de sorte que le même processus évolutif se constate entre les humains et les animaux. L'important ici est de souligner que cette différence, immense soit-elle, n'est pas de nature, mais de degré évolutif. Pour Darwin, il n'existe « aucune différence fondamentale entre l'homme et les mammifères les plus élevés, au point de vue des facultés intellectuelles » (Darwin, 1891, p. 68). Pourtant, plus loin, il affirme l'existence de cette différence notamment par le fait que les instincts sont prédéterminés et héréditaires, qu'ils sont parfaits quant à leur mode de fonctionnement tant chez le jeune animal que chez l'adulte de la même espèce, alors que l'intelligence s'acquiert, se développe, s'adapte à des situations différentes au moyen du travail, de l'éducation et de l'apprentissage. Cette idée semblant également contredire la thèse de la différence évolutive entre les capacités l'intelligence d'un homme « sauvage » et celle d'un homme « civilisé » que Darwin réaffirme à plusieurs reprises dans ces chapitres où il insiste sur le rôle de l'imitation dans l'acquisition de ces capacités tant chez les animaux que chez l'homme :

> Il n'y a pas à douter, ainsi que le soutient M. Wallace, qu'une grande part du travail intellectuel effectué par l'homme ne soit due à l'imitation et non à la raison ; mais il y a, entre les actes de l'homme et ceux des animaux, cette grande différence que l'homme ne peut pas, malgré sa faculté d'imitation, fabriquer d'emblée, par exemple, une hache en pierre ou une pirogue. Il faut qu'il apprenne à travailler ; un castor, au contraire, construit sa digue ou son canal, un oiseau fait son nid, une araignée tisse sa toile merveilleuse, presque aussi bien ou même tout aussi bien dès son premier essai que lorsqu'il est plus âgé et plus expérimenté (Darwin, 1891, p. 71).

Mais si cette position peut sembler contradictoire, elle ne l'est qu'en apparence : Darwin considère l'action de l'instinct de l'imitation comme fonctionnant différemment chez l'homme et chez l'animal sans que cette différence soit de nature, mais de degré lié à l'évolution. C'est cette thèse qu'il explique en ce qui concerne les facultés faisant appel à l'intelligence et au raisonnement. Il en explique l'existence à la fois chez l'être humain et chez les animaux, à des degrés variables à l'intérieur de chacune des espèces considérées.

Premièrement, selon lui, l'homme possède les mêmes sens que les animaux et ses intuitions fondamentales doivent être les mêmes. Ensuite, l'homme et les animaux ont quelques instincts communs : l'amour de la vie, l'aptitude à téter, etc. Certains singes, comme les Orang de la Sonde, et les Chimpanzés d'Afrique, savent reconnaître de nombreux fruits vénéneux des tropiques, alors que l'homme ne possède pas cette faculté. Pour Darwin, ces animaux pourraient avoir développé ces capacités par l'expérience (soit celle d'eux-mêmes ou celle de leurs parents) ; les singes éprouvent aussi « une terreur instinctive » à la vue des serpents et probablement d'autres animaux dangereux. Ensuite, Darwin lie l'intelligence à quelque degré de complexité des instincts : les membres les moins intelligents de la classe des vertébrés, à savoir les poissons et les amphibiens, n'ont pas d'instincts compliqués. Parmi les mammifères, l'animal le plus remarquable par les siens est le castor qui, selon Darwin, « possède une grande intelligence ainsi que l'admettent tous ceux qui ont lu l'excellent travail de M. Morgan sur cet animal ». Mais ce propos concernant le lien entre la complexité des instincts et l'intelligence est nuancé plus loin, dans la même section : « il n'est cependant pas improbable qu'il existe une certaine opposition entre le développement de l'intelligence et celui de l'instinct, car ce dernier implique certaines modifications héréditaires du cerveau » (cf. Darwin, 1891, pp. 67-70).

D'ailleurs, ici, Darwin manifeste un certain lamarckisme : les caractères acquis peuvent se transmettre par hérédité. Certains actes d'intelligence, dit-il, tels par exemple celui des oiseaux des îles de l'Océan qui apprennent à éviter l'homme, peuvent, après avoir été pratiqués pendant plusieurs générations, se transformer en instincts héréditaires. Or, le mode d'acquisition de la plupart des instincts plus complexes lui paraît être différent de la transmission héréditaire des habitudes acquises. C'est par la Sélection naturelle des variations d'actes instinctifs plus simples, variations résultant de « causes inconnues », mais occasionnant des différences individuelles dans les autres parties du corps, même sur l'organisation du cerveau, qui seraient à l'origine des changements que l'on considère souvent comme spontanés, à cause de notre ignorance (Darwin, 1891, p. ibid.).

Ces variations aléatoires sur lesquelles travaillent la Sélection naturelle et la sélection sexuelle sont donc pour Darwin le facteur le plus important sur lequel repose le processus de l'évolution qui ne fait aucun doute. Ainsi, pour ce qui concerne les facultés intellectuelles caractérisant l'être humain tels que certains sentiments supérieurs dont l'imagination, le raisonnement, etc. Darwin produit de nombreuses illustrations à partir d'études souvent faites par d'autres pour montrer l'existence des mêmes facultés chez les humains et chez les animaux suivant des degrés et des variétés divers. La variabilité des sentiments tels que le courage, la timidité, la colère, chez les animaux et chez les humains, l'existence de capacités de vengeance chez divers animaux comme les singes américains et africains, l'amitié du chien pour son maître, l'affection maternelle chez les femelles animales et chez les femmes, le fait que les singes adoptent des petits orphelins et en prennent soin, et le fait que les « animaux supérieurs ressentent des émotions les plus complexes de même que nous » (Darwin, 1891, pp. 72-73), tels que l'amour, la jalousie, la recherche de l'affection et de l'émulation, de l'approbation et de la louange, le fait d'éprouver la honte, la crainte, l'humiliation (lorsqu'un chien doit mendier trop souvent sa nourriture), témoignent, pour Darwin, de l'existence chez les animaux des mêmes facultés que chez les humains.

Qui plus est, les « émotions les plus intellectuelles » existent aussi chez les animaux. Darwin donne soigneusement des exemples issus de l'observation du comportement de certains animaux par des spécialistes qu'il prend la peine de citer. « Tous les animaux éprouvent *de l'étonnement* et beaucoup font preuve de *curiosité* » (Darwin, 1891, p. 74). Tous les singes manifestent une terreur instinctive à la vue d'un serpent et signalent ce danger aux autres. La faculté de l'imitation est présente notamment chez les singes qui imitent le comportement des humains, tandis que d'autres animaux peuvent s'imiter entre eux. Darwin rappelle que chez certains humains ayant des déficiences mentales (la morbidité du cerveau, le ramollissement du cerveau, etc.) l'imitation devient un comportement très développé. Les parents de beaucoup d'animaux procèdent à l'éducation de leurs petits. L'exemple donné par Darwin est celui d'une chatte qui apporte une souris vivante à ses petits pour les éduquer à la capturer. Les animaux manifestent de l'*attention* notamment lorsque les prédateurs guettent la proie à laquelle ils s'apprêtent à sauter. Aussi, selon l'observation de Darwin, les singes manifestant de l'attention sont les plus faciles à dresser. Les animaux sont doués « d'une excellente *mémoire* portant sur les personnes et les lieux » (Darwin, 1891, p. 77). Darwin en a fait l'expérience avec son chien dont il s'est séparé pendant cinq ans et deux jours et qui, lorsqu'il est allé le voir après cette période de séparation, s'est rappelé de sa voix et de la manière dont il l'interpellait et l'a immédiatement suivi. Les animaux manifestent, selon lui, de *l'imagination* en s'appuyant notamment sur le fait du rêve qui, selon Darwin et un auteur qu'il cite, constitue « un art poétique involontaire ». Le rêve existant chez les animaux notamment chez les chiens, les chats, les chevaux, et tous les animaux supérieurs, même chez les oiseaux, et se manifestant notamment par le fait qu'ils crient pendant leur sommeil, il ne fait pas de doute que chez eux aussi la faculté de l'imagination existe.

Enfin, Darwin affirme que les animaux ont la capacité de *raisonnement*. « Peu de personnes contestent encore aux animaux une certaine aptitude au raisonnement [...]. On les voit constamment s'arrêter, réfléchir, et prendre parti. Plus un naturaliste a étudié les habitudes d'un animal, plus il croit à la raison, moins aux instincts spontanés de cet animal » (Darwin, 1891, p. 78). Darwin identifie ici, dans le cadre de l'empirisme anglais, le raisonnement à une « association d'idées et d'impressions ». Il trouve une similarité de comportement à ce niveau chez les singes, les chiens et chez les « sauvages » (humains) :

> Le sauvage et le chien ont souvent trouvé de l'eau dans les dépressions du sol et la coïncidence de ces deux circonstances s'est associée dans leur esprit. Un homme civilisé ferait peut-être quelque raisonnement général à ce sujet, mais tout ce que nous savons sur les sauvages nous autorise à penser qu'il ne le ferait certainement pas. Toutefois, le sauvage aussi bien que le chien malgré de nombreux désappointements continuerait ses recherches et chez les deux ces recherches semblent constituer également un acte de raison, qu'ils aient ou non conscience qu'ils agissent en vertu d'un raisonnement (Darwin, 1891, p. 80).

On voit ici que Darwin met sur le même niveau de raisonnement le « sauvage », c'est-à-dire l'être humain qui n'est pas civilisé, selon lui (le civilisé étant identifié notamment, comme il le dit dans le même passage, à la connaissance technique et scientifique proprement occidentale), et le chien et d'autres animaux supérieurs, tel que le singe. Leur raisonnement est, dit-il, « grossier ». La seule différence qu'il indique entre le « sauvage » et ces animaux, c'est la rapidité avec laquelle le premier peut appréhender les rapports entre les choses, apprendre à utiliser les choses, apprendre même la civilisation, comme Darwin le montre avec les Fuégiens qui avaient été amenés en Angleterre... Toutefois, affirme-t-il, cette différence n'est qu'une question de degré dans l'échelle de l'évolution biologique : la différence entre le « sauvage » et les animaux supérieurs les plus intelligents est analogue à celle entre ces derniers et les animaux inférieurs.

Enfin, il y a lieu de rappeler ici les arguments avancés par Darwin contre les objections à sa théorie insistant sur les qualités intellectuelles proprement humaines qu'on ne rencontre nulle part dans le règne animal :

> On a affirmé que l'homme seul est capable d'amélioration progressive ; que seul il emploie des outils et connaît le feu ; que seul il réduit les autres animaux en domesticité et a le sentiment de la propriété ; qu'aucun autre animal n'a des idées abstraites, n'a conscience de soi, ne se comprend ou possède des idées générales ; que l'homme seul possède le langage, a le sens du beau, est sujet au caprice, éprouve de la reconnaissance, est sensible au mystère, etc., croit en Dieu, ou est doué d'une conscience. Je hasarderai quelques remarques sur ceux de ces points qui sont les plus importants et les plus intéressants (Darwin, 1891, p. 83).

Le premier argument avancé par Darwin contre ces objections, c'est celui de la capacité d'apprentissage des animaux notamment quand il faut éviter les pièges, la capture, le danger mortel, etc. La prudence chez les animaux est pour lui une habitude ou un instinct transmis héréditairement, mais elle résulte aussi de l'apprentissage par expérience individuelle. De même, les chiens domestiques, descendants, selon Darwin, des loups et des chacals, auraient développé, par apprentissage, des « qualités morales : l'affection, la fidélité, le bon caractère et probablement l'intelligence générale » (Darwin, 1891, p. 84). Ici, on pourrait toujours objecter que l'apprentissage lié à l'expérience vécue faisant appel aux sens physiques peut toujours se distinguer de l'apprentissage faisant appel à la raison spéculative, théorique… Les exemples fournis par Darwin concernant la capacité des animaux de se servir des outils concernent les outils naturels, non façonnés : la pierre pour briser des noix, le bâton pour trouer ou prendre quelque chose, etc. Ici, aussi, on pourrait maintenir l'objection en disant que l'être humain utilise des outils plus sophistiqués, après les avoir façonnés, depuis l'utilisation de la pierre taillée au paléolithique, ce que ne font généralement pas les animaux. Darwin ne s'étonne pas de cette objection du travail intentionnel de l'outillage par l'être humain, mais lui trouve une origine évolutive, sur une longue période temporelle, les habitudes des premiers animaux intelligents (notamment le fait de se couvrir ou de s'abriter contre la chaleur du soleil ou contre la pluie) auraient été « probablement les premiers pas vers quelques-uns des arts les plus simples, notamment l'architecture grossière et l'habillement, tels qu'ils ont dû se pratiquer chez les premiers ancêtres de l'homme » (Darwin, 1891, p. 87).

L'objection que Darwin trouve la plus difficile, « voire impossible » à résoudre, selon ses propres termes, c'est celle qui ne voit rien chez les animaux des hautes facultés intellectuelles de l'homme telles que « l'abstraction, les conceptions générales, la conscience de soi et l'individualité mentale ». La difficulté vient selon lui de quelques problèmes préalables : il est impossible de savoir ce qui se passe dans l'esprit de l'animal, et il n'y a pas non plus d'accord général parmi les humains et les savants, sur la signification exacte de ces termes. Ainsi, dire que les animaux ne possèdent pas la faculté d'abstraction signifie qu'ils n'ont pas la capacité de concevoir les idées générales. Les exemples que Darwin donne pour tenter de prouver que les animaux, tels que les chiens possèdent cette capacité, ne semblent pas convaincants et sont liés simplement aux perceptions sensibles : un chien qui reconnaît un autre chien en le voyant ; un chien « comprenant » le message de son maître en entendant la voix de celui-ci, lui indiquant qu'il faut chasser, etc. Contre l'objection concernant la conscience de soi, Darwin semble, tout en excluant les grandes questions sur le sens de l'existence, opposer le doute, et la non-présomption puisque, selon lui, on ne sait pas vraiment si les animaux n'ont pas de conscience d'eux-mêmes :

> On peut évidemment admettre qu'aucun animal ne possède la conscience de lui-même si l'on implique par ce terme qu'il se demande d'où il vient et où il va, qu'il raisonne sur la mort ou sur la vie, et ainsi de suite. Mais, sommes-nous bien sûrs qu'un vieux chien, ayant une excellente mémoire et quelque imagination, comme le prouvent ses rêves, ne réfléchisse jamais à ses anciens plaisirs à la chasse ou aux déboires qu'il a éprouvés ? Ce serait là une forme de conscience de soi. D'autre part, [...], comment la femme australienne, surmenée par le travail, qui n'emploie presque point de mots abstraits et ne compte que jusqu'à quatre, pourrait-elle exercer sa conscience ou réfléchir sur la nature de sa propre existence ? (Darwin, 1891, p. 88)

L'argument darwinien est que ces facultés se sont développées chez l'homme par évolution, que chez les animaux, comme chez les « sauvages » et chez les enfants, ces facultés se trouvent encore à des stades moins évolués. Il fait appel à la possession de la mémoire chez les animaux supérieurs, tel qu'il l'a indiqué par l'exemple de son chien pour défendre la thèse de l'« individualité mentale » chez ces derniers, qui n'agissent donc pas uniquement par instinct communs à tous les individus de la même espèce.

Même raisonnement pour ce qui concerne le langage, base des conceptions abstraites et générales, il en existe des rudiments chez les animaux supérieurs (les cris des singes, les gestes et expressions de la face chez ces derniers, l'aboiement des chiens, les chants des oiseaux, etc.), témoignant d'un stade moins avancé, mais réel à partir duquel le langage symbolique humain a pu se développer. De plus, l'être humain emploie des gestes et expressions du corps que les animaux pour passer ses messages, à côté du langage articulé. « Ce qui distingue l'homme des animaux inférieurs, c'est la faculté infiniment plus grande qu'il possède d'associer les sons les plus divers aux idées les plus différentes, et cette faculté dépend évidemment du développement extraordinaire de ses facultés mentales » (Darwin, 1891, p. 90). De ce fait, pour Darwin, le langage articulé n'est pas un instinct, il doit être appris. D'ailleurs, il montre que même certains animaux tels que le perroquet et le chien, peuvent apprendre quelque langage soit à le comprendre soit à en prononcer des mots. Cependant, il note que tout être humain a une tendance innée à parler et qu'« aucun philosophe ne soutient aujourd'hui qu'il existe un langage inventé de toutes pièces ». Tout langage, affirme-t-il, s'est développé inconsciemment, à l'instar des sons que font entendre les oiseaux qui, selon lui, « offrent la plus grande analogie avec le langage humain » (Darwin, 1891, p. 91). Par une élaboration théorique poussée et détaillée, Darwin explique l'origine du langage articulé. Il nous semble utile de reproduire ici cet extrait en mettant en italiques et en gras les affirmations qui nous paraissent très fortes :

> Quelle est l'origine du langage articulé ? Après avoir lu, d'une part, les ouvrages si intéressants de M. Hensteigh Wedgwood, du rév. F. Farrar, et du professeur Schleicber, et, d'autre part, les célèbres leçons de Max Muller, je ne puis douter que *le langage ne doive son origine à des imitations et à des modifications, accompagnées de signes et de gestes, de divers sons naturels, des cris d'autres animaux, et des cris instinctifs propres à l'homme lui-même.* Nous verrons, lorsque nous nous occuperons de la *sélection sexuelle*, que les *hommes primitifs*, ou plutôt quelque antique ancêtre de l'homme s'est probablement beaucoup servi de sa voix, comme le font encore aujourd'hui certains gibbons, pour émettre de véritables cadences musicales, c'est-à-dire

pour chanter. Nous pouvons conclure d'analogies très généralement répandues que cette faculté s'exerçait principalement aux époques où les sexes se recherchent, pour exprimer les diverses émotions de l'amour, de la jalousie, du triomphe, ou pour défier les rivaux. *Il est donc probable que l'imitation des cris musicaux par des sons articulés ait pu engendrer des mots exprimant diverses émotions complexes.* Nous devons ici appeler l'attention, car ce fait explique en grande partie ces imitations, sur la forte tendance qu'ont les formes les plus voisines de l'homme, les singes, les idiots microcéphales et les *races barbares de l'humanité*, à imiter tout ce qu'ils entendent. Les singes comprennent certainement une grande partie de ce que l'homme leur dit, et, à l'état de nature, poussent des cris différents pour signaler un danger à leurs camarades, les poules sur terre et les faucons dans l'air poussent un cri particulier pour avertir d'un danger les animaux appartenant à la même espèce, et les chiens comprennent ces deux cris ; *il ne semble donc pas impossible que quelque animal ressemblant au singe ait eu l'idée d'imiter le hurlement d'un animal féroce pour avertir ses semblables du genre de danger qui les menaçait. Il y aurait, dans un fait de cette nature, un premier pas vers la formation d'un langage. À mesure que la voix s'est exercée davantage, les organes vocaux ont dû se renforcer et se perfectionner en vertu du principe des* ***effets héréditaires de l'usage ; ce qui a dû réagir sur la faculté de la parole.*** Mais les rapports entre l'usage continu du langage et le développement du cerveau ont été, sans aucun doute, beaucoup plus importants. ***L'ancêtre primitif de l'homme, quel qu'il soit, devait posséder des facultés mentales beaucoup plus développées qu'elles ne le sont chez les singes existant aujourd'hui***, avant même qu'aucune forme de langage, si imparfaite qu'on la suppose, ait pu s'organiser. *Mais nous pouvons admettre* **hardiment** *que l'usage continu et l'amélioration de cette faculté ont dû réagir sur l'esprit en lui permettant et en lui facilitant la réalisation d'une plus longue suite d'idées.* On peut ne pas plus poursuivre une pensée prolongée et complexe sans l'aide des mots, parlés ou non, qu'on ne peut faire un long calcul sans l'emploi des chiffres ou de l'algèbre (Darwin, 1891, pp. 92-93 à nous les italiques et le gras).

Il est ainsi convoqué ici l'argument de l'imitation, de la répétition et les modifications adaptatives graduelles, d'un côté, et de l'autre, du rôle de la sélection sexuelle dans le développement des différents types de langage, y compris le langage humain. Il faut ajouter, chez l'être humain, le développement d'un cerveau capable d'accueillir les capacités requises pour un langage très complexe, cerveau qui n'existe pas chez les autres mammifères, même les singes. Enfin, le rôle de l'hérédité est souligné par notre naturaliste qui affirme que même « **la faculté d'écrire se transmet**

par hérédité » (Darwin, 1891, p. 93). Pour lui, « les causes qui expliquent la formation des langues différentes expliquent aussi la formation des espèces distinctes ; ces causes peuvent se résumer en deux mots : « variations et développement graduel » ; et « les preuves à l'appui sont exactement les mêmes dans les deux cas » (Darwin, 1891, p. 95).

Différences dans sentiment du beau

Concernant l'esthétique, Darwin s'occupe uniquement du « sentiment du beau » et non de l'origine du beau lui-même, à titre de qualité objective des choses. Ce choix nous paraît aussi conforme à son option méthodologique visant à expliquer les faits biologiques par d'autres faits biologiques. Il évite donc d'aborder la question du beau en tant que tel étant donné son caractère à notre avis foncièrement non-biologique lié aux formes, aux couleurs, à l'harmonie des rapports numériques. Si on aborde la question de l'origine du beau, c'est-à-dire de l'arrangement particulier des rapports qui l'engendrent, on introduit en effet le débat sur le dessein, l'ordre, qui est dans les choses. On renvoie à la question de la conception des choses. Pour exister en effet, l'être humain ou toute autre réalité biologique n'avait pas besoin d'avoir une apparence belle d'autant plus que la nature en elle-même est aveugle. Elle ne peut donc pas contempler le beau. La rose, symbole de l'amour romantique, manifeste une beauté éphémère qui ne s'expliquerait pas s'il n'y avait personne pour s'en délecter. Darwin n'aborde donc pas le problème sous cet angle-là.

Pour Darwin, le problème qui l'occupe n'est pas d'expliquer le pourquoi des choses, le pourquoi du beau, ce qui conduirait un débat de type métaphysique, mais le comment c'est-à-dire de décrire ce qui est, en ne retenant que les faits matériels, biologiques, sensibles. C'est dans ce sens qu'il faut situer sa position sur le « sentiment du beau ». « Je m'occupe seulement ici, dit-il, du plaisir que l'on ressent à contempler certaines couleurs et certaines formes ou à entendre certains sons, ce qui constitue certainement un sentiment du beau » (Darwin, 1891, p. 97). Darwin explique que dans la nature, les femelles admirent la beauté des mâles qui utilisent leurs propriétés physiques (plumages, couleurs, etc.) pour les attirer. Pour Darwin, l'admiration du beau et l'étalement des aspects esthétiques chez les animaux sont essentiellement liés à la sexualité et à la reproduction. Chez les « hommes civilisés », Darwin pense que le sentiment du beau fait appel à des idées complexes. Dans les deux cas cependant, Darwin trouve essentiel le rôle de l'habitude. Étant aussi difficile d'expliquer le plaisir que procure le beau ressenti (par exemple l'écoute agréable d'une harmonie de sons) que la bonne saveur ou la bonne odeur aussi bien chez les humains que chez les animaux, il lui importe de montrer que puisque l'habitude joue un grand rôle dans le domaine des goûts (ce qui était auparavant désagréable pouvant devenir agréable à force de s'y accoutumer), et que cette habitude devient héréditaire (Darwin, 1891, p. 98), les êtres humains et les animaux « admirent les mêmes couleurs, les mêmes formes gracieuses et les mêmes sons ». Par ailleurs, il note aussi une variété intra-spécifique du sentiment du beau : à l'intérieur des races humaines et même selon les individus, ce sentiment varie selon l'éducation, la culture, la civilisation, la capacité d'association des idées complexes, etc. de sorte que pour Darwin, les humains dépourvus d'éducation et les « barbares », ce sentiment est moins développé à l'égard par exemple d'« une belle nuit étoilée, d'un beau paysage ou d'une musique savante » (Darwin, 1891, p. 99).

Différence des croyances religieuses

Qu'en est-il des idées religieuses ou de la croyance religieuse ? Darwin affirme catégoriquement que « rien ne prouve que l'homme ait été primitivement doué de croyance à l'existence d'un Dieu omnipotent » (Darwin, ibid.). Nous possédons, au contraire, assure-t-il, « des preuves nombreuses que nous ont fournies, non pas des voyageurs de passage, mais des hommes ayant longtemps vécu avec les sauvages, d'où il résulte qu'il a existé et qu'il existe encore un grand nombre de peuplades qui ne croient ni à un ni à plusieurs dieux, et qui n'ont même pas, dans leurs langues, de mot pour exprimer l'idée d'une divinité » (idem). Toutefois, dit-il, « cette question est, cela va sans dire, distincte de celle de l'ordre plus élevé, de savoir s'il existe un Créateur, maître de l'univers, question à laquelle les plus hautes intelligences de tous les temps ont répondu affirmativement » (idem).

Par cette dernière phrase, Darwin souscrit à l'idée qu'il existe un Créateur, Maître de l'univers. Il précise cependant tout de suite que cette croyance n'a rien à voir avec ce que, « universellement », les « peuples les moins civilisés » tiennent pour de la religion, à savoir la croyance en des agents invisibles ou spirituels (Darwin, 1891, p. 100). Dès qu'il s'est développé chez l'homme des facultés importantes de l'imagination, de l'étonnement et de la curiosité, ainsi qu'une certaine capacité de raisonnement, il se serait mis à chercher à expliquer ce qui l'entoure et à spéculer sur sa propre existence. La première notion de l'esprit aurait pris naissance dans le rêve. Car pour Darwin, « le sauvage » ne sait pas distinguer ce qui relève de sa subjectivité de ce qui a un caractère objectif. Mais là aussi, pour Darwin, cette capacité de tenir les objets vus dans les rêves pour des esprits n'a été possible qu'après le développement des capacités susmentionnées (l'imagination, l'étonnement, la curiosité, le raisonnement). Au départ, dit Darwin, les êtres humains raisonnaient comme le chien qui, apercevant une ombrelle qui bouge de temps à autre suite à l'action du vent sur l'arbre qu'elle reflète, se met à aboyer comme s'il apercevait quelqu'un ou comme s'il se doutait qu'un étranger s'introduisait dans la propriété de son maître. À partir de la croyance aux esprits, Darwin pense que les « sauvages » ont développé la croyance en des dieux en projetant sur eux les sentiments et les passions qu'ils avaient eux-mêmes (Darwin, 1891, p. 101). Quant au sentiment de la dévotion religieuse, il serait selon lui très complexe et aurait exigé un stade plus avancé du développement des capacités intellectuelles. En effet, ce sentiment comporte des aspects tels que l'amour, la soumission complète à un être mystérieux et supérieur, un vif sentiment de dépendance, de respect, de reconnaissance, d'espoir pour l'avenir, etc. dont Darwin trouve l'analogie dans l'amour et le respect qu'un chien manifeste envers son maître : le chien, dit-il, regarderait ainsi son maître comme un dieu (Darwin, 1891, p. 102).

Comme on peut le constater, l'analyse darwinienne des facultés humaines en comparaison avec celles des animaux s'efforce dans tous les cas d'identifier des similarités, d'expliquer les différences par l'argument de l'évolution graduelle et sans sauts qualitatifs, de demeurer dans l'ordre du naturel. C'est par l'explication de l'origine des idées religieuses que le postulat matérialiste est le plus évident. Darwin nie l'existence d'êtres spirituels en renvoyant cette croyance aux peuples qu'il qualifie de « sauvages », qui ne sauraient pas distinguer leur subjectivité du monde extérieur, objectif ; et qu'il compare ni plus ni moins à des chiens. S'il semble admettre, sans l'affirmer explicitement, l'existence d'un Dieu, Maître de l'univers, il nie cependant toute valeur aux diverses croyances en un Dieu personnel, qui, comme en christianisme, agirait dans l'histoire naturelle et humaine. À moins que par « primitivement » Darwin n'entende l'époque où les humains n'existaient pas encore en tant qu'humains, mais étaient des semi-simiens, les recherches plus récentes sur les religions anciennes remettent en cause son affirmation selon laquelle « rien ne prouve que l'homme ait été primitivement doué de croyance à l'existence d'un Dieu omnipotent ». Les recherches sur les religions dites premières ainsi que celles sur les anciennes religions de l'Égypte pharaonique et du Proche-Orient ancien en général ; les recherches sur les croyances des Indo-Européens ainsi que celles sur les dieux védiques ont en général affirmé l'existence chez les peuples anciens des croyances en des dieux dont certains étaient considérés comme suprêmes et omnipotents[14].

L'affirmation de Darwin vise donc manifestement à nier aux hommes du Paléolithique et du Néolithique, les capacités intellectuelles qu'il juge nécessaires à de telles spéculations religieuses sur l'origine et le gouvernement de l'Univers. Cette position est cohérente avec son interprétation évolutionniste de l'histoire des religions, mais cette conception est contestée par nombre de chercheurs en histoire des religions. Pour Mircea Eliade, par exemple, « l'hypothèse d'une évolution historique du religieux, du plus simple au plus complexe, est arbitraire et ne peut être démontrée » (cf. Eliade, 1979, p. 12).

Différence concernant le sens moral

Darwin affirme d'emblée le défi que pose le sens moral ou la conscience à toute tentative de comparaison entre les hommes et les animaux, sur base de sa théorie naturaliste. « Je partage entièrement l'opinion des savants qui affirment que de toutes les différences qui existent entre l'homme et les animaux, c'est le sens moral ou la conscience qui est de beaucoup la plus importante » (Darwin, 1891, p. 103). Il cite ainsi le sens du devoir qui, pour lui, revêt une signification si élevée. Tout en reconnaissant la sublimité de la question de la moralité et les débats philosophiques qu'elle nourrit, Darwin entend en traiter sur le plan de l'histoire naturelle et dégager les aspects qui démontrent l'origine du sentiment moral dans ce cadre. Pour démontrer ce fondement naturel du sens moral, Darwin part de la proposition suivante, qu'il juge très probable : « un animal quelconque doué d'instincts sociaux prononcés, en comprenant, bien entendu, au nombre de ces instincts l'affection des parents pour leurs enfants et celle des enfants pour leurs parents, acquérait inévitablement un sens moral ou une conscience aussitôt

---

[14] Voir à ce propos notamment : Bastide, Capellato, & Kraehenbuehl, 1971 ; Charles-Picard, 1954 ; Cumont, 1929 ; Dumézil, 1952 ; Eliade, 1971, 1973 ; Eliade, Couliano, & Wiesner, 1990 ; Eliade & Sheed, 1958 ; Froelich, 1964 ; Gobineau, 1900 ; Leroi-Gourhan, 1964 ; L. o. d. Rosny, 1886.

que ses facultés intellectuelles se seraient développées aussi complètement ou presque aussi complètement qu'elles le sont chez l'homme » (Darwin, 1891, p. ibid.). Les instincts sociaux rendent possible le plaisir éprouvé par l'animal en compagnie de ses semblables et une sympathie envers eux le pousse à leur rendre certains services. Chez les animaux sociables supérieurs, affirme Darwin, ces services ne sont pas seulement instinctifs, ils sont l'expression d'une disposition ou d'un désir qui pousse à aider de manière générale leurs semblables. Ces sentiments et ces services ne s'étendent pas, en principe, à tous les individus de la même espèce, ils se limitent à ceux qui sont en association.

Le développement des facultés intellectuelles poussées permet l'acquisition de capacités à conserver une grande quantité d'images des actions du passé et des motifs qui les ont accompagnées provoquant des sentiments de regret pour les instincts qui n'ont pas été satisfaits, certains instincts laissant plus de traces durables que d'autres, tels que, pour cette dernière catégorie, la faim et la soif qui ne laissent qu'une trace éphémère. Vient ensuite le développement du langage qui rend possible la communication entre les membres d'une même association, sur les différents désirs et sur ce qui convient au groupe entier, en termes de « bien public ». Darwin fait remarquer toutefois que « le poids qu'on attribue à l'opinion publique, le respect que nous avons pour l'approbation ou le blâme exprimé par nos semblables dépend de la sympathie qui [...] constitue une partie essentielle de l'instinct social et en est même la base » (Darwin, 1891, p. 105). Il y a enfin l'habitude qui fortifie tous les autres instincts (la sympathie et les autres instincts sociaux) selon l'usage répétitif qu'on en fait en communauté.

Darwin s'attelle ainsi à montrer que ces caractéristiques de la conscience morale peuvent se retrouver, plus ou moins chez les animaux. Pour la sociabilité, il indique que « plusieurs espèces animaux sont sociables » et que certaines espèces peuvent même s'associer à des espèces différentes : « les singes américains et les bandes unies de corneilles, de freux et d'étourneaux », les chiens avec les humains, les chevaux avec les chiens, etc. Les actions d'entraide entre animaux sociables que Darwin cite sont notamment le fait de s'avertir lorsqu'il y a danger chez les singes, les lapins ; le fait de se lécher mutuellement pour les vaches, de se mordiller pour les chevaux, de s'enlever mutuellement les parasites pour les singes, de s'entraider à la chasse et de partager le butin pour les loups, le fait de se défendre mutuellement lorsque les prédateurs attaquent, et même de chercher à sauver les plus faibles, etc. (Darwin, 1891, pp. 107-108).

Darwin constate cependant que ces cas ne sont pas la règle, que l'absence de pitié et de sympathie et l'expulsion de la communauté des animaux faibles ou malades sont très présentes dans la nature. Mais là aussi, il se pourrait, selon lui, que ces comportements visent à protéger le reste des membres de la communauté en éloignant les prédateurs potentiels qui profiteraient de la lenteur de l'animal faible pour rattraper les autres. Et à ce niveau, il lui semble que ce comportement serait semblable à celui des « Indiens d'Amérique du Nord qui laissent périr dans la plaine leur camarade trop faible pour les suivre ou des Figiens qui enterrent leurs parents vivants ou malades » (Darwin, 1891, p. 109). Pour Darwin, il est très clair que la sympathie existe chez beaucoup d'espèces d'animaux, dont les oiseaux et les chiens. Il fournit à cet égard des exemples illustratifs détaillés et pris dans ses observations personnelles notamment concernant les chiens ou lus dans les ouvrages des naturalistes. Cette sympathie peut s'étendre aux espèces différentes, selon ce qu'on observe avec les animaux domestiqués ou élevés dans des zoos, qui s'attachent aux humains jusqu'à démontrer un comportement héroïque pour leur venir en aide :

> Je me bornerai à citer un seul autre exemple de conduite sympathique et héroïque de la part d'un petit singe américain. Il y a quelques années, un gardien du Jardin zoologique me montra quelques blessures profondes, à peine cicatrisées, que lui avait faites au cou un babouin féroce pendant qu'il était occupé à côté de lui. Un petit singe américain, un grand ami du gardien, vivait dans le même compartiment et avait une peur horrible du babouin. Néanmoins, dès qu'il vit son ami le gardien en péril, il s'élança à son secours et tourmenta tellement le babouin, par ses morsures et par ses cris, que l'homme après avoir couru de grands dangers pour sa vie, put échapper (Darwin, 1891, p. 110).

Ainsi, pour Darwin, les animaux possèdent « l'amour et la sympathie » et « d'autres qualités que chez l'homme nous regardons comme des « qualités morales ». Bien plus, les chiens possèdent quelque chose qui ressemblent beaucoup à la conscience, c'est-à-dire la conscience morale : par exemple, dit Darwin, « le chien s'abstient de voler les aliments en l'absence de son maître » et ce comportement ne lui paraît pas entièrement dicté par la peur d'être puni c'est-à-dire la crainte. Le chien serait donc « le type de fidélité et d'obéissance » (Darwin, 1891, p. ibid.). Il ne nous paraît pas utile de reproduire ici les nombreux exemples fournis par Darwin pour illustrer sa thèse selon laquelle il existe chez les animaux le sentiment d'amour et de sympathie qu'il considère comme la base du comportement moral. Cette thèse est claire chez notre naturaliste. De surcroît, ces sentiments, ainsi que la joie et la satisfaction accompagnant le comportement social, se sont développés évolutionnairement selon Darwin. Les animaux ne seraient pas d'abord devenus sociables avant d'éprouver du plaisir ou du chagrin selon les circonstances dans les moments de communauté ou de séparation d'avec leurs congénères ; mais « ces sensations se sont développées les premières, pour déterminer quels animaux pouvaient tirer un parti avantageux de la vie en société à s'associer les uns avec les autres ; de même que le sentiment de faim et le plaisir de manger ont été acquis d'abord pour engager les animaux à se nourrir » (Darwin, 1891, p. 112).

Autrement dit, les sentiments favorables à la vie en société ont été sélectionnés en premier chez certains animaux qui tiraient un avantage adaptatif de ce type de vie et cela a rendu possible le développement des sociétés animales. Car la vie sociale est avantageuse pour ces animaux qui, vivant en communautés, échappent davantage à divers dangers que ceux vivants en solitaires. Il s'agit pour Darwin de l'effet de la Sélection naturelle qui serait parti du sentiment d'affection des parents pour leurs enfants et de ceux-ci pour leurs parents. « Ces affections constituent, évidemment, la base des affections sociales » (Darwin, 1891, p. ibid.). Curieusement, Darwin attribue à la même Sélection naturelle, le comportement tout opposé de la « haine entre les plus proches parents » : « ainsi par exemple, les abeilles ouvrières qui tuent leurs frères et les reines-abeilles qui détruisent leurs propres filles, car le désir de détruire leurs proches parents, au lieu de les aimer, constitue, dans ce cas, un avantage pour la communauté » (Darwin, 1891, p. 113). Nonobstant ce comportement anti-sympathie, pour ainsi dire, et celui des animaux non sociables comme les tigres et les lions qui éprouvent de la sympathie pour leurs progénitures et non pour les autres animaux, Darwin est confiant en sa théorie de l'origine biologique de la moralité :

> Quelle que soit la *complexité des causes qui ont engendré ce sentiment*, comme il est d'une utilité absolue pour tous les animaux qui s'aident et se

> défendent mutuellement, la sélection naturelle a dû le développer beaucoup ; en effet, les associations contenant le plus grand nombre de membres éprouvant de la sympathie ont dû réussir à élever un plus grand nombre de descendants » (Darwin, 1891, p. 114 ; à nous les italiques).

On peut constater encore ici que Darwin reconnaît la difficulté d'expliquer exactement les causes à l'origine du sentiment de la sympathie. D'ailleurs, pour Darwin, certains instincts sociaux peuvent avoir été, non le résultat de la Sélection naturelle, mais la conséquence indirect d'autres instincts et d'autres facultés comme la sympathie, la raison, l'expérience ou la tendance à l'imitation ; ou même de l'habitude, sauf l'instinct « remarquable consistant à poster les sentinelles pour avertir du danger ». Ce dernier ne peut avoir été développé indirectement, il a été « directement acquis » par Sélection naturelle, de même que le courage et la force physique des mâles des animaux sociables qui se regroupent pour assurer la défense de leur communauté (cf. Darwin, 1891, p. ibid.). Enfin, Darwin relève une sorte d'hiérarchie entre les instincts dont certains, selon ses observations, semblent supérieurs aux autres : l'instinct maternel d'une chienne prime sur son affection instinctive envers son maître ; l'instinct de la migration prime souvent sur celui maternel et même sur celui de la conservation. Darwin en fournit quelques exemples. De ce fait, selon lui, la sélection naturelle aurait renforcé ces instincts plus puissants pour le bien de l'espèce.

L'homme, animal sociable

L'homme a une aversion pour la solitude et un goût marqué pour la société, en plus de sa propre famille. « La réclusion solitaire est une des punitions les plus terribles qu'on puisse lui infliger » (Darwin, 1891, pp. 115-116). Cependant, « les instincts sociaux ne s'étendant jamais à tous les membres de la même espèce », il est normal que des tribus sauvages entretiennent des rapports conflictuels et guerriers permanents, sans pour autant que le caractère sociable de l'homme en soit nié :

> À en juger par analogie de la grande majorité de ces quadrumanes, il est probable que les animaux à forme de singe, ancêtres primitifs de l'homme, étaient également sociables, mais ceci n'a pas pour nous une bien grande importance. Bien que l'homme tel qu'il existe actuellement n'ait que peu d'instincts spéciaux, ce n'est pas une raison pour qu'il n'ait pas conservé, depuis une époque extrêmement reculée, quelque degré d'affection et de sympathie instinctive pour ses semblables. Nous avons même toute

> conscience que nous possédons des sentiments sympathiques de cette nature, mais notre conscience ne nous dit pas qu'ils sont instinctifs si leur origine remonte à une époque très reculée comme chez les animaux inférieurs ou si nous les avons acquis, chacun en particulier, dans le cours de nos jeunes années (Darwin, 1891, p. 116).

Ainsi, pour Darwin, certaines tendances observées chez l'homme ont été transmises héréditairement par ses ancêtres animaux sociables : la tendance à la fidélité envers ses semblables, à l'obéissance envers le chef de la tribu, la disposition à défendre ses semblables ; etc. Mais chez l'homme, ces tendances ne se déploient pas selon des instincts spéciaux qui, selon lui, n'existent pas chez lui. Le comportement social chez l'homme est régulé par ses facultés intellectuelles très développées : bien que l'impulsion instinctive existe chez lui, « il se laisse naturellement guider par la raison et l'expérience ». Ainsi, « la sympathie qu'il possède à l'état instinctif lui fait apprécier hautement l'approbation de ses semblables ; car [...] l'amour des louanges, le sentiment puissant de la gloire et la crainte encore vive du mépris et de l'infamie sont la conséquence et l'œuvre immédiate de la sympathie » (Darwin, 1891, p. 117). Les désirs, l'approbation ou le blâme de ses semblables, exprimés par des gestes ou par des paroles, doivent exercer, selon Darwin, une influence considérable sur la conduite de l'homme. Il y a donc deux facteurs majeurs soulignés par Darwin comme influençant la conduite de l'homme actuel : d'une part les instincts sociaux acquis à une époque très reculée par ces ancêtres simiens ; ensuite les désirs et les jugements de ses semblables, en plus de ses propres désirs égoïstes. Cependant, d'après Darwin, la conduite proprement morale doit avoir été développée par l'homme lui-même à partir du développement, par l'habitude, de ses propres facultés, notamment celle de l'« empire sur soi-même » :

> Toutefois, à mesure que les sentiments d'affection et de sympathie et de la faculté de l'empire sur soi-même se fortifient par l'habitude ; à mesure que la puissance du raisonnement devient plus lucide et lui permet d'apprécier plus sainement la justice des jugements de ses semblables, il se sent poussé, indépendamment du plaisir ou de la peine qu'il éprouve dans le moment, à adopter certaines règles de conduite. Il peut dire alors ce que ne saurait faire le sauvage ou le barbare : « Je suis le juge suprême de ma propre conduite », et pour employer l'expression de Kant, « je ne veux point violer dans ma personne, la dignité de l'humanité » (Darwin, 1891, p. ibid.).

Cette affirmation kantienne est d'autant plus importante qu'elle semble constituer un véritable saut qualitatif dans le comportement de l'homme : de la conduite instinctive, il se donne désormais une règle de conduite, et comprend que son action le relie à l'humanité entière. Ici, Darwin ne dit pas quand et précisément comment ce saut a été accompli par l'homme. Il se contente d'en relier le développement à l'habitude des instincts précédents en vertu du processus de l'évolution à partir de l'état sauvage ou barbare... Il prend surtout le temps d'expliquer l'existence et l'action des instincts sociaux chez l'homme, et la différence entre « instincts sociaux plus durables qui l'emportent sur ceux moins persistants » (Darwin, 1891, p. 117 et sq). L'affirmation importante qu'il faut ici indiquer au regard de notre précédent commentaire concerne la continuité entre ces comportements instinctifs et le comportement dit délibéré que certains philosophes considèrent, selon Darwin, comme le seul à relever à proprement parler du registre de l'agir moral :

> Quelques philosophes, je le sais, soutiennent que des actes comme les précédents, accomplis sous l'influence des causes impulsives, échappent au domaine du sens moral et ne méritent pas le nom d'actes moraux. Ils réservent ce terme pour des actions faites de propos délibéré, à la suite d'une victoire remportée sur des désirs contraires ou pour des actes inspirés par des motifs plus élevés. Mais il est presque impossible de tracer une ligne de démarcation (Darwin, 1891, p. 118).

Pour Darwin, on qualifie de morales les actions des humains seulement parce qu'on ne peut pas affirmer avec certitude que les animaux sont des êtres moraux. Pour lui « l'être moral est celui qui est capable de comparer ses actes ou ses motifs passés et futurs, et de les approuver ou de les désapprouver » (Darwin, 1891, p. 119). D'où résultent les sentiments de regrets pour les actions jugées mauvaises accomplies dans le passé. Il existe donc pour Darwin une différence à ce niveau entre les animaux et les humains, mais cette différence peut être expliquée par le processus évolutionnaire. Le sentiment de regret comme celui de remords sont des sensations fortes de la même nature que le repentir et la honte. Ils dépendent de plusieurs facteurs naturels tels que l'énergie des instincts que nous avons violés, la puissance de la tentation, du cas que nous faisons du jugement de nos semblables sur nos actions et ses conséquences futures et du respect pour un ou plusieurs dieux ou esprits pour lesquels on éprouve de la crainte. Dans ce dernier cas, le remords a souvent été évoqué comme infirmant la théorie naturaliste de Darwin, mais ce dernier entend réfuter ces critiques en montrant que le remords est un repentir poussé à l'extrême, qui « semble avoir avec le repentir le même rapport que la rage avec la colère, l'agonie avec la souffrance » (Darwin, 1891, p. 122).

Darwin recourt à des illustrations pour démontrer que ces sentiments qu'on lie à la moralité ont évolué à partir des sentiments inférieurs et moins clairs chez ceux qu'il appelle les « sauvages », peuples autochtones d'Australie et Amérindiens. Chez ces peuples la violation d'une règle sociale établie par la tribu peut entraîner de déchirants remords alors que cette règle serait perçue par les peuples « civilisés » comme immorale : le fait qu'un homme australien, venant de perdre sa femme, est obligé d'aller assassiner une autre femme dans une autre tribu ; et lorsqu'on l'en empêche, il éprouve un remords continu jusqu'à ce qu'il s'acquitte de cette obligation (Darwin, 1891, p. 123). Autrement dit, ce qu'on appelle la « conscience morale », où se joue la sensation du remords, est pour Darwin, le fruit d'une longue évolution à partir d'instincts sociaux, renforcés par l'habitude et par la réaction des autres membres du groupe. Il ne s'agit nullement d'un instinct moral inscrit en l'homme par Dieu : « il est possible, il est même probable [...] que l'habitude de commander sur soi-même soit héréditaire comme les autres habitudes » (Darwin, 1891, p. 124), et ce qu'on appelle « *devoir* » n'est qu'un instinct d'obéissance à une règle devenue une habitude :

> L'homme en arrive ainsi à comprendre par l'habitude acquise ou héréditaire qu'il est préférable d'obéir à ses instincts les plus persistants. Le terme impérieux de *devoir* ne semble donc impliquer que la conscience de l'existence d'une règle de conduite, quelle qu'en soit l'origine. On soutenait autrefois que l'homme insulté *devait* se battre en duel. Nous disons même que les chiens d'arrêt *doivent* arrêter, et que les chiens rapporteurs *doivent* rapporter leur gibier. S'ils n'agissent pas ainsi, ils ont tort et manquent à leur devoir (Darwin, 1891, p. ibid.).

Les vertus strictement sociales estimées seules dans le principe

Darwin observe d'abord que leur caractère obligatoire se confine, chez les primitifs, à l'intérieur de la tribu. « Aucune tribu ne pourrait subsister si l'assassinat, la trahison, le vol etc. y étaient habituels. Par conséquent, ces crimes sont flétris d'une infamie éternelle dans les limites de la tribu, mais au-delà de ces limites, ils n'excitent plus ces mêmes sentiments » (Darwin, 1891, p. 125). Des actes comme scalper un individu appartenant à une autre tribu, décapiter un étranger et faire de sa tête un trophée, chez les Indiens d'Amérique du Nord ; l'infanticide, surtout pour les filles, « dans le monde entier », le suicide considéré comme un acte de courage et le fait de voler les étrangers, ont été vus, dans un « état grossier de la civilisation », comme normaux et même bons alors qu'on les qualifie aujourd'hui de moralement répréhensibles (Darwin, 1891, pp. 125-126). Il en est de même de l'esclavage : « bien que dans l'Antiquité, l'esclave ait eu sa raison d'être et ait été utile à certains égards, il n'en était pas moins un grand crime. Toutefois, les peuples les plus civilisés ne le considéraient pas comme tel jusque tout récemment. Ce qui résultait évidemment du fait que les esclaves appartenaient à une autre race différente de celle des maîtres » (Darwin, 1891, p. 126). Toutes les vertus individuelles évoquées par Darwin par comparaison entre les « sauvages » et les civilisés, visaient, selon lui dans le premier cas à servir la tribu : le courage, l'obéissance et la soumission au chef de tribu, la bravoure, la patience, la prudence, etc. Ces vertus subsistent instinctivement selon lui chez les civilisés qu'on puisse continuer à publiquement les exalter :

> Aux époques barbares aucun homme ne pouvait être utile ou fidèle à sa tribu s'il n'avait pas de courage. Aussi cette qualité a-t-elle été universellement au rang le plus élevé, et bien que dans les pays civilisés un homme bon, mais timide puisse être beaucoup plus utile à la communauté qu'un homme brave, on ne peut s'empêcher d'honorer instinctivement l'homme brave plus que le poltron si bienveillant que soit ce dernier (Darwin, 1891, p. 127).

Dans cette même ligne d'idée, Darwin, poursuivant cet argument selon lequel le sens moral s'est développé progressivement à partir des stades primitifs jusqu'à la morale des nations civilisées, plus élevée selon lui, mais gardant un soubassement instinctif hérité des temps anciens, il indique que la vertu de la tempérance n'avait aucun sens particulier chez les « sauvages » : « leur licence extrême, pour ne pas parler de crimes contre nature est quelque chose d'effrayant » (Darwin, 1891, p. ibid.). La conclusion de Darwin est sans équivoque : le sens moral dérive d'instincts sociaux primitifs, au départ liés exclusivement au service des groupes restreints, la tribu par exemple. Les sauvages, et il en a probablement été de même pour les hommes primitifs (avant les « sauvages »), ne regardent les actions comme bonnes ou mauvaises qu'autant qu'elles affectent d'une manière apparente le bien-être de la tribu, de leur groupe d'appartenance, et non de l'espèce ni de l'homme considéré comme un membre individuel de la tribu.

Cette conclusion concorde avec l'hypothèse que le sens, dit moral, dérive primitivement des instincts sociaux, car tous deux se rapportent exclusivement à la communauté :

> Les causes principales du peu de moralité des sauvages considérés à notre point de vue sont premièrement la restriction de la sympathie à la même tribu ; secondairement l'insuffisance du raisonnement, ce qui ne leur permet pas de comprendre la portée que peuvent avoir beaucoup de vertus, surtout individuelles sur le bien-être général de la tribu. Les sauvages, par exemple, ne peuvent se rendre compte des maux multiples qu'engendre le défaut de tempérance, de chasteté, etc. Troisièmement, un faible empire sur soi-même, cette aptitude n'ayant pas été fortifiée par l'action longtemps continuée, peut-être héréditaire, de l'habitude, de l'instruction et de la religion (Darwin, 1891, p. 128).

Toutefois, Darwin admet que l'origine des diverses règles de conduite ainsi que des croyances religieuses, qu'il juge « ridicules » n'est pas connue. Il pense cependant que l'éducation a dû jouer un grand rôle pour les inculquer et les perpétuer, car dit-il, « une croyance constamment inculquée pendant les premières années de vie, alors que le cerveau est susceptible de vives impressions, paraît acquérir presque la nature d'un instinct » (Darwin, 1891, p. 131). Ce qui est sûr, pour lui, « malgré de nombreux doutes, l'homme peut d'ordinaire facilement distinguer entre les règles morales supérieures et les règles morales inférieures » (Darwin, 1891, p. 132), les premières étant celles liées aux instincts sociaux et favorisant la prospérité des autres et nourries par l'approbation des semblables et par la raison ; tandis que les secondes dont il trouve la présence dans les sociétés avancées dans la civilisation, où l'opinion publique et l'expérience engendrent un sens de sacrifice chez les individus. Ces secondes, se rapportant à l'individu lui-même, sont pour Darwin absentes des sociétés aux « tribus grossières » (Darwin, 1891, p. ibid.). Darwin pense donc qu'il y a eu un progrès du sens moral à mesure que l'homme avançait dans la civilisation :

> À mesure que l'homme avance en civilisation et que les petites tribus se réunissent en communautés plus nombreuses, la simple raison indique à chaque individu qu'il doit étendre ses instincts sociaux et sa sympathie à tous les membres de la nation, bien qu'ils ne lui soient pas personnellement connus. Ce point atteint, seule une barrière artificielle peut empêcher ces sympathies de s'étendre à tous les hommes de toutes les nations et de toutes les races. L'expérience prouve, malheureusement, combien il faut de temps

avant que nous considérions comme nos semblables les hommes qui diffèrent considérablement de nous par leur aspect extérieur et par leurs coutumes. La sympathie étendue en dehors des bornes de l'humanité c'est-à-dire la compassion envers les animaux paraît être une des dernières acquisitions morales. Elle est inconnue chez les sauvages, sauf pour les animaux favoris (Darwin, 1891, p. ibid.).

Conclusion

D'où vient finalement la distinction entre bien et mal ? Dans son résumé de son exposé sur l'origine du sens moral, Darwin affirme que cette distinction provient des instincts sociaux : ces derniers ont été acquis chez l'homme comme chez les animaux pour le bien de la communauté, et ont porté l'homme à aider ses semblables, à développer quelque sentiment de sympathie, en l'obligeant à tenir compte de l'approbation et du blâme de ses semblables. « Des impulsions de ce genre ont dû de très bonne heure lui servir de règle grossière pour distinguer le bien et le mal » (Darwin, 1891, p. 134) et c'est à partir de cette distinction que le sens moral s'est développé à travers les âges atteignant un niveau de plus en plus élevé de moralité. Optimiste quant à la plausibilité de sa théorie, Darwin pensait même que les instincts sociaux devraient continuer à se développer dans les générations futures et que les attitudes vertueuses croîtraient jusqu'à se fixer par l'hérédité (Darwin, 1891, p. 135).

Résumant ses chapitres 3 et 4, Darwin affirme avec force qu'il reconnaît l'existence d'une « immense différence » entre les hommes et les animaux sur le plan des facultés intellectuelles et surtout sur le plan du sens moral. Cependant, cette différence n'est pas de nature, mais de degré. Autrement dit, entre l'homme et l'animal il existe une continuité de nature et la différence entre les deux résulte de l'évolution graduelle des facultés qui sont allées en s'améliorant devenant, chez l'homme bénéficiant d'un cerveau très développé et extrêmement complexe pour lui permettre d'user d'un langage articulé, capables de pensée abstraite et de réflexion métaphysique notamment sur Dieu. Pour Darwin, en ce qui concerne la morale, « les instincts sociaux constituent la base fondamentale de la morale humaine » (Darwin, 1891, p. 136). C'est à eux que viennent s'adjoindre les facultés intellectuelles et les effets de l'habitude, « conduisant naturellement vers la règle : 'Fais aux hommes ce que tu voudrais qu'ils te fissent à toi-même' ; principe sur lequel repose toute la morale » (Darwin, 1891, p. 137).

Dans un cinquième chapitre, Darwin explique comment cette différence s'est graduellement établie. Nous voudrions résumer ses positions en rapport particulièrement avec la religion et la morale avant d'en discuter à partir de l'enseignement du christianisme sur ces problèmes fondamentaux de l'éthique et de la foi.

2.2.2. L'origine des différences entre animaux et humains

Les idées développées par Darwin dans le cinquième chapitre de *La Descendance de l'homme* sont particulièrement intéressantes pour notre étude. En effet, c'est au chapitre 5 intitulé « *Sur le développement des facultés intellectuelles et morales pendant les temps primitifs et les temps civilisés* » que Darwin entend expliquer l'origine des différences et des ressemblances entre humains et animaux sur lesquelles portaient les deux chapitres précédents. Ce chapitre est plus philosophique que les deux précédents puisqu'il aborde la question du pourquoi des faits constatés. Plus concrètement, ce chapitre aborde la question du développement des facultés intellectuelles par la Sélection naturelle, celle de l'importance de l'imitation ; celle du développement des facultés sociales et morales dans les limites d'une tribu ; celle de l'action de la Sélection naturelle sur les nations civilisées et celle des preuves de l'état antérieur barbare des nations civilisées (Darwin, 1891, p. 137). Il constitue ainsi un approfondissement des deux chapitres précédents tentant d'expliquer davantage leurs conclusions. Nous nous intéresserons particulièrement, pour les besoins de notre sujet, aux idées développées par Darwin concernant le développement des facultés sociales et morales ainsi que sur l'action de la Sélection naturelle sur les nations dites civilisées. Nous laisserons de côté la section sur le passé barbare des nations dites « civilisées » selon Darwin, car le contenu de cette section s'éloigne de notre problématique.

Contrairement aux deux précédents chapitres, le présent chapitre, surtout les deux sections qui nous intéressent, apparaît adopter davantage une perspective théorique et argumentative, philosophique. Les deux précédents chapitres, qui renfermaient également à divers endroits, un certain nombre d'arguments théoriques hypothétiques, étaient davantage descriptifs, présentant de nombreuses illustrations tirées des témoignages des ethnologues, des écrits des chercheurs naturalistes et des observations de Darwin lui-même. Le présent chapitre, dans les deux sections, présente un caractère spéculatif qui apparaît être un essai d'explication des similarités et des différences entre humains et animaux décrites dans les deux précédents chapitres. La lecture attentive du présent chapitre étonne par le caractère essentiellement hypothétique des affirmations darwiniennes qui ne sont pour la plupart aucunement des démonstrations, mais une suite d'arguments dans le cadre d'un raisonnement rhétorique, n'hésitant pas, à divers endroits, à affirmer l'ignorance totale des raisons expliquant les faits décrits. Il étonne ensuite à la lecture de la pensée de Darwin lui-même sur la manière dont la Sélection naturelle opère dans les nations dites « civilisées ». Ici, les idées de Darwin ne sont pas immunes de toute tendance à valoriser « les civilisés » au détriment des « sauvages », les plus aptes dans la lutte pour l'existence au détriment des plus faibles, l'amélioration des races humaines par la sélection des plus doués au moyen de la reproduction au détriment des moins doués et des faibles, la préférence pour la libre entreprise et la libre concurrence dans le sens notamment de ce qu'on a appelé le darwinisme social, où les plus riches seraient à même d'incarner la force et l'aptitude du groupe.

Ce double constat contraste radicalement avec le prestige dont la pensée darwinienne a été auréolée dans la culture scientifique et populaire occidentale contemporaine. Le darwinisme a été érigé en vérité scientifique quasi indubitable. Il a été disculpé de toute tendance raciste, social-darwiniste et eugéniste. Il est actuellement inculqué aux enfants du primaire et du secondaire en Amérique du Nord à travers des manuels élaborés à cet effet. Les universitaires en ont fait un paradigme dominant dans la recherche sur le vivant et sur l'humain, et même dans l'interprétation générale de la réalité universelle. Comment peut-on enseigner une théorie dont le fondateur lui-même affirmait son caractère hypothétique sur les grandes questions fondamentales abordées ? Il serait intéressant de mener des cherches approfondies sur le processus historique ayant conduit à cette adoption du darwinisme par les gens capables d'en imposer l'acceptation et de stimuler son adoption même dans les curricula d'enseignement ; de comprendre les raisons, idéologiques sans doute, qui ont présidé à cette adoption et de tenter une critique raisonnée de ce type de manipulation du sens de la réalité impliquant la vie et la dignité des êtres humains.

N'étant pas à mesure de mener ce travail pour l'instant, et n'en ayant même pas les moyens requis, qu'il nous suffise ici de citer et de commenter les extraits de ce chapitre où Darwin affirme ne pas détenir les preuves ni avancer une théorie certaine, mais des hypothèses notamment en ce qui concerne le développement des facultés intellectuelles, sociales et morales. Nous citerons ensuite et commenterons les extraits de ce même chapitre où Darwin abonde dans le sens des idées eugénistes, racistes, ultra-libérales pour indiquer que les darwiniens ultérieurs ont peut-être trop louangé une pensée qui portait en elle-même les germes des maux dont ils accusaient ses commentateurs contemporains ou ultérieurs.

Comment la sélection naturelle a développé les facultés intellectuelles, sociales et morales chez l'homme primitif et le sauvage

Darwin affirme d'emblée, au tout début du chapitre, que « les questions qui font l'objet de ce chapitre offrent le plus grand intérêt, mais qu'il n'en traitera que de manière très incomplète et par fragments » (Darwin, 1891, p. 137). Nous sommes donc avertis. Quoique ces questions soient fondamentales et d'un plus grand intérêt, Darwin reconnaît n'en traiter ici que de façon incomplète et fragmentaire. Il serait donc faux d'aller y chercher une théorie démontrée et complète qui justifierait son adoption hors de tout doute raisonnable, et de surtout son érection en vérité définitive à enseigner dans les écoles des tout petits et des jeunes. Comme l'affirmait le Pape Jean-Paul II dans l'Encyclique *Fides et ratio* (1998), toute vérité, même partielle (et c'est sous cette forme que se présentent généralement les vérités scientifiques), si elle est réellement une vérité, elle se présente comme universelle[15]. Autrement dit, il faut qu'elle soit prouvée hors de tout doute raisonnable. Ce qui n'est pas du tout le cas ici.

Mais il y a plus. Darwin affirme pour le développement des facultés intellectuelles de l'homme :

> Il est donc très probable que la sélection naturelle a graduellement perfectionné les facultés intellectuelles de l'homme, conclusion qui suffit au but que nous nous proposons. Il serait sans doute, très intéressant de retracer le développement de toutes les facultés, de les prendre l'une après l'autre à l'état où elles existent chez les animaux inférieurs et d'étudier les transformations successives par lesquelles elles ont passé pour arriver à ce qu'elles sont chez l'homme civilisé ; mais c'est là une tentative que ne me

[15] Jean-Paul II, *Lettre encyclique* Fides et Ratio, le 14 septembre 1998, texte disponible en ligne sur le site Web du saint Siège : http://w2.vatican.va/content/john-paul-ii/fr/encyclicals/documents/hf_jp-ii_enc_14091998_fides-et-ratio.html, p. 27.

permettent ni mes connaissances ni le temps dont je puis disposer (Darwin, 1891, p. 139).

Si on garde en tête qu'on est en train ici d'apprendre de Darwin l'histoire du développement des facultés intellectuelles et morales chez l'homme à partir de ses ancêtres simiens, on comprend que le fait de renoncer à s'adonner au travail ici écarté constitue une lacune majeure de sa théorie. En effet, c'est le fait de « retracer le développement de toutes les facultés, de les prendre l'une après l'autre à l'état où elles existent chez les animaux inférieurs et d'étudier les transformations successives par lesquelles elles sont passées pour arriver à ce qu'elles sont chez l'homme civilisé » qui constituerait une véritable démonstration nécessaire à la validité de son récit. Sans cette démonstration, on est en présence bien entendu d'une belle histoire aux allures mythiques, qui n'a évidemment aucune prérogative ou préséance sur les autres explications mythologiques de l'origine des facultés de l'homme quoique cette histoire puisse présenter quelques aspects intéressants en tant qu'hypothèse rhétoriquement présentée. Que ce ne soit qu'un ensemble d'hypothèses, cela est démontré par les expressions mêmes utilisées par Darwin pour raconter cette histoire naturelle : « Dès que les ancêtres de l'homme sont devenus sociables, progrès *qui a dû probablement s'accomplir* à une époque très reculée, des causes importantes *dont nous ne trouvons que des traces chez les animaux inférieurs*, c'est-à-dire l'imitation, la raison et l'expérience, *ont dû faciliter et modifier* le développement des facultés intellectuelles de l'homme » (Darwin, 1891, p. ibid.). Ces expressions que nous avons mises en italiques démontrent toutes que Darwin émet des hypothèses et ne démontre rien.

On pourrait peut-être trouver un ton davantage démonstratif dans le cas de son explication du développement des facultés sociales et morales. Mais là aussi, l'argument bute au fait qu'on se projette à une époque extrêmement reculée dont on ne détient aucune preuve matérielle réelle pour étayer les arguments avancés. Il s'agit donc également d'hypothèses argumentées, théoriquement, pour essayer de convaincre le lecteur de la validité de la théorie. Darwin affirme en effet que « les hommes primitifs ou nos ancêtres simio-humains, n'ont pu devenir sociables qu'après avoir acquis les sentiments instinctifs qui poussent certains autres animaux à vivre en société » (Darwin, 1891, p. 140). De quels sentiments parle-t-il ? De ceux dont il a traité au chapitre précédent, c'est-à-dire la sympathie, la fidélité et le courage. Ces sentiments, affirme Darwin, sont le résultat de la « sélection naturelle jointe à l'habitude héréditaire » (Darwin, 1891, p. ibid.) chez l'homme comme chez les animaux. Comment la Sélection naturelle et l'habitude héréditaire ont-elles agi pour favoriser ces sentiments ? Darwin élabore, ici même, une démonstration par l'exemple :

> Lorsque deux tribus d'hommes primitifs habitant un même pays entraient en rivalité, il n'est pas douteux que, toutes autres circonstances étant égales, celle qui renfermaient un plus grand nombre de membres courageux, sympathiques et fidèles, toujours prêts à s'entraider et à se défendre mutuellement, ait dû réussir plus complètement et l'emporter sur l'autre. La fidélité et le courage jouent, sans contredit, un rôle important dans les guerres que se font continuellement les sauvages. La supériorité qu'ont les soldats disciplinés sur les hordes qui ne le sont pas résulte surtout de la confiance que chaque homme repose dans ses camarades.

L'argument est théoriquement convainquant : les tribus ayant plus de membres dotés de ces sentiments devaient à coup sûr l'emporter, lorsque les conditions de bataille étaient également favorables ou défavorables aux deux groupes. Toutefois, et c'est là notre objection à ce type de démonstration quand il s'agit de l'histoire réelle du vivant et des humains, l'argument ne dit pas que l'histoire s'est réellement passée telle qu'elle est racontée et rien ne prouve que ses sentiments ont été acquis par ces hommes primitifs par le mécanisme imaginé pour les besoins de la cause : la Sélection naturelle. On peut à la rigueur soutenir que l'habitude, liée notamment aux différents conditionnements de l'éducation, du gouvernement des chefs de tribus, et bien d'autres facteurs qui interviennent généralement dans la formation des combattants, comme on l'observe même aujourd'hui avec la formation militaire moderne, ont dû jouer un rôle dans l'acquisition et de la consolidation de ces sentiments. Or, selon Darwin, ces sentiments devaient précéder la sociabilité, et la vie en tribus, ici prônée comme un avantage dans la lutte pour l'existence. Toute la question est celle de savoir comment les premiers animaux et les premiers humains les ont acquis et possédés. Ce qui revient à questionner la capacité du mécanisme imaginé, la Sélection naturelle, à produire les effets qui lui sont attribués. Cette question de la capacité de la Sélection naturelle à sélectionner ces sentiments menant vers la sociabilité est d'autant plus pertinente que Darwin en aborde lui-même un aspect : celui de la non-survivance et donc de la non-reproduction fréquentes des individus dotés de ces sentiments, notamment celui du courage :

> L'individu prêt à sacrifier sa vie plutôt que de trahir les siens comme maint sauvage en a donné l'exemple, ne laisse souvent pas d'enfants pour hériter de sa noble nature. Les hommes les plus braves, les plus ardents à s'exposer aux premiers rangs de la mêlée et qui risquent volontiers leur vie pour leurs semblables, doivent même, en moyenne succomber en plus grand nombre que les autres. Il semble donc impossible (il faut se rappeler que nous ne parlons pas ici d'une tribu victorieuse sur une autre) que la sélection naturelle, c'est-à-dire la persistance du plus apte, puisse augmenter le nombre des hommes doués de ces vertus ou le degré de leur perfection (Darwin, 1891, p. 141).

L'argument est ici clair : la Sélection naturelle est un autre nom pour désigner l'idée de la survivance ou de la persistance du plus apte, celui-ci étant considéré comme détenant un avantage adaptatif dans la lutte pour l'existe ou la persistance dans l'être. Cette persistance passe par la reproduction et l'hérédité, la transmission des caractères considérés comme avantageux. Il ne s'agit donc pas d'un mécanisme mystérieux. Dans ce cas ici cité, le problème est que celui qui est considéré comme le plus apte, qui est considéré comme ayant un avantage adaptatif pour le développement d'instincts sociaux chez les humains et chez les animaux en général, a peu de chances de survivre pour se reproduire et transmettre à ses descendants ses traits de caractère considérés comme avantageux. C'est une autre manière d'affirmer que les sentiments favorisant la sociabilité ne pouvaient pas être sélectionnés. Or, nonobstant ce constat d'impossibilité pour la Sélection naturelle de sélectionner les instincts sociaux, Darwin lui-même, un peu comme quelqu'un qui connaît déjà la réponse d'un problème et qui, par essai et erreur, cherche le « chemin », la démonstration menant à cette réponse connue et tenue pour correcte, élabore des hypothèses et une argumentation visant à montrer que, malgré ce démenti de sa théorie, malgré cette impossibilité, la Sélection naturelle a bel et bien été opérante même à ce niveau et a sélectionné ces caractères favorisant la sociabilité. Darwin affirme en effet que les circonstances qui tendent à amener une augmentation constante des hommes éminemment doués dans une même tribu sont trop complexes pour qu'il songe à les étudier ici [...]. Il se contente d'indiquer « quelques-unes des phases probablement parcourues » (Darwin, 1891, p. ibid.).

Il y a eu d'abord augmentation de la raison et de la prévoyance (Darwin ne dit pas comment) chez les membres de la tribu et ces facultés ont aidé ces derniers à savoir apprendre par expérience que s'ils aident leurs semblables, eux aussi seront aidés par eux. Pour Darwin, ce mobile, peu élevé dit-il, pourrait devenir une habitude et générer de plus en plus la pratique des actes bienveillants qui, à leur tour, fortifient la sympathie pour déboucher sur l'impulsion ou l'instinct de la bonne action. Pratiquées sur de nombreuses générations, ces bonnes habitudes, dit Darwin, devenaient héréditaires. Ensuite, le même instinct de la sympathie pousse à approuver ou à blâmer les actions de nos semblables. Il est la source du désir des éloges et de la crainte des blâmes. Pour Darwin, cet instinct a été développé par la Sélection naturelle ainsi que les autres instincts sociaux. Cet argument rejoint celui déjà indiqué plus haut que Darwin a développé au chapitre IV concernant le sens moral : c'est la Sélection naturelle qui est à l'origine à la fois, d'un côté, de l'affection des parents pour leurs enfants et de ceux-ci pour ceux-là, affection qui, pour Darwin, constitue la base des affections sociales ; et de l'autre, du sentiment tout opposé à cette affection constitué par la haine contre les plus proches parents chez les abeilles ouvrières qui tuent leurs frères et les reines-abeilles qui tuent leurs propres filles, cette haine constituant un avantage pour la communauté (cf. Darwin, 1891, p. 113).

Mais ici, on est encore clairement sur le plan biologique puisque les abeilles agissent uniquement par instinct et non à partir d'un raisonnement ou d'une réflexion. D'où Darwin insiste davantage sur le progrès de la réflexion et de la raison chez l'homme primitif pour expliquer le développement chez lui des affections sociales et du sens moral. C'est ce progrès de la raison qui fait en sorte que l'homme primitif est influencé par le jugement de ses semblables sur ses actions, particulièrement par l'éloge et le blâme : les membres d'une même tribu devaient approuver la conduite qui leur paraissait favorable au bien général qui, selon Darwin, s'identifiait à la prospérité de tous ; et réprouver celle qui leur semblait contraire à ce bien. « L'amour de la louange, le désir de gloire, suffisent à déterminer l'homme qu'un sentiment profond et instinctif n'entraîne pas à sacrifier sa vie pour le bien d'autrui » (Darwin, 1891, p. 142). Or, son exemple va suffire, même s'il ne laisse pas de descendants, à exciter chez ses semblables le même désir de la gloire et fortifier au moyen de la pratique, de l'habitude, le « noble sentiment de l'admiration ». « L'individu peut ainsi rendre plus de services à sa tribu que s'il engendrait des enfants, quelques tendances qu'aient ces derniers à hériter de son caractère » (Darwin, 1891, p. ibid.).

Le glissement argumentatif est à peine perceptible ici. Darwin passe de l'idée que la Sélection naturelle a « sélectionné » des sentiments et des instincts précis favorables à la sociabilité (la sympathie, l'affection pour les enfants et pour les parents, etc.), ce qui passait par la reproduction biologique, à l'idée que c'est la société, la tribu, qui a, en fait, sélectionné certains sentiments et les a poussé à se développer sans l'intervention de la génération biologique. On voit ici, un caractère avantageux pour le groupe se transmettre d'un premier possesseur, lui-même l'ayant acquis en vertu des processus sociaux (la louange, le blâme), aux autres membres du groupe et aux générations suivantes, sans l'intervention de la reproduction biologique. Autrement dit, le domaine de la morale ici n'est plus affaire de biologie, mais de sociologie. Il reste à savoir si même à ce deuxième niveau sociologique, on parlera toujours de « Sélection naturelle » ou plutôt d'un autre mécanisme qui n'est pas indiqué par Darwin, qu'on pourrait qualifier de « *Sélection sociale* ». C'est la société qui sélectionne ici un comportement qu'elle juge favorable au « bien général » et en favorise, par la louange et le blâme, le développement chez ses membres. Ce n'est nullement un processus biologique, il ne s'agit pas de Sélection naturelle dans le sens biologique du terme puisque l'individu qui possède en premier le caractère apprécié n'a même pas eu la chance de survivre pour laisser des descendants.

Mais Darwin n'a pas parlé de « Sélection sociale ». Il s'en est tenu à son mécanisme de Sélection naturelle même dans ce dernier cas. Car pour lui, le fait d'apprécier la louange et de redouter le blâme procède avant tout d'instincts sociaux qui eux, sont de nature biologique, sélectionnés par « Dame Nature ». D'ailleurs, pour Darwin, même les vertus morales de la prudence, de la tempérance, etc. relèvent du même registre des instincts sociaux, mais se sont développés, à un stage avancé de l'évolution, lorsque l'homme avait déjà acquis par l'expérience et par la raison une meilleure compréhension des conséquences les plus éloignées de ses actes pouvant lui permettre d'apprécier à leur juste valeur et de considérer même « comme sacrées les vertus personnelles telles que la tempérance, la chasteté, etc. qui sont, comme nous l'avons vu, entièrement méconnues lors des premières périodes » (Darwin, 1891, p. 143) :

> Il serait d'ailleurs inutile de répéter ce que j'ai dit à ce sujet dans le quatrième chapitre. En un mot, notre sens moral ou notre conscience, se compose d'un sentiment essentiellement complexe, basé sur les instincts sociaux, encouragé

> et dirigé par l'approbation de nos semblables, réglé par la raison, par l'intérêt, et, dans des temps plus récents, par de profonds sentiments religieux, renforcés par l'instruction et par l'habitude. Sans doute, un degré très élevé de moralité ne procure à chaque individu et à ses descendants que peu ou point d'avantages sur les autres membres de la même tribu, mais il n'en est pas moins vrai que le progrès du niveau moyen de la moralité et l'augmentation du nombre d'individus bien doués sous ce rapport procurent certainement à une tribu un avantage immense sur une autre tribu. Si une tribu renferme beaucoup de membres qui possèdent à un haut degré l'esprit patriotique, de fidélité, d'obéissance, de courage et de sympathie, qui sont toujours prêts, par conséquent, à s'entraider et à se sacrifier au bien commun, elle doit évidemment l'emporter sur la plupart des autres tribus ; or, c'est là ce qui constitue la sélection naturelle. De tout temps et dans le monde entier, des tribus en ont supplanté d'autres ; or, comme la morale est un élément de leur succès, le nombre des hommes chez lesquels son niveau s'élève tend partout à augmenter.

On voit ici que Darwin étend le processus de la Sélection naturelle aux sociétés humaines, y compris au niveau du développement des vertus morales. La Sélection naturelle qui opérait au départ sur les organismes biologiques, opère maintenant sur les vertus, sur la moralité considérée par Darwin comme un avantage adaptatif pour la survie des groupes entiers à l'échelle mondiale. Or, non seulement cet argument, que Darwin lui-même tempère par la suite, n'est pas à notre avis assez convainquant puisqu'à ce niveau les hommes agissent non plus simplement par instinct naturels, mais par la réflexion et la délibération, les jugements moraux tendant même à défavoriser certaines tendances biologiques qui pourraient représenter un avantage sur le plan de la Sélection naturelle (Darwin lui-même mentionne ici la chasteté), mais aussi ce ne sont pas nécessairement les groupes humains manifestant un niveau de moralité élevé qui ont réussi à se perpétuer dans le temps en dominant sur les autres.

Darwin lui-même le remarque sans toutefois renoncer à son argument : « Nous sommes disposés, ainsi que le fait remarquer M. Bagehot, à considérer le progrès comme la règle normale de la société humaine, mais *l'histoire contredit cette hypothèse*. Les anciens n'avaient pas plus l'idée du progrès que ne l'ont de nos jours, les nations orientales. D'après une autre autorité, sir Henry Maine, 'la plus grande partie de l'humanité n'a jamais manifesté le moindre désir d'améliorer ses institutions civiles' » (Darwin, 1891, p. ibid.). Et il admet que « le progrès semble dépendre du concours

d'un grand nombre de conditions favorables, beaucoup trop compliquées pour qu'on puisse les indiquer toutes [...] Il est encore impossible d'indiquer quels ont été les premiers pas des sauvages dans la voie de la civilisation » (Darwin, 1891, pp. 143-144). Encore une fois, on voit ici que Darwin admet que sa théorie manque de suffisamment d'éléments probants pour être considérée comme vraie hors de tout doute raisonnable.
Considérant cette question de la civilisation, sa section suivante, qui nous intéresse, explique la manière dont la Sélection naturelle opère « sur les nations civilisées ».

L'action de la sélection naturelle dans les nations civilisées

Darwin cite ici amplement les travaux d'autres naturalistes tels que M.W.R. Greg, M.M. Wallace et F. Galton. Il fait siens leurs arguments. Il semble d'emblée important de remarquer la hiérarchie civilisationnelle qui traverse cette pensée darwinienne : il y a au plus bas de l'échelle : les animaux sociables, vient ensuite l'homme primitif, ensuite l'homme sauvage et enfin l'homme civilisé. Chez Darwin, la civilisation et la moralité semblent revêtir des significations très proches. De cette façon, les instincts sociaux, base de la moralité comme il l'a indiqué, constituent le degré potentiel de la civilisation, qui commence à s'actualiser chez l'homme primitif, celui qui était encore semi-simien, avec le développement de son cerveau, hôte des facultés intellectuelles et morales ultérieures. L'homme sauvage, le barbare, ne connaissant pas encore un degré élevé de civilisation, mais vivant déjà en tribus et en sociétés, connaît un degré plus élevé de sociabilité et donc de moralité se traduisant par les sentiments que nous venons de mentionner (désir de gloire, d'approbation, sacrifice de soi pour les autres, etc.), mais toujours de manière limitée notamment à la seule tribu d'appartenance. C'est dans les nations civilisées que la moralité atteint un niveau très élevé lié à la complexité des facultés intellectuelles et au développement du savoir et des arts.

Cette hiérarchie civilisationnelle comporte, bien évidemment, des dangers notamment le fait qu'elle puisse nourrir des attitudes racistes, justifier la colonisation, favoriser la pensée eugéniste notamment en voulant améliorer la race ou la civilisation, abonder dans le sens du darwinisme social en refusant d'aider les faibles au nom du maintien ou du développement de la force du groupe, favoriser le capitalisme sauvage pour favoriser les plus doués, etc. Toutes les idées, que les darwiniens ultérieurs refuseront de retrouver dans la pensée de Darwin, cette section les étale avec une clarté déconcertante. Si Herbert Spencer et Thomas Huxley ont radicalisé les idées darwiniennes, il faut bien affirmer que la pensée darwinienne elle-même était susceptible de telles interprétations. Si Nietzsche, si Hitler, si Marx et les autres matérialistes ont interprété l'histoire humaine en termes de volonté de puissance, de lutte entre les races en vue de favoriser les plus pures, de lutte de classes en vue d'éliminer les inégalités économiques, etc., Darwin, par sa théorie de la Sélection naturelle promouvant la survivance du plus apte considéré comme le plus doué, le plus fort, le plus résistant, dominant sur les autres, a beaucoup contribué à légitimer ces idées qui se sont révélées dévastatrices pour l'humanité.

Évidemment, devons-nous préciser, que la civilisation, les connaissances et les techniques évoluent dans l'histoire de l'humanité, cela ne peut faire l'objet d'aucun doute. De l'âge de la pierre à l'ère numérique, il faut constater une évolution graduelle, mais continue des capacités intellectuelles et pratiques de l'être humain qui tend à maîtriser, à transformer, à « dominer » la nature et ses ressources de façon à les soumettre à sa volonté et son utilité. Néanmoins, il serait hasardeux, voire dangereux, d'identifier civilisation et humanisation. Il serait dangereux de considérer les peuples qui n'ont pas encore atteint le niveau de civilisation scientifique et technique de l'Occident contemporain à des moins humains, à des « sauvages », proches des animaux n'ayant pas les mêmes facultés que les humains. C'est là à notre avis où réside essentiellement le problème d'une pensée évolutionniste appliquée à la nature, humaine en particulier, et non à la culture et à ses produits, en se fondant sur la négation de l'existence d'une nature objective et commune à tous les membres d'une même espèce.

Si la culture et ses produits peuvent évoluer pour devenir meilleurs, se perfectionner, se complexifier, la nature humaine demeure la même, jouit de la même dignité, quel que soit le degré de développement cultuel ou civilisationnel atteint par les peuples. D'où, lorsque Darwin parle d'une sympathie qui s'étend à toute l'humanité et même aux animaux (Darwin, 1891, p. 132), il semble lui-même indiquer que ce n'est pas le degré de civilisation qui caractérise le mieux l'évolution de l'homme d'autant plus que celui qu'il qualifie de « sauvage » devrait être considéré comme faisant partie de la même humanité que celui qu'il qualifie « civilisé », de sorte que cette humanité doit être recherchée et respectée dans la nature et non dans la civilisation ni dans les facultés développées grâce au développement de celle-ci. L'humanité objective dont parlait Emmanuel Kant pour fonder son impératif moral catégorique se fonde avant tout sur cette conception objective de la nature humaine. Et cette conception, bien que Kant n'ait pu en trouver un autre fondement que la raison humaine, a été fortement influencée par la pensée judéo-chrétienne : Dieu a créé l'être humain à son image, Il l'a conçu comme un être libre c'est-à-dire capable de s'autodéterminer quel que soit son degré de civilisation et de culture. Un tel être peut apprendre, développer ses capacités intellectuelles et physiques pour « dominer » de plus en plus sur le reste de la création, mais il est par nature un être doué de ce libre arbitre par sa raison et sa volonté. Le fondement ultime de cette nature objective est donc, comme on s'y penchera plus loin en développant la perspective anthropologique chrétienne, Dieu lui-même, en tant que Créateur et Concepteur intelligent de toutes les choses qui existent.

Nous n'allons pas bien évidemment fournir une critique approfondie de la pensée de Darwin ici. Il existe une vaste littérature à ce propos et cette critique n'est nullement le but de ce travail. Qu'il nous suffise seulement d'indiquer, en les commentant, les extraits du texte de Darwin qui soutiennent ce que nous venons d'avancer. Notre but en effet, est de pouvoir montrer, à partir des idées de Darwin lui-même et d'une description du christianisme en tant que religion et système d'éthique, que le darwinisme est difficilement conciliable avec ces derniers, nonobstant le fait que des auteurs chrétiens ont tenté de les concilier.

> Chez les sauvages [où opère de façon libre la sélection naturelle], les individus faibles de corps et d'esprit sont promptement éliminés, et les survivants se font clairement remarquer par leur vigoureux état de santé. Quant à nous hommes civilisés, nous faisons, au contraire tous nos efforts pour arrêter la marche de l'élimination, nous construisons des hôpitaux pour les idiots et les malades, nous faisons des lois pour venir en aide aux indigents, nos médecins déploient toute leur science pour prolonger autant que possible la vie de chacun. On a raison de croire que la vaccine a préservé des milliers d'individus qui, faibles de constitution, auraient autrefois succombé à la variole. *Les membres débiles de nos sociétés civilisées peuvent donc se reproduire indéfiniment. Or, quiconque s'est occupé de la reproduction des animaux domestiques sait, à n'en pas douter, combien cette perpétuation des êtres débiles doit être nuisible à la race humaine. On est*

tout surpris de voir combien le manque de soins ou même de soins mal dirigés, amène rapidement la dégénérescence d'une race domestique ; en conséquence à l'exception de l'homme lui-même, personne n'est assez ignorant ni assez maladroit pour permettre aux animaux débiles de reproduire (Darwin, 1891, pp. 144-145. À nous les italiques).

Il n'y a aucun doute, à lire ces propos de Darwin, que l'aide apportée aux faibles et aux débiles constitue pour lui un handicap pour la qualité de la race humaine et pour la force des groupes concernés, ici les sociétés occidentales dites civilisées. Il serait difficile de ne pas voir dans ces lignes l'expression d'une pensée clairement eugéniste notamment en tenant compte de cet exemple de la sélection artificielle en élevage d'animaux. Il serait difficile également de ne pas comprendre par ces propos que le darwinisme social, qui prône l'application de la Sélection naturelle aux sociétés humaines sans interférence artificielle de l'être humain, dans le sens de l'élimination des moins aptes et de la survivance des plus aptes, vient de Darwin lui-même.

Remarquons également que ces affirmations tendent justement à entrer en confrontation avec la morale chrétienne, qui, de surcroît, a joué un rôle fondamental dans la constitution de la morale laïque et séculière occidentale comme l'ont montré bien des auteurs tels que Marcel Gauchet et bien d'autres[16] : celle-ci prône, au nom de la charité, l'adoption de ces mesures visant à arrêter l'action nuisible des processus naturels, tels que la maladie et les attaques d'êtres se nourrissant des tissus humains, pour le bien et la longévité de l'individu humain considéré, comme nous le verrons plus loin, comme une créature de Dieu privilégiée faite à son image, avec une dignité inaliénable. Toute la différence entre darwinisme et christianisme tient donc principalement à la conception anthropologique même. Car pour Darwin, la sympathie, qui constitue le premier instinct social à la base des sociétés, est très développée chez les peuples civilisés, mais elle n'a strictement rien à voir avec un quelconque commandement divin. Elle vient de la nature, de la Sélection naturelle précisément. La compassion est pour lui un produit secondaire de cet instinct de la sympathie qui tend à s'étendre de plus en plus, à s'universaliser. Étant donc un instinct social, cette sympathie, et puisque, pourrait-on lui faire dire, tout ce qui vient de la Sélection naturelle

[16] On peut renvoyer ici à ces ouvrages : Gauchet, 1985), Peter Berger (P. L. Berger, 1969), Charles Taylor (Taylor, 2007), Rodney Stark (Stark, 2011) et avant eux Max Weber (Weber ; Weber, Parsons, & Tawney, 1930 ; Weber, Roth, & Wittich, 1979.

est bon, Darwin pense qu'on « doit accepter, sans se plaindre, les effets incontestablement mauvais qui résultent de la persistance et de la propagation des êtres débiles » (Darwin, 1891, p. 145).

« Sans se plaindre », tout en semblant le regretter puisque Darwin énumère quelques cas de processus qui pourraient limiter cette propagation des débiles. L'espoir d'un frein à cette propagation résiderait dans le fait que ces membres malsains de la société se marient difficilement et Darwin pense que ce « frein pourrait être efficace si les faibles de corps et d'esprit s'abstenaient de se marier » (Darwin, 1891, p. ibid.). Propos repris dernièrement, pour nous permettre une parenthèse, par un psychiatre québécois, Pierre Mailloux (1949 -), par ailleurs accusé de racisme envers les Noirs, qui proposait de payer ou que le gouvernement québécois paie 4000$ à tout homme chômeur depuis dix ans qui accepterait de se faire stériliser (« vasectomiser »). En effet, pour lui, ces gens démontrent un quotient intellectuel (QI) peu élevé par le fait qu'ils ne réussissent pas à se trouver de l'emploi, se reproduisent plus que les gens intelligents qui sont actifs sur le marché du travail[17]. Ces propos du Doc. Mailloux comme on l'appelle vont donc clairement dans le sens des idées darwiniennes. D'autres facteurs contribuent, selon Darwin, à la dégénérescence de l'humanité dans les sociétés dites civilisées où la Sélection naturelle n'opère plus à sa guise. Les armées modernes qui recrutent de jeunes gens vigoureux, beaux, en pleine santé, et les envoient mourir prématurément à la guerre, laissant « les hommes petits, faibles, à constitution débile » subsister et se reproduire. L'accumulation de la richesse par une classe de gens n'ayant pas nécessairement les meilleures qualités physiques pour représenter un avantage sélectif, et la transmission de cette richesse à de jeunes héritiers chétifs qui se marient tôt (étant donné qu'ils ne manquent pas de moyens) et transmettent leur faible constitution à leurs descendants.

À ce titre, selon Darwin, la richesse constitue une entrave à la marche de la Sélection naturelle (Darwin, 1891, p. 145) quoiqu'elle puisse également, parfois, constituer un avantage par le fait que les riches vivent mieux, sur le plan matériel, que les pauvres. Le principe de primogéniture avec majorats était pour Darwin « un mal immédiat » (Darwin, 1891, p. 146) dans la mesure où quelles que soient leurs aptitudes physiques, leur santé, leur

---

[17] Cf. http://www.journaldequebec.com/2018/01/19/audio-le-doc-mailloux-veut-offrir-4-000-aux-hommes-sans-emploi-qui-se-feraient-steriliser site consulté le 2018-02-22.

intelligence, les fils aînés héritaient de la richesse de leur famille et se mariaient tôt et régulièrement tandis que les cadets, même ayant de meilleures aptitudes, ne se mariaient pas aussi facilement. L'autre facteur négatif entravant la marche de la Sélection naturelle surtout dans les familles nobles était la stérilité des filles dont les parents n'avaient eu qu'un enfant, alors que les conditions de vie de la noblesse leur permettaient de mieux survivre dans le combat pour l'existence (Darwin, 1891, p. 146).À côté de ces facteurs que Darwin considère nuisibles à l'humanité civilisée, il existe certains avantages à la civilisation contrebalançant ces facteurs : le meilleur développement du corps lié à la bonne alimentation, la résistance à la fatigue, la longévité plus grande que dans les « sociétés sauvages » (Darwin, 1891, p. ibid.).

Sur le plan des facultés intellectuelles, le schéma reste le même : les plus intelligents, les plus doués réussissent mieux dans toutes leurs opérations et élèvent un plus grand nombre d'enfants. « Il existe donc chez les nations civilisées, une certaine tendance à l'accroissement numérique et à l'élévation du niveau de ceux qui sont intellectuellement plus capables » (Darwin, 1891, p. 148). Citant F. Galton dans *Hereditary Genius* (1870), Darwin affirme qu'en ce qui concerne la conformation physique, [c'est-à-dire la « tendance innée au développement continu de l'esprit et du corps »] (Darwin, 1891, p. 153), c'est la sélection des individus un peu mieux doués et l'élimination de ceux qui le sont un peu moins et non la conservation d'anomalies rares et prononcées qui détermine l'amélioration de l'espèce » (Darwin, 1891, p. 148). La pensée ici est clairement de type eugéniste, si l'on entend par ce concept l'ensemble des idées, des méthodes et des pratiques visant à améliorer le patrimoine génétique de l'espèce. Darwin cite ici les travaux de Galton et approuve, prône ces idées d'une manière on ne peut plus claire. Il affirme après la référence que nous venons de mentionner, que « lorsque, chez un peuple, le niveau intellectuel s'est élevé et que le nombre des hommes instruits a augmenté, on peut s'attendre, en vertu du principe de la déviation de la moyenne, ainsi que l'a démontré M. Galton, à voir apparaître plus souvent qu'auparavant, des hommes de génie transcendant » (Darwin, 1891, p. ibid.).

Quant à l'amélioration des qualités morales, Darwin affirme et soutient clairement que les sociétés civilisées emploient des méthodes visant à limiter la propagation du vice et sa transmission héréditaire :

> L'exécution des malfaiteurs et leur emprisonnement prolongé les empêchent de transmettre leurs vices. [...] Les hypocondriaques et les aliénés sont enfermés et se suicident. [...] Les hommes querelleurs et emportés meurent fréquemment d'une mort violente. [...] Ceux qui sont trop remuants pour s'adonner à des occupations suivies – et ce reste de barbarie est un grand obstacle à la civilisation - émigrent dans de nouveaux pays où ils se transforment en utiles pionniers (Darwin, 1891, pp. 148-149).

Autrement dit, pour Darwin, les châtiments infligés aux malfaiteurs, y compris la peine capitale, est une sorte de sélection de type moral. L'enfermement des malades mentaux, tels que les hypocondriaques, pouvant les conduire au suicide, est pour lui une manière d'améliorer la santé morale de la société. Le fait que les gens à tempérament querelleur peuvent subir une mort violente et prématurée est également pour ce naturaliste une bonne manière naturelle d'améliorer la moralité de la société. Tandis que l'émigration des oiseux, des remuants, pour aller coloniser d'autres contrées lointaines, en l'occurrence les terres africaines, les terres d'Amérique où les premières nations devaient être exterminées, les terres australiennes où les Aborigènes subirent le même sort, etc., voilà une bonne façon de se débarrasser des vices chez les nations dites civilisées et d'améliorer leurs qualités morales !

Qui ne se scandaliserait pas en lisant ces propos lorsqu'on sait que de telles idées ont été littéralement appliquées par les colonisateurs en Afrique et en Amérique et que l'esclavage, que pourtant Darwin lui-même condamne, n'était rien d'autre que l'application de ces idées tenant les peuples autres que les nations dites civilisées pour des moins humains, des peuples « sauvages », qu'il faut capturer, utiliser comme main-d'œuvre gratuite, coloniser et dont il fallait occuper les terres qu'ils ne savent pas exploiter, qu'il fallait même exterminer en cas de résistances telles qu'en Amérique où les Premières Nations ont subi un véritable génocide, de même qu'en Amérique du Sud où les Espagnols (les *conquistadores*) n'ont pas hésité à décimer, bien avant même les publications de Darwin (et là on peut dire que ce dernier n'a fait qu'accréditer d'un prétendu statut scientifique les idées dominatrices et assimilatrices déjà largement répandues dans les sociétés européennes de cette époque), les peuples Inca et Maya, ainsi que leurs civilisations. On sait par ailleurs que même le christianisme, mais un christianisme par trop politisé, a accompagné ces atrocités au nom de l'évangélisation et de la christianisation des peuples, comme le remarquait à juste titre Joseph Bouchaud (1922-2017) :

> C'est un fait historique que colonisation et évangélisation ont souvent marché de pair. Que l'on évoque la christianisation de l'Europe centrale et orientale au Moyen-Âge, l'œuvre du Patronat espagnol ou portugais, ou bien l'expansion coloniale au XIXe siècle et durant la première moitié du XXe siècle, il faut bien reconnaître que les puissances occidentales, qu'elles soient proclamées chrétiennes ou non, ont servi – tout en s'en servant – la propagation du christianisme sous ses formes catholique, orthodoxe ou protestante (Bouchaud, 1967, p. 39).

Il est donc étonnant que les darwiniens ultérieurs et les néo-darwiniens n'ont pas pu reconnaître dans la pensée exposée dans *La Descendance de l'homme*, sinon l'origine du moins les bases philosophiques de certaines barbaries qui allaient se retourner contre l'Europe elle-même tel que le fléau du Nazisme et de l'extermination des Juifs au nom de la volonté de puissance et de l'élargissement de l'espace vital pour une race que défendait Adolf Hitler (1889-1945) dans son *Mein kampf* (1925) où il assume orgueilleusement la conception du monde du national-socialisme, avec ses composantes hégémoniques, belliqueuses, mais aussi racistes et ouvertement antisémites. Si la funeste pensée hitlérienne a souvent été reliée à celle nietzschéenne, il ne serait pas fou d'y voir une tentative d'application politique des idées darwiniennes, au moins dans ce que nous sommes en train de résumer ici. Par ailleurs Nietzsche lui-même a été qualifié de darwinien (Richardson, 2004, 2009). Il aurait d'ailleurs développé davantage que Darwin l'idée de la Sélection naturelle opérant au niveau des sociétés et non des individus, notamment l'insistance sur le pouvoir, la volonté de puissance (Johnson, 2010). Cette lecture de Nietzsche n'est pas sans pertinence à la lumière des idées de Darwin que nous analysons ici.

Sur le plan de la moralité en tant que telle, considérée dans son aspect individuel, les idées darwiniennes sont également discutables. En effet, l'élimination physique des personnes à comportements moralement condamnables ne signifie pas que les vices disparaissent ou diminuent de la société. Dans la perspective chrétienne, comme nous le verrons plus loin, le mal et le vice revêtent des dimensions spirituelles, métaphysiques, que l'homme doit comprendre pour espérer améliorer ses qualités morales. Or, Darwin, naturaliste, pense que tout vice relève de la constitution biologique et même que la moralité relève des instincts dits sociaux, et que si l'individu qui porte un vice est éliminé, de mort punitive ou naturelle, et qu'il ne laisse pas de descendants, le vice qu'il portait disparaît de la société avec lui. Ainsi, pour lui, « les femmes ayant des mœurs dissolues ont peu d'enfants ; les hommes dans le même cas se marient rarement ; les uns et les autres sont épuisés par les maladies » (Darwin, 1891, p. 149). Ainsi, de cette façon, ces individus dépravés ne transmettent pas leurs vices à des descendants et c'est donc une manière, pour la Sélection naturelle, d'améliorer la moralité des nations dites civilisées. Cette tendance serait liée à l'action indirecte de la Sélection naturelle qui est à l'origine des instincts sociaux :

> La sélection naturelle semble n'exercer qu'une influence bien secondaire sur les nations civilisées en tant qu'il ne s'agit que de la production d'un niveau de moralité plus élevé et d'un nombre plus considérable d'hommes bien doués ; nous lui devons, toutefois, l'acquisition originelle des instincts sociaux (Darwin, 1891, p. 150).

Cette constatation d'une action indirecte de la Sélection naturelle dans les sociétés dites civilisées, est tout de suite mitigée par la position que nous avons indiquée plus haut, à savoir que l'absence d'une Sélection naturelle vigoureuse et le développement d'une morale visant à protéger les faibles, la fameuse morale des faibles que dénonçait Nietzsche dans la *La généalogie de la morale* (Nietzsche, 1966) et qui n'était qu'une reprise radicalisée de ces idées de Darwin, tendent à favoriser la dégénérescence des sociétés dites « civilisées » : « il en résulte que les membres insouciants, dégradés et souvent vicieux de la société, tendent à s'accroître dans une proportion plus rapide que ceux qui sont plus prudents et ordinairement plus sages » (Darwin, 1891, p. ibid.). Cette position devient encore plus claire lorsqu'il cite et fait siens les propos d'un Greg :

> Voici ce que dit à ce sujet M. Greg : « l'Irlandais, malpropre, sans ambition, insouciant, multiplie comme le lapin ; l'Écossais, frugal, prévoyant, plein de respect pour lui-même, ambitieux, moraliste rigide, spiritualiste, sagace et très intelligent, passe ses plus belles années dans la lutte et dans le célibat, se marie tard et ne laisse que peu de descendants. Étant donné un pays principalement peuplé de mille Saxons et de mille Celtes – au bout d'une douzaine de générations, les cinq sixième de la population seront Celtes, mais le dernier sixième, composé de Saxons, possédera les cinq sixième des biens, du pouvoir et de l'intelligence. Dans l'éternelle lutte pour l'existence, c'est la

race inférieure et la *moins* favorisée qui a prévalu et cela non en vertu de ses bonnes qualités, mais en vertu de ses défauts » (Darwin, 1891, p. 150 italiques dans le texte)

Qui ne verrait pas ici une bonne dose de racisme tendant à considérer des races ou des types humains entiers comme plus moraux et supérieurs que d'autres et à dévaloriser des groupes entiers de populations sur base de tels critères ? Or, il est facile de montrer, ainsi que nous l'avons déjà indiqué, que pour autant que des individus issus des groupes humains ou des races différents soient soumis aux mêmes conditions de vie et de culture, à la même éducation, si des différences peuvent subsister suivant les talents naturels de chacun (les inclinations naturelles et les dispositions liées à leur patrimoine génétique hérité), mais aussi à la liberté qu'a chaque individu d'appliquer sa volonté ou non, ces différences fondées en nature, notamment sur le plan intellectuel et sur le plan moral, tendent à s'estomper. L'abolition de l'esclavage aux États-Unis a bien prouvé que les Noirs sont également des humains et détiennent les mêmes capacités que les Blancs même si le racisme continue sournoisement son chemin notamment lorsqu'on observe les disparités économiques et les violences policières envers les gens issues de la communauté noire. Une présidence d'un Noir américain, le Président Barack Obama (44è Président des États-Unis) n'a démontré aucune infériorité en termes de gouvernance et de performance politique par rapport à celles de ses prédécesseurs de race blanche. Il suffit de concevoir et d'appliquer des politiques visant à créer les mêmes conditions pour tous, d'éliminer toute discrimination fondée sur les identités extérieures et naturelles, d'appliquer des correctifs concernant les injustices et les discriminations du passé pour constater que personne n'est né pour servir ou être assujetti aux autres humains. Qu'on soit Irlandais ou Écossais, qu'on soit Saxons ou Celtes, qu'on soit Noir ou Blanc, il n'y a en principe aucune différence de nature pouvant faire en sorte qu'on n'ait pas les mêmes qualités morales et intellectuelles pour autant que les conditions d'égalité et que les chances égales soient garanties pour tous par les gouvernements.

Ce qu'il importe de souligner c'est que la pensée de Darwin renferme une bonne dose de racisme, au nom du mécanisme de la Sélection naturelle qui, pour lui, opère pour l'amélioration des espèces dans leur nature. L'idée de progrès vers les meilleures races et les meilleures qualités morales et physiques est bien présente chez Darwin, contrairement à ce qu'affirment les néo-darwiniens. Si ces derniers ont promu l'idée de la Sélection naturelle comme un « horloger aveugle », il semble bien que chez Darwin la Sélection naturelle est bel et bien un « horloger », c'est-à-dire qu'elle vise un meilleur résultat capable de fonctionner mieux que les autres alternatives dans la lutte pour l'existence. C'est l'idée même de la survivance du plus apte, c'est-à-dire, de l'individu ou du groupe ayant les meilleures qualités constituant sa force. L'idée de progrès n'est donc pas absente chez Darwin, même s'il affirme ne pas comprendre comment le progrès de la civilisation se réalise exactement : « quelque obscur que soit le problème du progrès de la civilisation, nous pouvons au moins comprendre qu'une nation qui, pendant une longue période produit le plus grand nombre d'hommes intelligents, énergiques, braves, patriotes et bienveillants doit en règle générale l'emporter sur les nations moins favorisées » (Darwin, 1891, p. 154).

Si les anciens Grecs n'ont pas réussi à maintenir leur domination, c'est que d'autres facteurs sont venus limiter l'action de cette Sélection naturelle : la petitesse de leur territoire, le vice, la désunion, etc. alors que les États-Unis d'Amérique ont favorisé l'action de la Sélection naturelle qui est, selon Darwin, à l'origine de leurs prodigieux progrès (Darwin, 1891, pp. 153-154). Il n'y a pas donc lieu d'en douter, Darwin parle ici de Sélection naturelle appliquée à la concurrence des sociétés et des entreprises. Le libéralisme économique, c'est le darwinisme social, c'est le capitalisme sauvage. L'idée de la force du groupe, d'une nation, pour l'emporter dans la lutte pour l'existence, est clairement prônée ici. Il ne serait pas difficile de voir que cette pensée s'oppose radicalement aux idéaux fondamentaux du christianisme qui, tout en soutenant la propriété privée (contre les idées communistes), prône aussi le partage, la justice sociale, l'aide aux plus pauvres et aux démunis ; autrement dit, l'idée que l'argent doit être mis au service de l'homme et non l'inverse. Or, le capitalisme sauvage mène, en dernière instance, à la déshumanisation de l'être humain qui devient un simple instrument pour l'économie, la richesse et de la puissance matérielle. C'est d'ailleurs cette perversion du travail que dénonçait Emmanuel Mounier (1905-1950) lorsqu'il prônait sa philosophie personnaliste, visant à revenir sur le sens de la personne humaine contre la domination de la pensée matérialiste (Mounier, 2010).

Conclusion-synthèse

Ce livre vise à esquisser, bien que sans prétention à épuiser ce grand sujet qui a d'ailleurs fait l'objet de beaucoup d'études, le problème de l'incompatibilité manifeste entre la pensée darwinienne et la théologie chrétienne sur le plan notamment de la morale et de la doctrine sociale. Il convient, avant de présenter les traits théologiques principaux du christianisme de résumer ce que nous venons d'apprendre en lisant les chapitre III, IV et V de la *La Descendance de l'homme* de Charles Darwin. Dans les trois chapitres, Darwin s'efforce d'établir l'origine naturelle, biologique, des facultés intellectuelles et morales de l'homme, d'abord en montrant que les différences entre humains et animaux à cet égard ne sont qu'une question de degré et non de nature. Darwin s'appuie sur beaucoup d'exemples pour montrer que les animaux aussi ont une certaine intelligence, une certaine moralité démontrée par les instincts sociaux et les réactions proches entre animaux sauvages, domestiques et êtres humains « sauvages ». La distance qualitative qui sépare ces derniers des hommes dits civilisés est la même que celle qui sépare les humains sauvages de certaines espèces d'animaux domestiques et sauvages.

Chez les humains et animaux sauvages, la Sélection naturelle opère de manière brute. Elle favorise l'élimination des faibles, des moins aptes et la survie des plus aptes et plus vigoureux. Les instincts sociaux tels que la sympathie, l'altruisme, l'entraide, la défense mutuelle, etc. ont été sélectionnés par la Sélection naturelle essentiellement pour la survie des groupes et non pour celle des individus. C'est à ce titre que Darwin y décèle l'origine naturelle de la morale et même de la religion. Les sociétés dites civilisées ne laissent plus la Sélection naturelle opérer de manière brute, sauf à certains titres comme la concurrence entre sociétés et la concurrence économique. Mais la Sélection naturelle y opère indirectement par le biais du renforcement des qualités morales fortifiant ces sociétés par rapport aux sociétés moins civilisées et l'élimination des porteurs de vices moraux par les maladies qui accompagnent ces derniers et les châtiments judiciaires. Le problème soulevé par Darwin concernant l'absence d'une action libre de la Sélection naturelle c'est le risque de la dégénérescence biologique et intellectuelle des nations civilisées par la prolifération des débiles, des faibles, et des moins aptes intellectuellement suite justement au développement de la moralité favorisant la protection et l'aide aux faibles.

Les principes sur lesquels se fondent la théorie darwinienne sont clairement non seulement le naturalisme évolutionniste, mais également le matérialisme. Selon ces principes, le vivant et les sociétés n'opèrent que par des facteurs matériels et biologiques. On le voit quand Darwin explique l'origine de la religion et de la morale : cette dernière a été sélectionnée par la Sélection naturelle parce qu'elle était avantageuse pour les espèces. Quant aux croyances religieuses, surtout celles liées aux esprits et aux divinités, Darwin les rejette dans le registre de l'ignorance et de la barbarie. Seule l'idée d'un Dieu, maître de l'Univers, mais n'ayant aucune action dans le cours de l'histoire du vivant et des humains, est retenue, mais là également, il semble que ce soit une adhésion darwinienne non par principe, mais par ralliement à d'autres savants qui y croyaient.

Ainsi, le principe naturaliste et le principe matérialiste excluent d'emblée l'action du Surnaturel, l'action d'un Esprit ou d'un Dieu personnel dans la nature et dans les sociétés humaines. L'évolutionniste pose l'évolution des choses, des espèces vivantes comme des sociétés humaines à partir de stades primitifs, simples, vers les stades complexes et plus élevés. L'idée de progrès dans l'évolution, même si les néodarwiniens l'ont récusée, n'est pas manifestement absence des idées de Darwin lui-même au moins dans la *Descendance de l'homme*. Et le mécanisme qui préside à cette évolution c'est bien la Sélection naturelle, c'est-à-dire le fait que la nature favorise les organismes et les sociétés les plus adaptées et élimine celles qui le sont moins. L'homme lui-même, ayant évolué à partir d'ancêtres simiens, n'est parvenu à la « civilisation » qu'à partir du moment où la Sélection naturelle lui a donné les instincts sociaux, qui ont évolué vers la moralité.

Cette vision du monde, de l'homme et de l'éthique nous paraît difficile à concilier avec la vision chrétienne du monde, de l'homme et de l'éthique. Dans nos deux prochains chapitres, nous allons, pour le montrer, rappeler les principes dogmatiques sur lesquels repose la religion chrétienne, rappeler les idées fondamentales de sa conception anthropologique et éthique, pour ensuite montrer que ces traits du christianisme ne peuvent pas, sinon moyennant une sorte de « reddition cognitive » (*cognitive surrender*), comme dirait Peter L. Berger à propos du relativisme, se concilier avec la position darwinienne sur ces enjeux étant donnée sa dominance contemporaine :

> Christian communities that face the corrosive effects of pluralism have a limited number of options. For a while, of course they can ignore the whole matter and go on as if nothing had happened. The length of time during which this is possible will depend on the degree of 'cognitive contamination' that is taking place. Once it can no longer be ignored, four basic options can be distinguished. Let me call them 'cognitive bargaining', 'cognitive surrender', and two subvarieties of 'cognitive retrenchment', one defensive and one offensive. All can be observed in Christian churches today, in America and elsewhere (P. L. Berger, 1992, p. 41).

Pour ne pas succomber à la reddition cognitive, qui pour Berger fut la position des théologiens américains dits radicaux ou séculiers défendant « la théologie de la mort de Dieu » (P. L. Berger, 1992, p. 142) du genre de Hervey Cox dans *The Secular City* (Cox, 1965), il convient de mesurer la distance cognitive et épistémologique qui sépare les deux visions du monde (la chrétienne et la darwinienne), car bien comprise, cette distance empêche tout véritable compromis entre les deux. Quant à la position de la reddition cognitive, Peter Berger qui, pourtant se caractérisait lui-même comme un « chrétien libéral » (P. L. Berger, 1970) l'a caractérisée comme suit :

> Many contemporary theologians using more moderate language [than the radical theology] are engaged in the same act of surrender. The essence is the acknowledgement and the subsequent translation of the Christian message into this or that language of the Christian message into this or that language of modern secularity. The language can be philosophical, psychological, or political: these different translations will have quite different consequences. But the basic assertion remains the same: '*This* is what Christian faith is *really* about'. Not the embarrassing baggage of traditional orthodoxy, but whatever the secular substitute may be – the alleged 'ethics of Jesus', some sort of existentialist experience, mental health with a 'spiritual' component, or (the most popular version in recent years) some particular political agenda. While this modus operandi provides what one might call cognitive relief, in the end it is self-liquidating. Intellectually, it is a kind of suicide. Socially, it amasses concessions that end up being self-defeating, as people discover that one can be ethical without Jesus, existentially authentic and mentally healthy without religion, and most emphatically political without the church. This very process can be observed in stupefying detail in mainline American Protestantism today. A respective number of Catholic theologians have been eager to follow the example, and one can even begin to observe the same syndrome among better-educated Evangelicals (P. L. Berger, 1992, pp. 42-43 italiques dans le texte).

Berger ne mentionne pas explicitement le darwinisme, mais il n'y a nul doute qu'il le situe dans ces idéologiques séculières dominantes auxquelles les théologiens tendent à concéder le gros des affirmations dogmatiques traditionnelles pour avoir la paix, la tranquillité (*relief*) d'être en bonne compagnie... Pour un chrétien sérieux cependant, il est nécessaire de maintenir l'adhésion à une doctrine reconnue comme vraie, soit cognitivement, soit par expérience, tant et aussi longtemps qu'aucune autre doctrine n'a réussi à prouver sa fausseté ou son illusion. L'étude approfondie des idées darwiniennes montrent à coup sûr que ces dernières n'ébranlent en aucune façon les piliers fondamentaux du christianisme dans la mesure où ces derniers ne sont même pas retenus dans le cadre fondamental de la vision darwinienne : le naturalisme et le matérialisme. Comme nous le montrons dans ces chapitres qui suivent, il n'est pas possible d'être matérialiste et naturaliste exclusif, comme l'était Darwin lui-même, et de continuer à affirmer sa foi chrétienne... Les deux visions du monde ne peuvent pas faire bon ménage. Nous espérons pouvoir clairement démontrer cette proposition.

Chap. III. Les principes du christianisme

Le christianisme, comme le darwinisme, a marqué la pensée occidentale. Si le premier ne garde pas l'influence sur la vie politique et sociale qu'il a exercée sur les sociétés occidentales que Darwin qualifie de « civilisées » au moins depuis son adoption par l'empereur romain Constantin 1er dit le Grand (cf. Mimouni, 2006, p. 353) jusqu'à l'avènement de la modernité, et si le darwinisme est devenu un paradigme philosophique dominant en Occident depuis la fin du 19è siècle, il n'en demeure pas moins que les deux courants de pensée n'ont cessé durant les deux derniers siècles d'alimenter polémiques et débats notamment en ce qui a trait aux fondements de l'éthique.

Ce chapitre présente succinctement les caractéristiques ou les principes du christianisme en vue de recueillir les principales idées qui peuvent permettre une confrontation avec les idées darwiniennes citées et commentées dans le chapitre précédent à partir de l'ouvrage *La Descendance de l'homme* par Darwin. Religion révélée, le christianisme a des fondements dogmatiques qui nous paraissent entrer en confrontation directe avec les idées darwiniennes, à partir de ses principes de base que sont le naturalisme, l'évolutionnisme et le matérialisme. De même, le christianisme prône une anthropologie et une éthique qui ne peuvent pas se concilier avec le naturalisme éthique et évolutionniste darwinien.

3.1. Les fondements dogmatiques du christianisme

Nous n'allons pas reprendre ici les ouvrages spécialisés sur le christianisme. Là n'est pas l'objectif de ce livre. Nous abordons cette religion à partir d'un point de vue assez général et commun pour présenter ses principes d'une manière qui nous permette de voir les différences fondamentales avec les idées darwiniennes.

Commençons par montrer que sans l'idée de la Révélation, le christianisme n'a plus de spécificité propre pour présenter sa vision du monde comme pouvant être plus valable que celle de toute autre philosophie, y compris le darwinisme. Ce principe de la Révélation est à considérer dans un registre plus large concernant la réalité du spirituel sans laquelle il est impossible de dépasser l'enfermement dans le matérialiste et le naturalisme absolu. Remarquons ensuite que le monothéisme biblique et chrétien, rappelons qu'il est judéo-chrétien, présente un aspect personnaliste fondamental qui empêche d'identifier simplement le Dieu chrétien à un Maître abstrait de l'univers. Remarquons aussi que la Sainte Trinité ne peut être connue autrement que comme révélée et que cette Révélation renseigne sur le mode opératoire de Dieu lui-même, surtout en rapport avec l'histoire humaine et l'histoire du salut. Une fois ces idées rappelées, il sera possible de rappeler également la vision chrétienne de l'homme et de l'éthique qui fait que le chrétien se sait appelé à une vie de sainteté dans laquelle l'action de la grâce de Dieu, principe surnaturel, occupe une place de choix.

3.1.1 Le principe de la Révélation

On peut peut-être l'oublier ou feindre de l'oublier, mais le christianisme n'est pas sorti d'un plan d'invention par un individu doué ou un maître religieux de génie. La Bible de laquelle il se réclame n'est pas un livre composé par un seul auteur ni d'un seul texte. Composée de 66 livres, écrits par divers auteurs, à diverses époques, le seul fil d'Ariane dans cette bibliothèque qu'on a rassemblée sous le nom de la Bible (*ta biblia* : les livres) est l'idée d'un Dieu qui a parlé, qui s'est révélé à des personnages historiques déterminés et qui a agi dans l'histoire de l'humanité et quelque part dans le monde. Le principe de la Révélation est donc fondamental pour comprendre et interpréter la religion judéo-chrétienne. Sans ce principe de la Révélation, le christianisme peut toujours exister, mais il n'a aucune force d'imposer aux humains ses enseignements qui deviennent une pure idéologie comme la critique marxiste l'a si bien rappelé en qualifiant d'« opium du peuple » les idéologies religieuses (Marx, 1957 ; Marx & Engels, 1972).

Le christianisme est donc une religion révélée. Dieu a parlé. Dieu a agi dans l'histoire. Dieu a exprimé sa volonté et son plan sur le monde et sur l'humanité. Le mot « Révélation » doit être tenu pour le premier mot-clé, maître-mot du christianisme. Que l'on affirme que puisque certaines données de la science contredisent certaines affirmations de la Bible (on peut citer la question de l'héliocentrisme) alors cette dernière n'a pas d'autorité ou que les premiers livres de la Bible, dont la Genèse et l'Exode, constituent des récits mythiques ou des poésies, c'est là une autre question. Cette question a trait à l'authenticité de la Révélation, à la vérité du ou des message(s) enseigné(s) dans la Bible, à la réalité des événements décrits, à l'historicité de Jésus, de ses enseignements, de ses miracles, de la Résurrection, etc. Une telle question ne conteste pas le principe même de la Révélation. Il conteste l'exactitude de certains traits de la Révélation qui peuvent toujours faire l'objet d'une interprétation, d'une herméneutique. Par exemple, les divergences sur les faits décrits par les sciences modernes peuvent être comprises en ce sens que la Révélation n'a elle-même pas de but scientifique, mais plutôt concerne les choses liées au salut, à la destinée surnaturelle de l'être humain. Car si Dieu n'a pas parlé, on ne sait pas vraiment si Il existe et le principe de la Révélation même tombe, et avec lui, la vérité du christianisme. Nier la possibilité de la Révélation, c'est nier ou douter de l'existence même de Dieu. Car s'Il existe, dans le sens monothéiste et personnaliste, il peut parler, Il peut s'auto-communiquer, à moins qu'Il ne soit conçu comme ce Dieu silencieux et éloigné des choses matérielles, ce Premier Moteur Immobile dont parlait Aristote. Or, le judéo-christianisme fonde son autorité en matière de foi et de morale sur le fait que Dieu s'est révélé et que cette Révélation constitue la source de la vérité sur Dieu, sur le monde et sur l'homme.

Une fois le principe de la Révélation reconnu pour ce qu'il doit être, il faut aller plus loin et dire ce qui est révélé et sans quoi rien ne peut en principe justifier l'enseignement chrétien et le tenir pour détenant une quelconque préséance sur toutes les autres idéologies. Évidemment, la question des sources de la Révélation est beaucoup plus complexe qu'il ne nous est pas utile d'en traiter ici de peur d'être trop parcellaire, sauf à indiquer que les Écritures bibliques, dont le canon (du grec : *kanôn :* règle, instrument de mesure) a été fixé à diverses époques demeure la source première de cette Révélation. Le *Tanakh* ou la Bible hébraïque constituée par la Torah, les prophètes (Neviim) et les écrits (ketuvim) d'abord véhiculée oralement n'aurait été mise par écrit que dès le règne de Salomon. Remontant à Moïse, la Loi ou la Torah constituée des cinq premiers livres de la Bible fut considérée comme la règle divine de foi et de vie en Israël dont s'inspirait même le gouvernement politique (1 R 23, 2-3 ; Ch 34, 30-31 et Esd 7, 6-14 ; Né 8, 1-8). La conviction la plus forte à cet égard était que

Dieu s'est révélé et a révélé sa volonté aux patriarches (Abraham, Isaac et Jacob) et a été le Maître d'œuvre pour sortir les tribus israélites de l'esclavage d'Égypte, les affranchissant de la servitude sous les puissants pharaons d'Égypte en utilisant un homme ordinaire du nom de Moïse par qui Dieu opéra des signes et des prodiges, y compris le miracle de la traversée de la mer rouge le jour de la Pâque juive (Ex 15). Ainsi dès le début de l'existence de la Loi écrite, la plus haute autorité s'attacha à son contenu et elle fut considérée comme le cœur, le noyau de toute la Bible hébraïque.

La deuxième section du canon des Écritures hébraïques est celle des Prophètes. Deux catégories de prophètes y sont distinguées : les Anciens Prophètes et les Derniers Prophètes. Il faut dire tout de suite, pour ce qui concerne notre sujet, que le principe même de la possibilité de la prophétie renvoie à l'idée de la Révélation. À travers le Prophète et par sa bouche, Dieu s'exprime et communique sa volonté, sur les événements historiques en cours et à venir. Ainsi, pour ce qui est des Neviim (pluriel du mot hébreu : *Nabî* : le prophète), on a les Anciens Prophètes qui décrivent la manière dont l'Alliance fut appliquée après la possession de la terre promise, le Canaan. Il est rappelé qu'Israël avant d'être un royaume dirigé par des rois humains, était une théocratie. D'ailleurs, le prophète Samuel hésite à oindre un roi à la demande du peuple, et ne cède à la pression que lorsque Dieu, Yahweh, lui donne la permission pour oindre Saül (1 S 8-10). Ces Livres des anciens prophètes, tels que Josué, les Juges, Samuel, Élie, Élisée, jouissaient d'une autorité sur l'ensemble de la vie du peuple et des actions politiques et religieuses.

Quant aux Derniers Prophètes, on en distingue aussi deux catégories : les trois grands, Isaïe, Jérémie et Ézéchiel, et les douze « petits prophètes » au sens non de la valeur moindre de leurs prophéties, mais du volume moindre de leurs écrits. Ces prophètes sont des « porte-paroles de Yahweh », et leurs interventions commencent toujours par « *Ainsi parle Yahweh…* ». Leur importance vient du fait que le peuple d'Israël considère que leurs prophéties se sont accomplies notamment pour ce qui est des malheurs qu'a vécus la nation juive. La troisième catégorie, les Écrits (ketouvim) ou hagiographies, qui comprend onze écrits, y compris les Psaumes, les écrits sapientiaux et historiques, fut incluse aussi dans le Canon à titre d'expression de l'action de Dieu dans l'histoire du peuple, par des personnages déterminés et d'une manière historiquement accessible. Vers 150 av. Jésus-Christ, les trois catégories des Saintes Écritures en langue hébraïque existaient déjà, car l'Ecclésiastique ou le Siracide, un des livres dont les biblistes font remonter la rédaction vers 132 av. J.-C, mentionne dans son prologue « la Loi, les Prophètes et les autres Écrivains ».

Quant au Nouveau Testament, il est à rappeler que la rédaction de ses 27 livres se situe entre 50 et 100 ap. J.-C. Les Évangiles étant des « mémoires des Apôtres » (cf. Geoltrain, 2000, p. XVII), relatant les événements survenus en Palestine autour de la Personne de Jésus de Nazareth, avec bien entendu une intention claire de promouvoir la « Bonne nouvelle » (du grec : *Euangelion*), cela n'enlève rien à leur valeur en tant que recueil de la Révélation du Fils unique de Dieu sur lequel repose tout l'enseignement chrétien. Le Catéchisme de l'Église catholique souligne avec force cette centralité du personnage de Jésus-Christ : « À travers les paroles de l'Écriture Sainte, Dieu ne dit qu'une seule Parole, son Verbe en qui il se dit tout entier » (Perrenx, 2007, p. 70)[18]. L'Épître aux Hébreux l'affirme clairement : « Après avoir autrefois, à plusieurs reprises et de plusieurs manières, parlé à nos pères par les prophètes, Dieu, dans ces derniers temps, nous a parlé par le Fils, qu'il a établi héritier de toutes choses, par lequel il a aussi créé le monde. » (He 1, 1-2). Saint Augustin aimait à dire qu'« il n'y a qu'une Unique Parole de Dieu, qui se dilate dans toute l'Écriture, des nombreuses bouches des saints un Verbe unique résonne, celui qui était 'au commencement auprès de Dieu » (Jn 1, 1), en lui, il n'y a pas multitudes de syllabes, ni différence de temps »[19]. L'Église chrétienne a compris que le « Christ est la CLEF d'interprétation : '*Toute* la *vérité* est cachée dans le mystère du Christ » (DV 23), ou avec saint Jean « La grâce et la *vérité* sont venues par Jésus-Christ » (Jn 1, 17) »[20]. Jésus affirme dans l'Évangile selon Jean : « Tout ce que j'ai entendu de mon Père, je vous l'ai fait connaître » (Jn 15, 15) et Il se présente lui-même comme cette vérité : « Je suis la vérité » (Jn 14, 5).

Dans ce sens, on comprend que les Écrits du Nouveau Testament, des Évangiles synoptiques à l'Apocalypse de saint Jean, en passant par le quatrième Évangile, les Actes des Apôtres, les 13 lettres de Paul et les

[18] Il s'agit du Volume 1. L'auteur cite ici le *Catéchisme de l'Église catholique*, § 102.
[19] Saint Augustin, *Enarrationes in psalmos* 103, 4, 1, *Patrologia latina* 37, 1278, tr. Fr. t. 9, p. 451, cité par Perrenx, Jean-Pascal, op. cit., p. 70.
[20] Ibidem. Et DV=la Constitution *Dei Verbum* du Concile Vatican II.

Lettres apostoliques, tous sans exception ne font que dévoiler cette vérité qui est Jésus-Christ et son rapport à l'être humain immergé dans l'histoire, mais appelé à une destinée surnaturelle. Cependant, « plus de deux siècles de recherches acharnées sur le Jésus de l'histoire comme sur celui de la tradition ont appris aux savants, qu'ils soient historiens ou théologiens, la plus extrême modestie » (cf. Mimouni, 2006, p. 46). Le paradoxe qui a été identifié est celui d'une longue histoire d'enseignement et de commentaires sur Jésus (plus de mille ans), fondée pourtant sur une très faible connaissance historique de l'homme qui a été à l'origine du christianisme.

Les difficultés auxquelles sont confrontés les chercheurs qui veulent reconstituer le portrait du Jésus historique sont notamment de trois ordres : celle liée aux sources canoniques qui relèvent plus de l'interprétation que du témoignage de type neutre ; celle liée à la brièveté de la vie de Jésus lui-même qui n'a rien écrit (il a vécu entre 33 et 36 ans) et de son activité publique (trois ans seulement) ; enfin celle liée aux silences de Jésus lui-même sur sa personne et sur sa pensée, du moment que les chercheurs historiens remettent en question les affirmations des Évangiles attribuées à Jésus, en voulant plutôt remonter aux paroles authentiquement attribuables à Lui, les fameuses « *ipsissima verba* » (les mots mêmes) de Jésus. Ces difficultés se posent néanmoins à la recherche scientifique et historique au moment où la tradition chrétienne, vieille de plus de 2000 ans, se nourrit de la foi en Jésus-Christ puisée aux Écritures telles que transmises. L'historicité de Jésus de Nazareth est attestée par les anciens écrits notamment ceux de l'historien juif Flavius Josèphe (37-100) et la plupart des Lettres de Saint Paul revêtent un caractère historique incontestable. Douter de l'existence de Jésus et de son ministère et donc de l'authenticité du l'enseignement évangélique relève davantage de l'esprit sceptique et agnostique, voire athée, que de la science historique elle-même. Qui plus est, un chrétien animé avant tout par la foi, ne peut vouloir faire reposer sa foi uniquement sur les recherches scientifiques, mais sur l'expérience de la vérité, dont témoignent justement de nombreuses vies consacrées à Jésus-Christ et à l'Évangile depuis près de deux millénaires (Latourelle, 1992, pp. 63-64).

Voilà pourquoi, à côté de l'Écriture Sainte, l'autre grande source de la Révélation biblique est constituée par la Tradition (du latin *tradĕre* : transmettre) dans laquelle la Parole a été conservée, interprétée de manière consensuelle avec l'assistance du Saint-Esprit, transmise de génération en génération par ce que l'Église s'est convenue d'appeler le Magistère (du latin *Magister :* enseignant, maître) : c'est-à-dire les Responsables hiérarchiques de l'Église qui, depuis saint Pierre et Saint Paul ont veillé à ce que la doctrine chrétienne soit gardée et enseignée de manière conforme à la Parole originelle de Christ. « Je vous ai transmis ce que j'ai moi-même reçu » (1 Co 15,3), affirme Saint Paul à propos du rite de la communion (l'Eucharistie ou la Cène). En termes théologiques, on se réfère à cette sauvegarde de l'enseignement en parlant de l'orthodoxie (du grec : *orthos :* droit, juste ; et *doxa* : opinion), surtout en ce qui est de la connaissance du Christ. La christologie a été en effet au centre des développements de la doctrine chrétienne à la période patristique durant les premiers Conciles œcuméniques. De cette façon, l'Église catholique considère que les trois sources de la Révélation n'en font finalement qu'une seule :

> 'La sainte Tradition, la sainte Écriture et le Magistère de l'Église, par une très sage disposition de Dieu, sont tellement reliés et solidaires entre eux, qu'aucune de ces réalités ne subsiste sans les autres' (DV 10). On pourrait alors dire qu'il y a une source unique, mais formée de *trois fontaines*. À côté de cette triade surnaturelle, n'oublions pas la raison naturelle (y compris la philosophie et les sciences humaines, fruit de la raison) (Perrenx, 2007, p. 73).

Le protestantisme refuse de mettre sur le même pied d'égalité Écriture sainte et Tradition, en insistant sur l'Écriture en tant qu'autorité dernière en matière de foi et de mœurs (*sola Scriptura*). Mais cette insistance luthérienne sur l'Écriture biblique était davantage une réaction à l'éloignement de l'Église catholique de son temps de la référence constante à la Bible dans son enseignement, du moment que celle-ci était éloignée du peuple de Dieu, gardée par la hiérarchie cléricale uniquement en langue latine classique. On peut affirmer qu'aujourd'hui, la plupart des dénominations protestantes ont leurs propres traditions dans lesquelles leurs membres s'inscrivent pour se distinguer des autres, et que par conséquent, le principe de la Tradition est aussi, au moins implicitement, affirmé à côté de celui de l'Écriture. Car, ce que la sociologue française Danièle Hervieu-Léger a appelé « une lignée croyante », dans *La religion pour mémoire* (Hervieu-Léger, 1993), demeure important pour comprendre le développement du christianisme ou des christianismes (si l'on veut faire justice à la diversité interne au mouvement de Jésus) et ses enseignements fondamentaux tant au sein du catholicisme que du protestantisme.

En ce qui concerne spécifiquement notre sujet sur le darwinisme, le principe de la Révélation concerne d'abord les origines de l'Univers et de l'être humain. Le Livre de la Genèse, dans ses trois premiers chapitres, fournit ce récit des origines. Il s'agit à la fois d'une cosmogonie et d'une anthropogonie. Est-ce un récit historique ? Beaucoup d'exégètes et de théologiens bibliques lui dénient ce caractère, du moins si l'on entend par « récit historique » le récit qui relate les événements tels qu'ils se sont produits dans les faits et dans le temps et sur lesquels des traces historiques matérielles peuvent être trouvées. Or, à l'origine de l'Univers et de l'homme, qui, à l'exception du Créateur lui-même, pourrait avoir été là pour en témoigner ? Le premier chapitre du Livre de la Genèse parle des événements d'avant le temps et l'histoire. Ces événements relatifs précisément à la création du temps et de l'histoire ne peuvent donc faire l'objet d'aucune analyse historique humaine. Devons-nous par conséquent tenir ce récit pour faux ou fictif ? Absolument pas ! Du moins si l'on garde en tête le principe de la Révélation. La compréhension du récit des origines par le rédacteur du livre de la Genèse, le fait que le récit se poursuit par l'histoire des Patriarches, à commencer par Abraham, sont à situer dans le cadre global de la Révélation de Dieu par Lui-même à travers les livres bibliques. La question n'est pas ici la description des faits historiques (œuvre d'historien), mais l'affirmation du sens de la réalité et de son origine ultime.

En ce qui concerne les origines de toutes choses, Dieu révèle à l'auteur inspiré le tableau de ce qui s'est passé. « Au commencent, Dieu créa le Ciel et le Terre,... ». Le monde a donc été créé par Dieu, voilà l'affirmation principale ici. C'est dans la foi en la Révélation que s'accepte ce récit de la création comme vrai quant à l'origine du monde et de l'homme. Par ailleurs, sans cette acceptation, il devient difficile de comprendre l'origine du mal, du péché et la nécessité de la grâce de Dieu pour le salut des pécheurs. Le récit de la chute d'Adam et Ève (Gn 3, 1-24) constitue l'un des principaux textes de la Bible desquels dépend le sens des autres. Cependant, avant cette chute, il est révélé que l'homme a été créé à l'image de Dieu et qu'il a reçu pouvoir sur les autres créatures notamment celui de leur attribuer des noms. L'être humain est placé au sommet de la création dont il est érigé gestionnaire. Il est révélé également que la femme a été créée à partir de la chair de l'homme et que ce mode de création de la femme revêt une signification fondamentale non seulement en rapport avec les rapports entre homme et femme, mais aussi, comme Saint Paul pourra bien l'expliciter, entre Christ et son Église.

L'anthropologie chrétienne, sur laquelle nous revenons plus loin, ne peut se passer de ce récit anthropogonique sans méconnaître son sens le plus profond.

Après ces deux points fondamentaux de la Révélation, on a à partir du chapitre 12 de la Genèse la Révélation de la nature du Dieu créateur à travers l'élection d'Abraham. Dieu prend l'initiative de parler en s'adressant à un homme précis et en lui confiant une mission déterminée. Il est important de souligner ici que Dieu se révèle différent des dieux abstraits des philosophes. Il n'est pas un architecte ou un maître éloigné de l'univers créé, il est capable de communiquer directement sa volonté et de parler avec des gens dans l'histoire. L'idée de l'Alliance elle-même se donne comme une manière de confirmer le caractère concret, mais spirituel, personnel, relationnel de ce Dieu. Avec Moïse, et l'événement pascal de la sortie d'Égypte, avec l'Alliance du Sinaï et le don de la Torah, Dieu révèle d'abord son Nom et se révèle comme un Dieu saint, exigeant de ses fidèles la sainteté. Le tétragramme qui constitue son nom propre : « YHWH », et l'affirmation « *Je suis celui qui suis* » (Ex 3, 14), indiquent la nature mystérieuse de ce Dieu : son nom est imprononçable et dans le Décalogue (les dix commandements), il est interdit de prononcer ce nom en vain (Ex 20,7). En même temps, il révèle qu'il est l'Existant par excellence. Saint Thomas d'Aquin exprimera cette réalité en termes aristotéliciens : Dieu est « *l'Être même subsistant par lui-même* » (cf. Drioux, 1851, p. 44).

Les règles éthiques édictées par Dieu lui-même démontrent le but même de l'Alliance : Dieu veut faire de ses alliés « un peuple à part », « appartenant à Lui », devant devenir la lumière des Nations : « Vous serez saints pour moi, car je suis saint, moi l'Éternel votre Dieu. Je vous ai séparés des peuples pour que vous soyez à moi » (Lv 20,26). On sait que cet appel à la sainteté ne sera pas facilement réalisable ni réalisé d'autant plus que Dieu reprochera à ce peuple, à travers les prophéties, d'être infidèle à l'Alliance, de chercher à adorer d'autres dieux, de ne pas pratiquer la justice, l'amour du prochain… D'où Il finit par annoncer une « Nouvelle Alliance » dans laquelle sa loi sera inscrite dans les cœurs mêmes des fidèles (Jr 31; Ez 36)… Une annonce de l'avènement du Saint-Esprit, qui, comme les deux autres Personnes divines constituant la Trinité, ne peut être connu comme tel sans la Révélation. L'adhésion au principe de la Révélation est donc la première étape vers la reconnaissance de la vérité révélée et ses détails. Elle permet d'appréhender les étapes historiques à travers lesquelles Dieu a voulu se faire connaître aux humains en vue de comprendre son plan de salut. Parmi ces étapes, les deux centrales sont la Torah (la Loi) reçue par Moïse et Jésus-Christ qui est la Parole de Dieu faite chair.

Dans la Loi, Dieu fait connaître à son peuple élu, Israël, que l'homme est appelé à la sainteté comme on vient de le rappeler. Que par conséquent, l'homme doit apprendre à vivre conformément à des standards de sainteté. « Soyez saints comme Je suis Saint, Moi l'Éternel votre Dieu » (Lev 9, 10). Or, Dans cette Loi, le Décalogue s'inaugure par le commandement monothéiste « Je suis l'Éternel ton Dieu qui t'ai fait sortir d'Égypte. Tu n'auras pas d'autres Dieu devant ma face » (Ex 20, 1) qui sera repris dans Dt 6, 4 : « Écoute Israël, l'Éternel notre Dieu est le Seul Éternel ». Dans ce commandement, Dieu rappelle d'abord au peuple d'Israël, son allié, tutoyé, qu'Il est un Dieu agissant dans l'histoire : c'est Lui qui l'a fait sortir de l'esclavage d'Égypte. En même temps, Il revendique l'unicité, l'exclusivité du culte. Dieu, en interdisant l'adoration d'autres dieux, ne reconnaît pas leur existence, puisque l'interdiction en soi porte sur les « idoles » : images taillées, représentations, etc. Ces représentations étant en réalité les diverses figurines, statues, qui étaient adorées comme des dieux par les peuples d'alentour. Qui plus est, en communiquant de cette sorte, Dieu est absolument invisible. D'ailleurs, même le prophète Moïse qui s'entretenait avec Lui « face à face », qui reçut les deux Tables de la Loi, ne pouvait pas le voir face à face au sens vrai de l'expression. Dans le Buisson Ardent sur le Mont Sinaï, Dieu ordonne à Moïse de ne pas s'approcher trop, d'ôter ses sandales « parce que le lieu dans lequel il se tient est saint » (Ex. 3, 5).

Faisant entendre sa voix comme par le tonnerre, se manifestant à travers une colonne de nuage ou de feu, grondant à partir de la montagne, etc. ces manières de communication du Dieu d'Israël sont sans commune mesure avec la douce théophanie du Fils incarné : Jésus-Christ. Homme parmi les hommes, né de la Vierge Marie, mais Dieu par nature, engendré non pas créé comme nous le rappelle le Symbole de Nicée (325), Il affirme être la révélation du Dieu invisible : « Celui qui m'a vu a vu le Père » (Jean 14,9b). « Je suis dans le Père et le Père est en moi » (Jean 14, 10). Jésus-Christ devient ainsi le Sommet de la Révélation non seulement de Dieu, mais aussi de sa volonté, de l'homme et de sa destinée. « Dieu veut que tous les hommes soient sauvés et parviennent à la connaissance de la vérité » (1 Tim

2,4). C'est pourquoi « Le Verbe s'est fait chair et a habité parmi nous [...] À tous ceux qui l'ont reçu, à ceux qui croient en son Nom, Il a donné le pouvoir de devenir enfants de Dieu » (Jean 1, 14.12). Ainsi, l'« Image du Dieu invisible, le Premier-né de toute la création » (Col 1,15-16), Jésus-Christ révèle à la fois Dieu et l'homme. Il est le Fils de l'Homme, le Nouvel Adam par qui un « Homme Nouveau » est créé dans les croyants. L'auto-communication de Dieu prend un sens radicalement nouveau : aux croyants en Jésus-Christ, Dieu offre une participation directe à sa propre nature par l'envoi du Saint-Esprit dans leur cœur (Rm 5, 5).

Avec ce type de connaissance que saint Thomas d'Aquin a qualifiée de « surnaturelle », il est impossible de ne pas comprendre que le Dieu révélé dans la Bible est non seulement l'unique Dieu qui existe, mais aussi qu'Il revêt des caractères personnels. Voilà pourquoi les chrétiens parlent à Dieu comme à une personne, lui adressent des prières et des supplications, et font l'expérience de ses réponses. Bien que ces pratiques se rencontrent également presque dans toutes les religions, il est à noter qu'elles prennent un sens particulier en vertu de la centralité de l'Homme-Dieu, du Fils Incarné du Père, qui devint le Ressuscité à qui donc l'on s'adresse comme à un frère céleste et par Qui les prières des chrétiens sont adressées à Dieu le Père : « Au nom de Jésus-Christ... », « Par Lui, avec Lui et en Lui ».... Ainsi, qui dit « Personne divine », dit aussi possibilité d'entrer en relation intime avec Dieu, en particulier avec ce Dieu qui s'est fait homme. Entrer en communication avec les Personnes divines suppose également que les humains soient des personnes. Leur manière d'être personnes est une réalisation de l'image de Dieu avec laquelle l'être humain a été créé. C'est ce que Peter L. Berger a qualifié de « mysticisme de la personnalité » (P. L. Berger, 1981, p. 17) pour décrire cette relation « confrontationnelle » entre la personne croyante et un Dieu transcendant, mais personnel et relationnel, en comparaison avec les croyances des religions d'origine indienne telle que le bouddhisme et l'hindouisme dans lesquelles l'expérience mystique se vit plutôt sur le mode de l'intériorité, l'Infini étant cru comme situé par nature dans l'âme humaine comme telle.

Le « mysticisme de l'intériorité » comme appelle Berger cette dernière conception, existe aussi en tant qu'expérience du Saint-Esprit en christianisme, mais la relation confrontationnelle avec Dieu n'est jamais supprimée dans ce dernier cas, puisque Dieu est une Personne et ne peut jamais être confondu avec l'âme du croyant. Et par ailleurs, l'expérience du Saint-Esprit relève du registre du don, de la grâce, et non de la nature même de l'âme humaine. Tous les hommes ne sont pas, en vertu de leur nature, fils de Dieu. La filiation divine par adoption s'obtient uniquement par la conversion authentique (en passant par la repentance et l'acception de la vérité de la Parole de Christ) à l'Évangile du Christ. C'est d'ailleurs l'invitation inaugurale du ministère de Jésus-Christ en Galilée : « Les temps sont accomplis et le Royaume de Dieu est proche, repentez-vous et croyez à la bonne nouvelle » (Mc 1, 15). Parler de mysticisme c'est également renvoyer à un autre principe fondamental qui se retrouve dans toutes les religions, y compris dans le christianisme : le principe du spirituel. Sans intégrer ce principe, il est impossible de croire aux miracles et à d'autres expériences défiant les lois de la physique et de la sensibilité humaine.

3.1.2. Le principe du spirituel

Darwin a renvoyé la croyance aux esprits aux peuples qu'il qualifie de « sauvages », n'ayant pas encore un degré de civilisation suffisant (*cf. supra*). Pourtant la croyance en l'existence des esprits, des démons, des anges, etc. n'est pas forcément une croyance caractérisant les peuples peu civilisés. Le christianisme, comme toutes les religions, postule en effet l'existence de réalités spirituelles indépendantes de la matière. Cette croyance remonte d'ailleurs à très longtemps si l'on tient compte du fait qu'elle existe déjà dans les religions dites « premières » chez les peuples que Darwin classe parmi les « sauvages » : les Amérindiens de la nation des Algonquins parlent par exemple du « *Mitchi Manitou* », comme le « Grand Esprit », les Mélanésiens australiens parlent du « *Mana* » (Durkheim, 1979), les « fétiches africains » étaient également considérés comme chargés d'esprits ; les Chinois dans le Taoïsme croient en l'existence de principes cosmiques, mais aussi d'esprits (Granet, 1922, 1929), comme les Japonais dans le shintoïsme qui croient aux *kami* et aux esprits. Cette croyance se retrouve aussi dans les religions abrahamiques dont le Judéo-christianisme avec la notion du Saint-Esprit, celle des démons et des anges et même celle de Dieu comme Esprit ; et dans l'islam qui parle des djinns et des anges, etc.

Cette croyance n'est donc pas caractéristique des religions anciennes seulement, elle est en fait à l'origine des religions comme telles. Les religions orientales (bouddhisme, l'hindouisme, jaïnisme et sikhisme) privilégient les principes cosmiques intérieurs tels que *l'âtman* (une sorte d'âme cosmique) justifiant notamment la croyance en la réincarnation des âmes considérées comme participantes à celle cosmique, d'ailleurs ensemble avec toute la tradition dite « primordiale », de type panthéiste et gnostique, où une Raison cosmique (le *Logos* des Stoïciens) est posée à l'origine de tout et préside au devenir cyclique de l'Univers. L'exception à cette conception indienne du monde se trouve dans le bouddhisme *Théravâda* ou *Hînayâna* et, dans une certaine mesure, dans le jaïnisme, qui sont pratiquement athées tout en se rapprochant de cette tradition primordiale prônant l'expérience et la fusion avec la Vacuité absolue et les techniques de méditation, tels les *yogas* et le *zen* proposées pour la libération du désir, de la souffrance et des cycles des réincarnations (*karma-samsâra*).

Cependant, on trouve également dans ces religions orientales, la croyance en des esprits notamment dans les versions récentes comme le bouddhisme tibétain qualifié d'animiste, l'école du *Mahâyana* où le Bouddha est un dieu et où l'expérience extatique renvoie à une croyance animiste, tandis que le sikhisme intègre des croyances issues de l'islam telles que celle en un Dieu unique, aux allures personnelles. Ainsi, le principe du spirituel caractérise principalement le monde des religions, quoique les définitions et les conceptions de ce spirituel varient de religion en religion. Ce principe repose en fait sur le fait que les religions pose l'existence d'un au-delà du monde physique à la base de leurs diverses expressions. Une réalité transcendante et cachée aux sens physiques de l'être humain qui ne peut la connaître qu'avec des « yeux spirituels » (É. d. Rosny, 1981). En christianisme, il ne s'agit pas d'une croyance obscure dans l'existence d'esprits impurs ou purs, mais bien d'un des fondements même de la religion chrétienne : « Dieu est Esprit et il faut que ceux qui l'adorent l'adorent en esprit et en vérité » (Jn 4, 23). Saint Thomas d'Aquin fit un traité sur les anges qui lui valut le titre de « Docteur angélique ». Or, les anges pour lui sont des « substances spirituelles, séparées » de la matière. Dieu est ainsi compris également comme une Substance spirituelle par excellence, séparée de la matière. C'est dans ce sens qu'il faut saisir la nature du « Saint-Esprit » et de Dieu. La divinité n'est pas dans la matière, mais elle est pure Esprit, au moins jusqu'à l'Incarnation où l'Esprit éternel du Fils s'est fait chair et a habité parmi les humains. Après sa mort-résurrection, la divinité a accueilli en elle l'humanité glorifiée de Jésus. Son corps matériel, mais ressuscité et glorifié a été reçu dans le mystère divin. Ce qui indique que l'Esprit est supérieur à la matière qu'il peut englober, qu'il peut assumer et pénétrer. D'ailleurs, à ce titre, on sait que ce que la théologie scolastique a appelé la « grâce d'inhabitation » ou la grâce sanctifiante n'est autre que la présence du Saint-Esprit dans le cœur et le corps du croyant chrétien. C'est ce que Saint Paul a indiqué en parlant du corps des chrétiens comme d'un « temple du Saint-Esprit » : « Ne savez-vous pas que votre corps est le temple du Saint-Esprit qui est en vous, que vous avez reçu de Dieu, et que vous ne vous appartenez point à vous-mêmes ? Car vous avez été rachetés à un grand prix. Glorifiez donc Dieu dans votre corps et dans votre esprit, qui appartiennent à Dieu » (1 Co 6, 19-20). La théologienne Isabelle Chareire l'explique d'une manière qui nous paraît semblable à ce que nous sommes en train de dire ici :

> Le travail de l'Esprit au cœur du fidèle est formation du Christ en lui (Ga 4,19) jusqu'à ce qu'il puisse s'écrier : « Ce n'est plus moi qui vis, mais Christ qui vit en moi » (Ga 2,19). Cette inhabitation de Dieu dans le sujet croyant n'est pas aliénation, mais elle est libération (Chareire, 2016, pp. 111-112).

On ne peut donc rien comprendre du christianisme si l'on n'intègre pas le principe du spirituel qui, pour se retrouver sous diverses acceptions dans toutes les religions du monde, n'en reçoit pas moins une clarification particulière dans la Révélation judéo-chrétienne en indiquant la nature spirituelle de Dieu, et la volonté de Dieu d'intégrer et d'englober l'humanité corporelle régénérée et sauvée du péché (libérée) et rendue immortelle par Jésus-Christ, dans le monde divin. Il ne s'agit donc pas d'un Esprit vague et imprégnant la matière et les choses selon des modalités obscures, à l'instar du « *Mana* » des Mélanésiens, du *Mitchi Manitou* des Algonquins ou des *fétiches* des Bantous… Il ne s'agit pas non plus d'un principe intérieur inhérent à l'âme humaine, d'un *Logos* universel dont l'âme humaine serait naturellement l'étincelle comme dans les religions d'origine indienne. Si c'était le cas, l'histoire du salut n'aurait aucun sens et tous les humains pourraient, par exemple par un procédé méditatif, en employant des techniques d'élévation de l'âme comme celles utilisées dans l'école bouddhiste du Yoga notamment en lien avec la dévotion shivaïte, pour réaliser leur salut/libération. Réaliser son salut par ses propres efforts est l'un des enseignements considérés par l'Église chrétienne comme faux et non-orthodoxes, hérétiques, depuis la polémique entre saint Augustin et les pélagiens qui s'est soldée par la condamnation de ces derniers lors des Conciles de Carthage (417-418) et d'Orange (529).

Non seulement cette polémique souligne l'importance du thème de la grâce dans la théologie chrétienne, et par là même de la réalité du spirituel indépendant de la matière et de l'humanité, mais également elle permet de préciser la compréhension chrétienne de Dieu en tant qu'Être personnel, relationnel et aimant. Dieu est Esprit, mais c'est un Esprit qui communique, qui aime, qui interagit en tant que Personne avec les êtres libres qu'il a lui-même créés à son image, c'est-à-dire « participants de la liberté même de Dieu » (Chéné, 1962 ; Gelin, 1962). Il a conçu un plan de salut avant même que l'être humain ait choisi la désobéissance en abusant de sa liberté et tout doit se passer comme Il a déterminé (Éph 1, 1-13). Nul ne peut se choisir lui-même son chemin de salut. Tout doit être reçu et restauré en Christ qui, selon le quatrième Évangile, est l'unique chemin, l'unique vérité et l'unique vie menant au Père et se trouvant dans le Père (Jn 14, 6). Ceci indique ainsi que la nature du Dieu chrétien se révèle dans la conception monothéiste, mais un monothéisme marqué par l'idée de la personnalité.

3.1.3. Le monothéisme personnaliste

Le « tournant monothéiste » (Assmann, 2007) est un des phénomènes les plus intéressants de l'histoire des religions en tant que dépassement de la conception polythéiste et panthéiste de la religion (Décobert, 2010). Il remonte à la Révélation de Dieu qui s'adresse à Abraham et lui communique sa volonté et une promesse de devenir une grande nation (Gn 12 et ss). Le Proche-Orient était le théâtre d'un foisonnement de divinités depuis l'époque de la sédentarisation au Néolithique, chez les Égyptiens, chez les Sumériens, chez les Babyloniens et les Sémites occidentaux, chez les Indo-Européens de l'Asie Mineure, etc. Chaque cité avait un ou plusieurs dieux avec cultes et prêtres et la coexistence des divinités et leurs rivalités à la manière des humains ne causaient de problème épistémologique à personne. Il était normal que chaque royaume, chaque culture, chaque peuple ait ses dieux, leur construise des temples, leur offre des sacrifices. La vision du monde globale était d'ailleurs celle de la continuité microcosme (société-homme) et macrocosme (univers, monde des étoiles) avec l'idée que « le destin des hommes peut se lire dans les étoiles » (Ringgren & Ström, 1966, p. 52).

Dans l'Égypte pharaonique comme chez les Sumériens et les Babyloniens, les mythes cosmogoniques et théogoniques étaient des récits tenant lieu de drames, de représentations dramaturgiques à concrétiser dans le rituel lors des grandes cérémonies religieuses, en particulier lors de la fête du Nouvel An, qui représentait le renouvellement cyclique de l'univers. Ces rituels étaient présidés par les rois considérés comme représentant ou incarnant les dieux nationaux. *Amon, Rê, Horus* chez les pharaons du Nouvel Empire, *Mardouk* chez les Babyloniens, mais aussi *Déméter* et *Dionysos* chez les anciens Grecs, etc. Ces dieux qu'incarnaient les souverains représentaient la victoire sur les forces cauchemardesques du chaos et de la mort. Les cultes qui leur étaient associés, notamment les cultes à mystères, avaient un grand intérêt pour la fécondité des champs, des bêtes domestiques et des femmes, et la prospérité des rois et des royaumes. Ces cultes étaient ainsi tournés vers la vie terrestre, vers le bonheur et à la longévité sur la terre, selon le « modèle mythico-rituel » qu'a décrit Samuel Henry Hooke (1874-1968) (Ringgren & Ström, 1966, pp. 67-68). L'orientation globale dans ces religions polythéistes était donc intramondaine pour employer l'expression wébérienne (Weber & Kalberg, 2009). La question d'une félicité dans un au-delà, dans un autre monde, ne se posait que lorsque l'individu faisait face à la mort, comme on le voit dans le cas des religions de l'Égypte pharaonique où une eschatologie individuelle, exprimée dans les *Livre des morts* (Pierret, 1882), avait été élaborée.

Le « tournant monothéiste » se vécut donc sous le signe de la rupture avec la culture ambiante et environnante. Une rupture qui ne s'est toutefois pas consommée en quelques années ou décennies, mais a connu des résistances populaires, le récit du « veau d'or » dans le livre de l'Exode (Ex 32), l'histoire des cultes de *Ba'āl* (1 R 18, 1-46) et des *Astartés* (1 R 11, 3-5 ; Jg 2, 13), la prostitution sacrée, les figurines dénoncées par les prophètes d'Israël, témoignent de la persistance des croyances polythéistes en Israël. Mais l'Ancien Testament affirmait déjà, de façon claire, cette rupture comme dictée par Dieu lui-même :

> L'Éternel parla à Moïse, et dit : Parle aux enfants d'Israël, et tu leur diras : Je suis l'Éternel, votre Dieu. Vous ne ferez point ce qui se fait dans le pays d'Égypte où vous avez habité, et vous ne ferez point ce qui se fait dans le pays de Canaan où je vous mène : vous ne suivrez point leurs usages. Vous pratiquerez mes ordonnances, et vous observerez mes lois : vous les suivrez. Je suis l'Éternel, votre Dieu. Vous observerez mes lois et mes ordonnances : l'homme qui les mettra en pratique vivra par elles (Lv 18, 1-5).

L'affirmation du monothéiste s'est progressivement concrétisée selon trois mouvements identités par Peter L. Berger (P. L. Berger, 1967) à la suite de Max Weber (Weber & Raphaël, 1971) : la « transcendantalisation » et l'historicisation pour ce qui est de la conception de Dieu et de l'être humain et l'« éthicisation » des actions humaines et religieuses. Par la « transcendantalisation », les Israélites découvrent un Dieu radicalement différent du monde, situé en dehors du monde, transcendant. La transcendance est aussi comprise en termes de supériorité, de sainteté et de perfection de Dieu. Il est « le Très Haut » (Lc 1, 35). Non seulement on ne peut trouver Dieu dans « les rudiments du monde » (Col 2, 8), ni dans la « voûte céleste » comme le croyaient certaines religions anciennes, mais aussi Il est infiniment supérieur par ses attributs d'un Père parfait, bienveillant et créateur (Lc 11, 13). Il est donc un Tout-Autre, selon l'expression de Rudolf Otto qui parle néanmoins du sacré (Otto, 1924), notion beaucoup moins précise que celle du Dieu biblique : celui-ci peut être rencontré dans le cadre d'une expérience religieuse, non seulement terrifiante (le *tremendum*) comme au Sinaï, mais aussi consolante et aimante (*fascinans*), à la manière d'un père bienveillant accueillant en fête son fils qui avait de lui-même décidé de le quitter et de dilapider son héritage (Lc 15, 11-32). La théologie chrétienne ultérieure, comme l'exprime le premier Concile du Vatican, a bien précisé cette compréhension de la transcendance de Dieu en ces termes :

> La sainte Église catholique apostolique romaine croit et professe qu'il y a un seul Dieu vrai et vivant, créateur et Seigneur du ciel et de la terre, tout-puissant, éternel, immense, incompréhensible, infini en intelligence, en volonté et en toute perfection : vu qu'il est une substance spirituelle unique et singulière, absolument simple et immuable, il faut affirmer qu'il est distinct du monde en réalité et par essence, qu'il est parfaitement heureux en lui-même et par lui-même, et qu'il est ineffablement élevé au-dessus de tout ce qui est et peut se concevoir en dehors de lui [*can. 1-4*] (Denzinger 3001).

L'historicisation précise, quant à elle, que ce Dieu, même autant caractérisé par sa transcendance, a choisi d'intervenir dans l'histoire des humains. Par la création du monde à partir du néant, par l'élection d'Israël en Abraham, par le don de la Torah et par les révélations prophétiques, et surtout par Jésus-Christ, une histoire du salut s'est constituée par l'initiative souveraine de Dieu. Cette histoire du salut, sacrée, se juxtapose à l'histoire humaine ordinaire que certains ont qualifiée de profane (Caillois, 1950, 1963), elle la pénètre sans s'y fondre, elle indique le plan salvifique que Dieu a conçu avant la création du monde et l'Église chrétienne se trouve être sa forme la plus concrète cheminant néanmoins vers la récapitulation de toutes choses en Christ, en elle opère le Saint-Esprit qui est l'Esprit du Christ, et elle est le lieu où les sacrements et les dons de Dieu alimentent la vie spirituelle des croyants et font d'eux des citoyens de deux mondes (*dual-citizens*, dirait Peter L. Berger), l'un terrestre, la citée d'ici-bas, dans lequel néanmoins ils deviennent plus étrangers que citoyens ; et l'autre céleste, la cité d'en haut comme dirait saint Augustin (Augustine & Saisset, 1855) à laquelle en réalité ils appartiennent telle à une patrie naturelle, par le fait qu'ils sont « dans le monde sans être du monde » (Jn 15, 18-20). Dieu agit donc dans l'histoire, il est même entré dans l'histoire par l'Incarnation, en prenant la condition de serviteur et en acceptant tous les aléas de l'existence historique humaine, sauf le péché. Dieu, par Jésus-Christ, a voulu assumer et corriger l'histoire humaine pour la diriger vers la finalité originelle qu'Il lui avait imprimée à la création. Cette volonté de Dieu sur l'être humain et sur le monde s'exprime avant tout par la vie morale, éthique.

C'est en effet l'aspect de l'ethicisation qui constitue le troisième mouvement du monothéisme biblique : les actions des hommes doivent se conformer aux standards éthiques de Dieu qui ne sont rien d'autre que l'expression de Sa Sainteté. La notion de « péché » apparaît une réalité fondamentale en fonction de cette vocation de l'être humain à la sainteté. Ce péché prend sa source dans la désobéissance de l'homme décrite par saint Augustin en terme de « chute » : d'une condition d'« intégrité », selon l'expression augustinienne (Thonnard, 1970), de communion avec son Créateur (la *koinonia* de saint Irénée), l'être humain, trompé par le Diable, apprend la désobéissance par l'attrait de la connaissance et de la grandeur (Gn 3). La funeste histoire du péché de l'humanité était ainsi commencée. Mais Dieu, par l'appel d'Abraham et par l'Alliance du Sinaï, amorce le redressement de la nature humaine par une éthicisation progressive décidée avant la création, avant le temps, parce que Dieu, omniscient, savait certainement que l'être humain allait abuser de son libre arbitre, mais ne voulut pas l'en priver, car, au demeurant, sa capacité d'aimer en dépendait. Mais le peuple d'Israël peina à réaliser sa contrepartie dans l'Alliance, il éprouva de la difficulté à s'aligner sur les standards divins en mettant intégralement en pratique ses commandements.

De ce fait, en n'obéissant pas comme il se doit aux commandements de Dieu, Israël échoua à se constituer en lumière pour les nations, mais réussit tout de même à préparer, même à l'insu de ses dirigeants religieux, l'avènement de « Celui qui devait venir » (Mt 11, 3). Cet avènement se révéla ainsi, sans contredit, la raison principale de son élection. Son histoire devait être relue et comprise à la lumière de cet événement unique dans l'histoire de l'humanité. Mais le péché s'insère, au-delà de la faute originelle, dans le drame divino-humain de l'Alliance et de la Loi : il exprime l'incapacité de l'être humain à réaliser les clauses de l'Alliance, notamment en termes éthiques, tout en connaissant les exigences de Yahweh. Il dévoile la nature foncièrement affectée de l'être humain incapable de répondre, de lui-même, convenablement à sa vocation à la sainteté : « Soyez saints, car je suis saint, moi l'Éternel votre Dieu » (Lév. 19, 1-2 ; 17-18).

La condamnation du péché par Dieu, spécialement celui de l'immoralité, est sans appel : « Écoutez la parole de Yahvé, princes de Sodome, écoutez l'ordre de notre Dieu, peuple de Gomorrhe ! (Is 1, 10). « Apprenez à bien agir, recherchez la justice, secourez l'opprimé, faites droit à l'orphelin, défendez la cause de la veuve » (Is 1, 17). En fait, les conduites éthiques réalisent le commandement de l'Amour, et la règle d'or selon laquelle il ne faut pas faire à autrui ce qu'on n'aimerait pas subir et même, comme le dit Jésus positivement, surtout de faire aux autres ce qu'on aimerait qu'on nous fasse (Mt 7, 12), confirme cette finalité du commandement : l'amour qui voit dans le semblable l'autre image de soi et qui défie ainsi le centrement sur soi brisant l'élan de la réaffirmation de l'image du Dieu-Amour inscrite dans chaque humain, dont le Christ incarne la réalisation parfaite. Le commandement de l'amour lui-même se trouve déjà dans l'Ancien Testament (Dt 6,5 ; Lv 19, 18), mais c'est Jésus qui le formule de façon précise en en faisant un « commandement nouveau » : « Je vous donne un commandement nouveau, comme je vous ai aimés, vous devez vous aussi vous aimer les uns les autres » (Jn 13, 34). Évidemment, ce grand commandement comporte deux parties dont la première se rapporte à l'amour de Dieu, condition de possibilité de la réalisation du nouveau commandement concernant l'amour du prochain (Lc 10, 27 et ss).

L'exigence éthique de l'amour vise à la fois la sanctification personnelle du croyant « sans laquelle personne ne verra le Seigneur » (1 Co 13 ; He 12, 14), Dieu étant « le Saint d'Israël » (Is 55, 1-5), le « Père saint » (Jn 17, 11), et la sanctification de la société humaine : le sens de la justice, du partage et du soutien aux pauvres et aux indigents. « Tout ce que vous avez fait à l'un de ces tout petits qui sont mes frères, c'est à moi que vous l'avez fait » (Mt 25), une déclaration sur le jugement eschatologique qui aura pour mesure l'amour dont aura aimé les plus nécessiteux, mais qui doit aussi être interprété en lien avec la foi en Dieu et en Christ, sans laquelle « il est impossible de lui être agréable » : « Or, sans la foi il est impossible de lui être agréable ; car il faut que celui qui s'approche de Dieu croit que Dieu existe, et qu'il est le rémunérateur de ceux qui le cherchent » (He 11, 6). Cette sanctification devient accessible dans la Nouvelle Alliance, étant donné l'Esprit Saint qui a été donné aux croyants conformément à la promesse de Dieu dès l'Ancienne Alliance : « Je mettrai mon esprit en vous, et je ferai que vous suiviez mes ordonnances et que vous observiez et pratiquiez mes lois » (Ez 36, 27) ; « Je mettrai ma loi au-dedans d'eux, je l'écrirai dans leur cœur, je serai leur Dieu et ils seront mon peuple » (Jr 31, 33b). Dans la Nouvelle Alliance, Jésus a constamment rappelé cette promesse de l'Esprit Saint qui sera envoyé aux disciples dès qu'Il sera monté au ciel et qui est la condition de la « nouvelle naissance » : « En vérité, en vérité, je te le dis, si un homme ne naît de nouveau, il ne peut voir le royaume de Dieu [...] si un homme ne naît d'eau et d'Esprit, il ne peut entrer dans le royaume de Dieu. Ce qui est né de la chair est chair, ce qui est né de l'Esprit est esprit » (cf. Jn 3, 3-6) et « Mais le consolateur, l'Esprit-Saint, que le Père enverra en mon nom, vous enseignera toutes choses et vous rappellera tout ce que je vous ai dit » (Jn 14, 26).

La visée de l'éthique chrétienne est donc inscrite dans le plan d'éthicisation de l'homme et de l'humanité conçu par Dieu lui-même qui, dans sa préscience, avait prévu de remédier aux effets de la chute originelle par l'œuvre salvifique et rédemptrice de Jésus-Christ, en rendant les humains conformes à l'image de Dieu inscrite en eux dès la création pour ainsi les faire participer à sa propre vie. Cette visée combine les caractères naturels de l'homme, un être doué du libre arbitre, et donc capable d'opérer des choix, capable d'aimer ; étant entendu que sans la liberté l'amour devient impossible ; et le don de la grâce et de l'Esprit par Dieu qui constituent non seulement le secours de Dieu, mais surtout une recréation, restauration de la nature par la guérison du péché des origines et la configuration progressive, le croyant devant y coopérer, à l'image du Christ (Chareire, 2016, pp. 111-115). Le monothéisme de la personnalité se déploie donc dans cette théophanie des Personnes divines : le Père, le Fils et le Saint-Esprit, dont la vie se déploie dans l'amour parfait, où la liberté absolue se conjugue avec l'obéissance et la fidélité parfaites. L'inhabitation de l'Esprit-Saint dans le croyant devient participation à cette vie trinitaire : car telle est la raison pour laquelle le Verbe s'est fait homme et le Fils de Dieu, Fils de l'homme : « c'est pour que l'homme, en se mélangeant au Verbe et en recevant la filiation adoptive, devienne fils de Dieu », écrit Irénée de Lyon[21].

En parlant de Père, de fils, on ne verse pas dans un anthropomorphisme dépassé, mais on souligne l'image de Dieu reçue de la Révélation : celle d'un Être personnel qui a créé des personnes humaines pour qu'elles l'adorent et participent à sa vie de félicité : « Tu nous as créés pour Toi Seigneur et notre cœur est sans repos tant qu'il ne repose en Toi », disait saint Augustin dans *Les confessions* (Augustine & Goisbaud Du Bois, 1705). Et saint Thomas d'Aquin caractérisera cette nature humaine en lien avec la nature divine par l'idée du désir naturel de Dieu, de la félicité en Dieu. Le rapport de filiation exprime bien ce lien de type familial et l'idée de l'héritage dont le Saint-Esprit devient le gage chez l'adopté par Dieu, le croyant chrétien : « Lorsque les temps furent accomplis, Dieu a envoyé son Fils, né d'une femme, né sous la loi, afin qu'il rachetât ceux qui étaient sous la loi, afin que nous reçussions l'adoption. Et parce que vous êtes fils, Dieu a envoyé dans nos cœurs l'Esprit de son Fils, lequel crie : Abba ! Père ! Ainsi, tu n'es plus esclave, mais fils, et si tu es fils tu es aussi héritier par la grâce de Dieu » (Ga 4, 4-7).

Il est donc essentiel pour le christianisme de maintenir l'enseignement sur le surnaturel d'autant plus que Dieu est non seulement transcendant, surnaturel, mais aussi Trinité. Et cette Trinité a choisi d'entrer dans l'histoire des humains et agit par l'Esprit Saint dans l'Église et dans les cœurs des croyants, leur donnant force et mission d'être « la lumière du monde et le sel de la terre » (Mt 5, 13-16) à la suite de Christ qui est la « Véritable lumière qui, en venant en ce monde, éclaire tout homme » (Jn 1, 9) en particulier tout homme qui le suit (Jn 12, 25).

3.1.4. La Trinité et l'histoire

Le terme de « Trinité », qui ne se trouve pas comme tel dans la Bible, a été formulé par la théologie chrétienne pour indiquer le mystère fondamental

[21] Irénée de Lyon, *Adversus haereses,* III, 19, 1, trad. A. Rousseau, *Contre les hérésies. Dénonciation et réfutation de la gnose au nom menteur,* 2è ed., Paris, Le Cerf, 1985, p. 368. Cité par Isabelle Chareire, *La grâce,* op. cit., p. 114.

du christianisme, relatif à la nature révélée de Dieu : une nature divine unique existant en Trois Personnes : Père, Fils et Saint-Esprit (Rahner, 1998, pp. 736-742). La Trinité agit dans l'histoire du monde dès la création en faisant subsister les choses : la foi chrétienne, catholique en l'occurrence, a affirmé clairement cette conception :

> Le Père, le Fils et le Saint-Esprit sont trois personnes, un seul Dieu, et toute la Trinité est coessentielle, consubstantielle, coéternelle et toute-puissante, et chacune des personnes dans la Trinité est pleinement Dieu, comme il est contenu dans le 'Je crois en Dieu' [*Symbole des Apôtres,* 130], dans le 'Je crois en un seul Dieu' [*Profession de foi de Constantinople*, 150] et dans le 'Quiconque veut' [*Symbole du Pseudo-Athanase*, 75 s] (Denzinger 790).

Ce mystère n'est pas seulement exprimé dans le Nouveau Testament, bien que ce soit là qu'il devient clair avec l'enseignement de Jésus-Christ qui est la Révélation du Père et du Saint-Esprit, le Consolateur. Dès le Livre de la Genèse, Dieu crée par sa Parole qui est le Fils et le Saint-Esprit se meut sur les eaux primordiales avant que le ciel et la terre ne soient créés (Gn 1, 1-2). Le prologue de l'Évangile selon Jean réaffirme qu'« au commencement était la Parole, et la Parole était avec Dieu et la Parole était Dieu » (Jn1,1). De cette façon, on peut comprendre que c'est la Trinité divine qui crée et lors de la création de l'homme, le pluriel employé peut aussi renvoyer à ce mystère de la Trinité : « Faisons l'homme à notre image, selon notre ressemblance » (Gn 1, 26) comme l'ont exprimé les Pères de l'Église (Dorlodot, 2009, p. 138). Le thème de la Trinité devient davantage explicite au chapitre 18 de la Genèse où il est raconté un épisode de l'apparition de Dieu à Abraham :

> *L'Éternel* lui apparut parmi les chênes de Mamré, comme il était assis à l'entrée de sa tente, pendant la chaleur du jour. Il leva les yeux, et regarda : et voici, *trois hommes* étaient debout près de lui. Quand il les vit, il courut au-devant d'eux, depuis l'entrée de sa tente, et se prosterna en terre. Et il dit : Seigneur, si j'ai trouvé grâce à tes yeux, ne passe point, je te prie, loin de ton serviteur. Permettez qu'on apporte un peu d'eau, pour vous laver les pieds ; et reposez-vous sous cet arbre. J'irai prendre un morceau de pain, pour fortifier votre cœur ; après quoi, vous continuerez votre route ; car c'est pour cela que vous passez près de votre serviteur. *Ils répondirent* : Fais comme tu l'as dit (Gn 18, 1-5).

Les philologues peuvent évidemment spéculer sur les mots utilisés en langue hébraïque, pour expliquer leurs sens mis en contexte historique. Qu'il nous soit permis cependant de nous en tenir à cette traduction pour affirmer que l'emploi du singulier (« *l'Éternel lui apparut* » [...] « Seigneur, si j'ai trouvé grâce à tes yeux, ne passe pas, je te prie... ») et du pluriel (« *trois hommes* » [...] « *ils répondirent* »), constitue un indice sérieux concernant la révélation de la Trinité dès l'Ancien Testament. Le texte parle clairement de l'Éternel, de Dieu, au singulier, et présente « trois hommes » comme identifiant ce Dieu. Mais c'est dans le Nouveau Testament que cette révélation de la Trinité devient explicite. Jésus-Christ est le Fils de Dieu et en Lui est présent la Plénitude du Saint-Esprit par qui Il a été conçu dans le sein de la Vierge Marie à qui l'Ange Gabriel dit : « Le Saint-Esprit viendra sur toi et la puissance du Très-Haut te couvrira de son ombre. C'est pourquoi le saint enfant qui naîtra de toi sera appelé Fils de Dieu (Lc 1, 35). L'Évangile selon Matthieu le raconte aussi : « Marie, sa mère, ayant été fiancée à Joseph, se trouva enceinte par la vertu du Saint-Esprit avant qu'ils eussent habité ensemble » (Mt 1, 18b) ; et un ange dit à Joseph : « Joseph, fils de David, ne crains pas de prendre avec toi Marie, ta femme, car l'enfant qu'elle a conçu vient du Saint-Esprit » (Mt1, 20).

Lors du baptême de Jésus, la Trinité se révèle : « Dès que Jésus eut été baptisé, il sortit de l'eau. Et voici, les cieux s'ouvrirent et il vit l'Esprit de Dieu descendre comme une colombe et venir sur lui. Et voici, une voix fit entre des cieux ces paroles : Celui-ci est mon Fils bien-aimé, en qui j'ai mis toute mon affection » (Mt 3, 16-17). Jésus le réaffirme dans plusieurs passages des Évangiles, surtout dans le quatrième : « L'Esprit du Seigneur est sur moi [...] » (Lc 4, 18), « Tout pouvoir m'a été donné dans le Ciel et sur la terre. Allez, faites de toutes les nations des disciples, les baptisant au nom du Père, du Fils et du Saint-Esprit » (Mt 28, 18-19) ; « En vérité, en vérité, je vous le dis, avant qu'Abraham fut, je suis » (Jn 8, 58) ; « Je m'en vais, et je reviens vers vous. Si vous m'aimez, vous vous réjouiriez de ce que je vais au Père ; car le Père est plus grand que moi » (Jn 14, 28) et « Mais le consolateur, l'Esprit-Saint que le Père enverra en mon nom, vous enseignera toutes choses et vous rappellera tout ce que je vous ai dit » (Jn 14, 26), pour ne citer que ces passages.

La Trinité, révélée dans les Écritures saintes, apparaît aussi, dès l'Incarnation et la venue du Saint-Esprit, comme agissant dans l'histoire à travers la vie de l'Église et des croyants. « Si quelqu'un m'aime, il gardera ma parole, et mon Père l'aimera et *nous viendrons et ferons* notre demeure chez lui » (Jn 14, 23). « Le don de l'Esprit est révélation trinitaire « Dieu a envoyé dans nos cœurs l'Esprit de son Fils qui crie Abba Père ! » (Ga 4, 6) et anime la vie nouvelle en Christ » (Chareire, 2016, p. 108). À ce titre, on comprend la parole de Saint-Paul : « Ce n'est plus moi qui vis, c'est Christ qui vit en moi » (Ga 2, 19). Autrement dit, avec la venue du Saint-Esprit et sa présence dans les cœurs des croyants, ces derniers n'agissent plus dans l'histoire uniquement par eux-mêmes. Ils sont conduits par l'Esprit de Dieu et donc par la Trinité même qui produit en eux « le vouloir et le faire », et la Trinité agit particulièrement à travers l'Église qui est « une race élue, un sacerdoce royal, une nation sainte, un peuple acquis, afin d'annoncer les vertus de celui qui a appelé les croyants chrétiens des ténèbres à son admirable lumière » (cf. 1 Pi 2, 9). Par ses ministres, ayant reçu une vocation spéciale d'annoncer et d'enseigner l'Évangile, de diriger le peuple de Dieu et de le sanctifier en se laissant utiliser par l'Esprit de Dieu, notamment par l'administration des sacrements, l'Église est le lieu où la Trinité opère dans l'histoire des hommes et poursuit l'œuvre salvifique de la Croix et de la Résurrection de Jésus-Christ jusqu'à la fin des temps, selon ce que Jésus lui-même a dit avant de monter au ciel : « Jésus, s'étant approché, leur parla ainsi : Tout pouvoir m'a été donné dans le ciel et sur la terre. Allez, faites de toutes les nations des disciples, les baptisant au nom du Père, du Fils et du Saint-Esprit, et enseignez-leur à observer tout ce que je vous ai prescrit. Et voici, je suis avec vous tous les jours jusqu'à la fin du monde » (Mt 28, 18-20). Dans l'histoire de l'Église les vocations ont été diversifiées, mais c'est, comme le dit Saint Paul, le même Esprit-Saint qui opère en tous les croyants de sorte qu'il ne devrait y avoir de désunion ou de diversité irréductible entre les différents ministères et les différentes confessions :

> Je vous exhorte donc, moi, le prisonnier dans le Seigneur, à marcher d'une manière digne de la vocation qui vous a été adressée, en toute humilité et douceur, avec patience, vous supportant les uns les autres avec charité, vous efforçant de conserver l'unité de l'esprit par le lien de la paix. Il y a un seul corps et un seul Esprit, comme aussi vous avez été appelés à une seule espérance par votre vocation : il y a un seul Seigneur, une seule foi, un seul baptême, un seul Dieu et Père de tous, qui est au-dessus de tous et parmi tous, et en tous. Mais à chacun de nous la grâce a été donnée selon la mesure du don de Christ (Éph 4, 1-7).

L'unité de la foi est un témoignage puissant pour la vérité du christianisme et la réalité de l'amour selon le commandement du Seigneur : « Je vous donne un commandement nouveau : Aimez-vous les uns les autres ; comme je vous ai aimés, vous aussi, aimez-vous les uns les autres. À ceci tous reconnaîtront que vous êtes mes disciples, si vous avez de l'amour les uns pour les autres » (Jn 13, 34-35). Toutefois, même si cette unité historiquement a été mise à l'épreuve, d'un point de vue extérieur (le christianisme a connu plusieurs divisions liées aux mésententes théologiques et organisationnelles), cela ne veut pas dire que l'unité spirituelle a été perdue d'autant plus que le principe qui anime l'Église, est le même qui anime la vie nouvelle des chrétiens, c'est-à-dire l'Esprit-Saint. Il existe donc une unité invisible, mais plus profonde qui lie tous les vrais croyants, les vrais chrétiens qui ont reçu le don du Saint-Esprit.

Saint Paul a rappelé cette vérité fondamentale dans l'Épître aux Romains : « Pour vous, vous ne vivez pas selon la chair, mais selon l'Esprit, si du moins l'Esprit de Dieu habite en vous. Si quelqu'un n'a pas l'Esprit de Christ, il ne lui appartient pas » (Rm 8, 9). Et ne pas appartenir à Christ, c'est ne pas appartenir à son Église. L'affirmation de saint Cyprien (200-258) est ici, à notre avis, applicable : « Hors de l'Église, point de salut » (« *Salus extra ecclesiam non est* »)[22]. On parle bien entendu de l'Église universelle, invisible, dont le Christ est la tête, et non d'une Église-institution particulière, ni l'Église catholique qui d'ailleurs après Vatican II s'inscrit dans cette dynamique de l'unité de l'Église à travers la promotion du mouvement œcuménique, ni dans les diverses dénominations protestantes (et Dieu seul sait combien les groupes dans cette mouvance se multiplient de jour en jour), ni dans l'« Orthodoxie » orientale, dans ses diverses branches nationales, car le Christ, la Tête du Corps qu'est l'Église est Un, et l'Esprit Saint qui l'anime est Un, et le Père qui l'a voulue est Un. Toutes les trois Personnes divines constituent la Trinité qui n'est que l'Unique Dieu qui est Esprit (Jn 4, 24), d'où le caractère avant tout spirituel de l'unité de la foi et de l'Église du Christ, sans bien sûr négliger l'aspect communautaire, concret, institutionnel, de cette Église qui se réalise dans chaque confession chrétienne, catholique romaine, protestantes et orthodoxes.

[22] On la trouve dans ses lettres *Epistula* 4, 4 et *Epistula* 73, 21,2.

Ainsi, la Trinité a choisi d'intervenir dans l'histoire et de demeurer dans le monde à travers les croyants chrétiens et dans l'Église du Christ jusqu'à la fin des temps. C'est ce que nous avons appelé plus haut, l'historicisation qui prend un sens nouveau dans la Nouvelle Alliance où Dieu est devenu *l'Emmanuel* : Dieu avec nous (Mt 1, 23). Avec le principe de la Révélation, le principe du spirituel, le monothéisme personnaliste et la Sainte Trinité transcendante, mais ayant choisi d'intervenir et prendre demeure dans l'histoire des humains dans leur cœur et en Église, il n'est pas difficile de situer l'anthropologie chrétienne et les valeurs éthiques qui lui sont rattachées.

3.2. Anthropologie et éthique chrétiennes

L'anthropologie chrétienne est avant tout une anthropologie révélée. C'est là la grande source de divergence avec les anthropologies séculières notamment fondées sur la vision darwinienne du monde. Sa compréhension s'est enrichie de l'apport de la philosophie et des sciences humaines et physiques, mais la vision anthropologique du christianisme ne peut en aucune façon se réduire à ce que les sciences et la philosophie disent de l'être humain considéré d'un point de vue naturel. Il importe donc de rappeler les traits fondamentaux de la vision chrétienne de l'être humain avant de pouvoir entrer en discussion avec les idées darwiniennes citées et commentées plus haut. Nous rappellerons ici les aspects suivants : l'être humain créé à l'image de Dieu ; l'être humain déchu de sa condition d'intégrité originelle, l'être humain appelé à être sauvé en Christ, l'être humain et chrétien participant de la nature divine (habité par l'Esprit Saint) et combattant aux côté de Dieu contre le mal (l'être humain ayant reçu le don des trois vertus théologales : la foi, l'espérance et la charité). Nous rappellerons aussi que l'humanité contemporaine est divisée en deux grandes catégories du point de vue de l'anthropologie chrétienne : ceux qui appartiennent à Christ et à l'Église, et ceux qui ne lui appartiennent pas, appelés à accepter son offre de salut et de la grâce en Christ.

3.2.1. L'être humain créé à l'image de Dieu

> Puis Dieu dit : Faisons l'homme à notre image, selon notre ressemblance, et qu'il domine sur les poissons de la mer, sur les oiseaux du ciel, sur le bétail, sur toute la terre, et sur tous les reptiles qui rampent sur la terre. Dieu créa l'homme à son image, il le créa à l'image de Dieu, il créa l'homme et la

> femme. Dieu les bénit, et Dieu leur dit : Soyez féconds, multipliez, remplissez la terre, et l'assujettissez ; et dominez sur les poissons de la mer, sur les oiseaux du ciel, et sur tout animal qui se meut sur la terre.... (Gn 1, 26-28).

Ces versets que les écologistes profonds contemporains fustigent en y voyant la vision du monde et de l'homme principalement responsable des désastres et de la crise écologiques (Moltmann, 1985), demeurent pourtant incontournables si l'on veut bien entendu retrouver dans le récit biblique de la création les fondements d'une anthropologie révélée. Car, comme l'ont montré bien des auteurs dont, par exemple, Samuel Furfari (Furfari, 2010), la lecture de l'ensemble de la Bible est loin de justifier une telle lecture de cette domination sauvage de l'être humain sur le reste de la création fustigée par les écologistes profonds. Après que Dieu a créé le monde et l'homme, il n'a pas abandonné sa création à l'être humain. Celui-ci a eu un mandat de la gérer, de l'utiliser à ses fins, mais non d'une façon émancipée de la volonté de son Créateur ni de l'obéissance à ses commandements. Toute la nuance se trouve là. Les verbes utilisés dans *Genèse 1, 26-28,* s'ils doivent être compris dans leur sens originel : dominer, assujettir, se rendre maîtres, etc., leur sens ne doit pas s'entendre d'une domination tyrannique et désordonnée, car incluant l'idée d'une délégation de l'autorité de Dieu. Ce dernier ne se fait pas remplacer par l'être humain dans la gestion de sa création, mais Il lui confie, par délégation, une partie de son autorité dont l'utilisation ne saurait ignorer Celui de qui l'être humain la tient.

L'être humain a reçu du Créateur cette prérogative de dominer et d'assujettir les autres créatures, mais il n'est pas libre d'en faire tout ce qu'il veut, il doit faire tout en tenant compte de la volonté de Dieu, qui n'a pas déserté sa création, et qui a établi des lois et des règlements que l'homme doit respecter. Donc, l'homme n'est pas au-dessus de la Création comme un absolu, il en fait partie et il ne peut se substituer à Dieu. Dans le *Psaume 104*, une expression anthropomorphique de la divine province est clairement exprimée. La Bible ne fait donc pas des choses créées un sujet de manipulation arbitraire de la part de l'homme puisque Dieu continue de veiller à sa création. Le prophète Isaïe réaffirme ce plan de Dieu : « Oui, c'est moi, l'Éternel, qui ai fait toutes choses. Moi seul j'ai déployé le ciel, j'ai étendu la terre, sans aucune aide » (Isaïe 44, 24). C'est d'ailleurs pourquoi pour le croyant judéo-chrétien, la nature manifeste la gloire de

Dieu, l'ordre et la beauté qu'elle fait apparaître proclament son existence : « Les cieux racontent la gloire de Dieu, et l'étendue manifeste l'œuvre de ses mains. Le jour en instruit un autre, la nuit à une autre… » (Ps 19). Nous sommes d'accord avec Furfari sur ce point, « si Dieu confie la gérance de la terre à l'homme, ce dernier reçoit les lois, les règles, le ordonnances pour cette gestion responsable. Le mandat est plus strict qu'il n'y paraît à première vue ; sa gestion est réglementée ou régulée, pour reprendre une expression contemporaine » (Furfari, 2010, p. 32). L'autorité qui lui est confiée est indissociable de la déontologie royale de l'Ancien Testament : le roi est le berger de son peuple, sévèrement condamné s'il se fait son tyran. L'interprétation de la tradition deutéronomiste ne fait aucun doute là-dessus. Le roi ne peut légiférer sur son peuple sans tenir compte de la volonté de Yahweh. Donc le pouvoir que Dieu a donné à l'être humain n'a rien de discrétionnaire, selon Henri Blocher : c'est un pouvoir délégué. Dieu veille sur l'homme comme le propriétaire du troupeau veille sur son berger. Celui-ci est rémunéré s'il a bien fait son travail. C'est pourquoi, la question n'est pas de savoir si l'homme peut ou doit dominer la terre, mais comment il va la dominer et à quelle fin.

Or, la finalité de la mission de l'homme, que les écologistes profonds semblent passer sous silence, est liée à ce que la Révélation indique comme la nature profonde de l'être humain, un être créé, à la différence de tous les autres, à l'image et à la ressemblance de Dieu. « L'homme – 'ni ange ni bête', selon l'expression de Blaise Pascal – apparaît comme le couronnement de la Création » (Furfari, 2010, p. 33). Il a été fait supérieur aux animaux, mais inférieur à Dieu. Il a reçu le privilège d'être l'intendant de Dieu sur la terre, une position unique dans la Création, qui en même temps, démontre la valeur que le Créateur accorde à la créature humaine. Et c'est précisément en sa qualité d'« image de Dieu » (*imago Dei*) que l'être ne peut agir sur la création n'importe comment. Il doit agir comme représentant de l'amour de Dieu, du moment que Dieu, comme saint Jean l'affirme « est Amour » :

> Bien-aimés, aimons-nous les uns les autres ; car l'amour est de Dieu, et quiconque aime est né de Dieu et connaît Dieu. Celui qui n'aime pas n'a pas connu Dieu, car Dieu est amour. L'amour de Dieu a été manifesté envers nous en ce que Dieu a envoyé son Fils unique dans le monde afin que nous vivions par lui. Et cet amour consiste non point en ce que nous avons aimé Dieu, mais ce qu'Il nous aimés et envoyé son Fils comme victime expiatoire pour nos péchés.» (1Jn 4, 7-10).

L'expression de cette image de Dieu en l'homme et de cet amour de Dieu envers l'être humain dès la création, se trouve non seulement dans Genèse 1, 27 : « Dieu créa l'homme à son image, il le créa à l'image de Dieu, il créa l'homme et la femme », mais aussi dans le Psaume 8 :

> Quand je contemple les cieux, ouvrage de tes mains, la lune et les étoiles que tu as créées : Qu'est-ce que l'homme, pour que tu te souviennes de lui ? Et le fils de l'homme, pour que tu prennes garde à lui ? Tu l'as fait de peu inférieur à Dieu, et tu l'as couronné de gloire et de magnificence. Tu lui as donné la domination sur les œuvres de tes mains, tu as tout mis sous ses pieds, les brebis comme les bœufs, et les animaux des chants, les oiseaux du ciel, et les poissons de la mer, tout ce qui parcourt les sentiers des mers. Éternel notre Dieu, que ton nom est magnifique sur toute la terre (Ps 8, 4-10).

La Bible fait donc une distinction nette entre l'être humain (homme et femme) créé à l'image de Dieu, et le reste des êtres vivants qui n'ont pas reçu ce privilège et que l'homme doit gérer. De cette façon, l'homme a reçu la prérogative de dominer sur le monde, de le façonner, de « poursuivre l'œuvre de la création ». Cette prérogative ne peut impliquer une « domination de l'homme sur l'homme », contredisant le « commandement de l'amour » : « Tu aimeras ton prochain comme toi-même », le prochain étant non seulement le convive, le voisin et le concitoyen, mais aussi l'étranger ou même l'ennemi comme le montre la parabole du Bon samaritain racontée par Jésus (Lc 10, 25-37). Qui plus est, la vision biblique de la nature est duale (d'un côté l'homme, de l'autre, le reste des êtres créés). L'homme ne peut renoncer à cette position et à sa mission d'être le gérant de la création. Il s'agit d'une vocation humaine. En fait cette nature duale de la création se reflète aussi dans le « dualisme anthropologique » qui fonde le libre arbitre humain.

Le dualisme anthropologique signifie que l'être humain n'est pas seulement corps, il est aussi âme/esprit. Il n'est pas seulement matière biologique, il est aussi esprit. L'être humain ne peut donc renoncer à lui-même, pour se fondre dans la création, dans la nature. Il ne peut être autrement que ce qu'il est : un être créé libre d'agir, de décider et d'entreprendre de dominer et de se projeter dans l'avenir. Heidegger disait que l'être humain (le *Dasein*) est « l'être des lointains » (Heidegger, 1964). Jean Paul Sartre, pourtant athée, disait que l'être humain est « condamné à être libre » (Sartre, 2003). Voilà une belle expression de l'*imago Dei* expliquée peut-être à l'insu de ces philosophes existentialistes eux-mêmes.

Ici, cependant, la conception dualiste radicale, qui remonte notamment à René Descartes, selon laquelle l'être humain serait constitué de deux réalités juxtaposées : la *res cogitans* (l'âme) et la *res extensa* (le corps) s'éloigne de la vision biblique de l'être humain et a d'ailleurs été à juste titre critiquée et dépassée parce qu'elle était issue de la philosophie dualiste et idéaliste platonicienne. Selon la Bible hébraïque, l'être humain est un unique organisme psycho-physiologique à deux composantes : la *néfèsh* (âme) et la *basar* (la chair, le corps), en langue hébraïque, les deux ne sont pas juxtaposés, mais unis pour constituer l'être humain vivant, un être complet déjà vivifié par le souffle de Dieu comme l'explique Albert Gelin à partir de l'étymologie hébreu de ces mots.

Le terme *néfèsh* peut signifier à la fois le *souffle*, la *respiration*, ou la *gorge* par laquelle passe le souffle. Il peut aussi signifier le *désir*, *l'appétit*, etc. de sorte que ce terme doit signifier l'ensemble du moi vivant, de l'être vivant. Ex. Ps 103, 1 : « Ma *néfèsh*, bénis Yahweh… », on peut traduire : « mon âme bénis Yahweh ou mon être bénis Yahweh ». Ainsi, « *néfèsh* », c'est le dynamisme même de l'être vivant. C'est l'être vivant lui-même, c'est la personne » (Gelin, 1962, 6). Gn 2,7 exprime cette conception : Yahweh prit la glaise du sol, il souffla dessus et elle devint une '*néfèsh*, un être vivant. Ainsi, si l'on distingue le corps et l'âme c'est moins pour les séparer que pour saisir la nature de leur union, de leur composition. Et ce qui donne la consistance au composé « *néfèsh-basar* » (âme et corps), c'est la « *ruah* » (esprit). Sans l'esprit, le complexe âme et corps ne vit pas. « La *ruah* est la force vitale prêtée d'en haut qui maintient debout l'être vivant » (Gelin, 1962, p. 8). Gn 2, 7 : Dieu souffle, envoie un esprit, une *ruah*, sur l'argile qu'il vient de façonner qui devient une *néfèsh* : une personne vivante (âme et corps). C'est pourquoi chez les Hébreux anciens, la maladie constitue un éloignement de la *ruah*, tandis que la mort signifie son départ. La *ruah* est un prêt temporaire qui unit la *néfèsh* au *basar*. Elle est donc un don de Dieu lié à la création de l'être humain. La pensée biblique concernant la nature humaine est donc conforme à la pensée moderne, notamment la philosophie existentialiste, qui a rejeté le dualisme cartésien en insistant sur l'unité de l'âme et du corps, mais si on y maintient leur distinction. La pensée moderne est, en fait retournée à la conception biblique et chrétienne traditionnelle de l'être humain, « synthétisée par saint Thomas : Le corps et l'âme ne sont pas deux réalités juxtaposées ; leur union est bien plus intime, elle est de l'ordre de la composition ; ce sont deux éléments appelés à entrer en composition originale pour constituer l'unité de l'être humain. Car un être peut rester un tout même s'il est composé de parties » (Aubert, 1987, p. 56). Évidemment certaines approches anthropologiques modernes, telles que celles s'inspirant du darwinisme, tendent à nier cette composition et à considérer l'être humain uniquement d'un point de vue biologique, corporel, les facultés intellectuelles et spirituelles étant simplement considérées comme résultant du fonctionnement du cerveau et du corps dans leur complexité. Le christianisme ne peut se concilier avec ce type de naturalisme qui nie la réalité du spirituel comme indiqué plus haut.

Plus subtile fut la distinction qui fut affirmée surtout en théologie patristique orientale (grecque) dans laquelle certains voient une tendance plutôt trichotomiste (trois principes dans le composé humain) (Lot-Borodine, 1970, p. 42). C'est en particulier saint Irénée de Lyon qui la développa : il y a une différence entre l'âme humaine et sa vie reçue de Dieu. Chez saint Irénée de Lyon, au moins, il ne s'agit pas de concevoir trois principes faisant vivre l'être humain, mais bien de l'âme et du corps unis que Dieu maintient en vie en vertu de son esprit qui ne leur est pas uni en vertu de leur nature essentielle (Lassiat 1978). De cette façon, dans l'âme humaine, il faut distinguer entre nature et vie. Celle-ci provient du *souffle* de vie. Si, en Dieu, nature et vie ne se distinguent pas, car Il est en même temps existence et vie ; dans l'être humain, Irénée distingue, comme le faisait les auteurs de la Bible hébraïque, le corps, l'âme et le souffle de vie : le corps est animé par l'âme, mais n'est pas lui-même l'âme. Il participe à l'âme aussi longtemps que Dieu le veut ; de même, l'âme n'est pas vie elle-même, mais elle participe à la vie donnée par Dieu à travers le souffle de vie (*noûs, ruah*). « Il fut fait âme vivante » (Gn 2, 7) : l'âme c'est la *néfèsh* en union avec le corps (le *basar*), qui forment l'être humain vivifié par le souffle de vie, l'esprit (la *ruah*). La chair ne sert de rien, dit Jésus, c'est l'esprit qui vivifie (Jn 6, 63). Ainsi, contre les Platoniciens, Irénée affirme qu'on ne peut pas recevoir ce que l'on est par nature. Si l'âme est par nature vie éternelle, elle n'a pas à la recevoir de Dieu. Saint Irénée affirme donc, et avec justesse, que l'identification entre l'âme et le souffle de vie est une confusion d'origine gnostique. Elle est non biblique et donc à condamner du point de vue de l'orthodoxie chrétienne.

Une fois créée et vivifiée, l'âme possède la vie de façon séparée, personnellement, selon saint Irénée. Elle a reçu ce capital-vie de la part de Dieu. La notion de liberté humaine vient de là : selon Irénée, la liberté chrétienne se situe entre la vie en Dieu et la mort en dehors de Dieu : pour se posséder, pour être maître de soi, il faut que l'âme humaine soit « propriétaire » non seulement de sa nature propre, mais aussi de la vie qu'elle a reçue de Dieu, devenant ainsi, « partenaire de Dieu ». Il peut refuser la dépendance qu'il a vis-à-vis de Dieu, mais à ce niveau, il risque de perdre la vie et l'existence… Pour Irénée, l'âme a un commencement. Elle est créée par Dieu. Elle n'est donc pas éternelle contrairement à ce que pensait Platon. Sa temporalité n'est pas participation à l'éternité de Dieu, car les deux ordres sont radicalement différents. L'âme humaine n'émane pas de Dieu que par succession. Celle-ci est de l'ordre temporel alors que l'éternité est de l'ordre de la simplicité dans laquelle il n'y pas de succession d'instants. Le mystère de la nature et du mode d'action de Dieu doit donc être maintenu, la raison humaine est trop faible pour le pénétrer.

L'âme est capable de dissolution, selon Irénée voulant rester fidèle à la Révélation biblique : Dieu, le Créateur, peut retirer son souffle de vie à l'âme qui perd ainsi son existence. Irénée n'applique pas cette pensée seulement à l'âme humaine, mais aussi à celle des créatures invisibles et intelligibles (anges, démons, dont Satan, etc.). Elles aussi reçoivent le souffle de vie de Dieu qui peut leur être retiré menant ainsi à leur dissolution. En ce qui concerne le corps humain, il est animé et structuré par l'âme. Il reflète la vie de celle-ci et partage sa destinée à sa manière. Les philosophes existentialistes chrétiens, tels que Gabriel Marcel ont insisté sur le fait que « je suis aussi mon corps » (Riva, 1985). Toutefois, faut-il le rappeler, le corps est de nature biologique, il est soumis aux lois de la matière, en particulier celles de la génération et de la dégénérescence, menant à la mort. « De la sorte, un cadavre n'est plus un corps humain ; malgré les apparences, il n'est qu'un agrégat, qu'une dé-composition des éléments physico-chimiques, biologiquement organisés, ayant perdu leur unité, pour se dissocier en d'autres formes, celles définies par la putréfaction. Seul le maintien temporaire d'une certaine forme humaine extérieure peut encore donner le change » (Aubert, 1987, p. 57).

C'est pourquoi l'anthropologie chrétienne affirme que l'âme humaine a une destinée et une densité propre en tant qu'animatrice du corps dont elle est le principe intérieur d'organisation et dont elle émerge en dépassement de cette nature purement biologique. Elle en est donc indépendante quoique liée à lui en fonction de la nécessité vitale tant que son union au corps subsiste.

En elle, comme l'affirmait saint Irénée, le souffle de vie de Dieu est à l'œuvre de sorte que l'âme devient le « principe spirituel » du corps, siège de la pensée abstraite et de la volonté libre, ayant la capacité de survie à la mort du corps, tant et aussi le temps que le souffle de vie de Dieu lui restera attaché. Si la philosophie occidentale, depuis Socrate, considérait l'âme humaine comme immortelle, la théologie chrétienne lui reconnaît une survie après la mort du corps humain (décomposition entre âme et corps), mais cette survie ne signifie pas immortalité, car, d'après les Écritures bibliques, l'immortalité appartient à Dieu qui la conférera à tous ceux qui lui appartiennent (les adoptés en Jésus-Christ) tandis que les réprouvés subiront une « seconde mort » (Ap 20, 14-15), définitive et éternelle celle-ci, identifiée à un « étang de feu », qui semble correspondre à ce qu'Irénée appelait « la dissolution » de l'âme et des substances spirituelles.

L'homme est donc à la fois âme et corps durant sa vie terrestre. Tous ses actes ont un aspect corporel, physique et un aspect spirituel. L'être humain est âme et corps. La personne humaine est par conséquent d'une dignité intrinsèque en tant que sujet de ses actes, capable de s'en rendre et de s'en reconnaître responsable. Le libre arbitre ou la liberté prend tout son sens ici. Qui dit « liberté » dit toujours et en même temps « responsabilité ». Dans la pensée biblique cependant, Dieu a fourni des indications et des règles pour aider l'homme à exercer sa liberté d'une façon conforme à sa volonté et à la vocation qui lui a été adressée. En agissant conformément à celle-ci, l'homme rend gloire à son Créateur et il en sera récompensé principalement par l'élévation à la vie éternelle de Dieu. En agissant contre elle, il se rend coupable d'un péché, et il en sera puni, et en définitive, exclu de la vie. Dans tous ces cas, l'homme a le pouvoir de choisir entre obéir et désobéir. Il a la liberté de choix que saint Augustin et saint Thomas d'Aquin ont identité au « libre arbitre ». C'est une notion biblique fondamentale. Autrement dit, l'être humain ne peut en aucune façon s'en remettre simplement aux tendances biologiques du corps, du moment qu'il n'est pas seulement corps. Le fait qu'il est aussi, et surtout, âme douée de spiritualité et que par cette capacité, il entretient une affinité avec Dieu qui est Esprit, l'être humain ne peut simplement se considérer et vivre sa vie comme un simple animal n'ayant pas reçu du Créateur cette dignité. C'est précisément par cette capacité spirituelle le rendant capable de dominer sur les êtres matériels et biologiques, y compris son propre corps, que l'on peut comprendre l'image de Dieu et la ressemblance de Dieu selon lesquelles l'être humain a été créé.

L'une des conséquences de cette qualité d'être « créé à l'image de Dieu », c'est que l'être humain peut entrer en relation avec son Créateur, d'une façon personnelle et à imiter Dieu dans son agir. « Il est appelé à régir la création parce qu'il a en lui certains traits hérités de Dieu : le discernement, la volonté, les sentiments, la créativité, le sens du bien et du beau. [...] Le judéo-christianisme pose la puissance créatrice de l'homme dans le prolongement de celle de Dieu » (Furfari, 2010, p. 38). Pour saint Augustin, l'état primitif de l'être humain est caractérisé par une harmonie profonde entre le corps et l'âme. L'homme était parfaitement unifié, la chair étant soumise à l'âme (esprit), cette dernière étant soumise à Dieu. Les désirs de la chair correspondaient à ceux de l'esprit, et ces derniers ne pouvaient être en contradiction avec ceux de Dieu. « Possédant une sagesse et une science admirable, l'homme alors, sans cesser d'être mortel, était virtuellement immortel » (Rondet, 1964, pp. 14-15)[23]. Pour saint Augustin, l'être humain primitif était libre d'une liberté sans égale dont il tenait de la grâce qu'il pouvait utiliser à sa guise. Dieu l'avait destiné à être juste, comme Lui est juste. Il ne restait à être confirmé dans ce privilège divin. Qui plus est, l'être humain devait être médiateur entre Dieu et l'Univers, en tant que créature paradoxale tenant à la fois d'en bas et d'en haut, du monde de la matière et de celui de l'Esprit.

Mais justement à ce niveau, alors que ces facultés étaient telles que Dieu les avaient créées avant la chute, comme l'affirme saint Augustin, en parlant d'« état d'intégrité », avec la chute c'est-à-dire le « péché originel » décrit dans le troisième chapitre du Livre de la Genèse, l'être humain en vit la force diminuée tant au niveau de son libre arbitre qu'à celui de sa capacité de discernement entre ce qui est bien et ce qui mal. C'est la condition de l'être humain déchu dont il fait l'expérience quotidiennement qui caractérise l'être humain historique. Cette condition ne devient d'ailleurs clairement comprise qu'à partir d'une repentance sincère et de l'expérience du salut en Christ, l'être humain devenu chrétien, « né de nouveau », se rendant compte effectivement qu'une autre manière d'être homme ou femme est possible.

[23] L'auteur cite *Opus imperfectum contra Julianum*, V, 1, P.L. 45, 1432.

3.2.2. L'être humain déchu de la grâce originelle

Avec le péché originel (Rondet, 1964, p. 15)[24], l'être humain est sorti de l'état primitif. « Ce péché fut avant tout un péché d'orgueil »[25], un refus du secours divin. Selon l'explication de saint Augustin, par ce péché, l'homme se fit centre, il voulut être sans principes. Il prétendit faire le dieu, mais ce fut pour son malheur, car Dieu le laissa à lui-même et à sa misère (sans complètement l'abandonner). La révolte de l'esprit contre l'Esprit entraîna la rébellion de la chair contre l'esprit et celle de l'Univers contre l'homme. Comme un vase qui se brise quand la main qui le tenait l'abandonne, l'homme se brisa, il fut divisé d'avec Dieu et d'avec le monde, divisé d'avec lui-même. Pour Augustin cependant et pour l'anthropologie chrétienne en tant que telle, le corps n'a pas été créé pour servir de prison à l'âme (contrairement aux idées platoniciennes). Pourtant, après la chute, dit saint Augustin, le corps est simplement devenu un fardeau, une chaîne pensante, une prison, à cause du péché, en tant que la chair est devenue tyran. Cette vision peut être contestée peut-être aujourd'hui par la vision moderne du corps qui insiste sur sa bonté et son unité avec l'âme, le corps n'étant pas simplement identifié à la chair de péché :

> Cette prise de conscience moderne rejoint à la fois la tradition biblique et la tradition théologique. En effet, en parlant de corps et d'âme, on a facilement la tentation d'y voir la traduction de la dualité biblique (surtout chez Saint Paul), de l'*esprit et de la chair*. Or, ces deux dernières expressions sont éloignées du dualisme cartésien dénoncé plus haut ; il y a là une source de méprises fréquentes dans la lecture des textes bibliques sur ce thème, compris dans la problématique d'une pensée dualiste qui leur est étrangère. En effet, de quoi s'agit-il ? La « *chair* », en son sens biblique, n'est pas à traduire par « corps » ; mais elle *désigne sa condition humaine* qui incline au mal, depuis la chute originelle ; l'esprit, par contre, désigne aussi l'homme total (corps et âme) en tant qu'*il est rempli de l'Esprit de Dieu*, depuis le baptême, et incliné au bien (Aubert, 1987, pp. 58-59).

Dans cette vision unitaire, il faut ainsi reconnaître, avec saint Augustin, que l'âme, par le péché, a provoqué la révolte de ses puissances inférieures de sorte que l'être humain, de sain qu'il était, est devenu malade, en captivité pour lui-même : concupiscence, désaccord entre raison et volonté, non-

[24] L'auteur cite saint Augustin dans *De Trinitate*, IV, 15. P. L., 42, 898.

[25] Ibidem. L'auteur cite saint Augustin dans *Contra Julianum*, V, 17 ; P. L., 44, 794. Voir aussi saint Thomas d'Aquin, *Somme théologique*, Ia-IIae Pars, Quest.83, art. 1-4.

maîtrise de ses propres mouvements, souffrance, maladie, mort, etc. telles sont les conséquences de la faute originelle. L'harmonie primitive a été perdue et ces conséquences devinrent héréditaires, de façon que la mort de Christ elle-même constitue le signe et la conséquence de ce péché originel pour lequel il est, lui qui n'avait pas de péché, mort pour l'expier. Si le péché originel a brisé l'harmonie de l'être humain, il a aussi brouillé les rapports entre ce dernier et son Dieu. L'être humain n'a plus joué le rôle de médiateur efficace entre l'Univers et Dieu. Le monde n'est plus ce qu'il était avant la chute. De cosmos neutre, il est devenu *monde*, dans le sens moralement négatif du terme : royaume du démon, appelé par le Nouveau Testament « le prince de ce monde » (Jn 14, 30 ; 16, 11 ; 2 Co 4, 4), où habite le mal et qui, si l'on l'aime, rend ennemi de Dieu.

Désormais, il est impossible d'être bon si l'on ne triomphe pas des forces instinctives mauvaises qui sont inscrites dans la nature déchue. Au-delà donc de la division extérieure entre l'âme et le corps humains, entre lui et le monde, le péché originel a entraîné une division plus profonde, intérieure à l'âme humaine elle-même. À l'intérieur même de l'âme s'est incrustée une cassure : un attrait pour les choses mondaines cohabite avec un attrait pour le bien céleste : le péché que l'âme condamne en principe, elle l'aime malgré elle. Sans avoir perdu tout sens du bien, l'âme déchue a perdu l'aptitude de l'accomplir comme elle le voudrait. Idée exprimée par Saint Paul dans Romains 7, 18-20 : « Ce qui est bon, je le sais, n'habite pas en moi, c'est-à-dire dans ma chair : j'ai la volonté, mais non le pouvoir de faire le bien. Car je ne fais pas le bien que je veux, et je fais le mal que je ne veux pas. Et si je fais ce que je ne veux pas, ce n'est plus moi qui le fais, c'est le péché qui habite en moi….». Voilà la condition de l'homme déchu, de l'homme pécheur. « De là vient l'affirmation de saint Augustin de la nécessité de la grâce au salut, affirmation faite notamment contre les doctrines naturalistes de Pélage (né vers 350) qui niait la nécessité de la grâce divine pour accomplir le bien et parvenir au salut.

C'est la grâce de Jésus-Christ qui fait de l'homme déchu un chrétien, c'est-à-dire un être humain « né de nouveau », capable désormais de faire le bien volontairement. Or, tout être humain est appelé à recevoir cette grâce salvifique. Christ, dit le Nouveau Testament, n'est pas un médecin venu pour les bien-portants, mais pour les malades, il n'est pas venu sauver les justes, mais les pécheurs (Mc 2, 13-17).

3.2.3. L'être humain appelé au salut en Jésus-Christ

La Bonne Nouvelle (*Évangile*) est précisément que l'Incarnation du Christ, du Fils éternel du Père, est en même un appel adressé à tous les êtres humains pour posséder le salut, l'affranchissement de la condition de déchus en recevant la grâce salvifique en Lui. La vision anthropologique chrétienne n'est en aucune façon une vision tournée vers la vie en ce monde. L'être humain n'est pas un être terrestre ou terrien en tant que tel. Sa nature et sa vie ont un but supérieur à celui d'une vie entièrement circonscrite par les besoins du corps et donc inscrite uniquement dans un horizon terrestre. La notion de péché originel invite à ce dépassement d'une vue terre à terre de la vie humaine pour comprendre la vocation surnaturelle adressée à l'être humain.

Étant donné la chute, l'élévation de l'âme vers les choses spirituelles avait été obscurcie par le péché de sorte que depuis Caïn l'être humain haïssait son frère et instaurait une loi de la jungle dans les sociétés où le plus fort physiquement devait dominer sur les autres. La règle darwinienne de la survivance du plus fort, du plus apte devenait ainsi, naturellement, la seule accessible à l'être humain et appliquée sans en éprouver ni embarras ni gêne. Or, Dieu n'avait pas, comme on le disait plus haut, déserté sa création. Il n'avait jamais abandonné l'être humain à son triste sort. L'initiative divine dans la création n'allait pas devenir une vaine action, car Dieu, pré-connaissant et omniscient, avait prévu dès avant la fondation du monde qu'après la chute, un plan de salut devait être actualisé pour culminer dans la mort expiatoire de son propre Fils ayant revêtu la nature humaine en vue d'en régénérer toutes les facultés originelles. Ce plan divin est ainsi mis en branle avec l'élection d'Abraham. Ce dernier, obéissant, se rendant digne de la vocation reçue, devint le « père des croyants », d'abord en engendrant Israël, qui devait revoir le pédagogue qu'est la Loi, devant faire connaître clairement la volonté divine sur l'être humain, celui-ci devant devenir saint à l'instar de son Créateur ; une sainteté dont le caractère principal n'est pas seulement l'action bonne, mais aussi l'absence du péché et du mal. Connaissant le degré d'éloignement de l'être humain par rapport à ce discernement, un éloignement symbolisé notamment par l'esclavage d'Égypte, Dieu envoya Moïse à qui la mission d'initier la sortie d'Égypte, la libération de l'esclave, la sortie de l'ignorance et la libération du péché fut confiée par Yahweh lui-même qui lui révèle son nom propre et lui confie ses commandements.

L'appel de l'être humain au salut en Christ commence concrètement donc dès l'Ancien Testament. On peut déjà voir dans la promesse faite à Abraham le début de cet appel que Dieu commence à mettre à exécution concrètement avec l'Alliance en Moïse : « L'Éternel dit à Abram : Va-t'en de ton pays, de ta patrie et de la maison de ton père, dans le pays que je te montrerai. Je ferai de toi une grande nation, et je te bénirai ; je rendrai ton nom grand, et tu seras une source de bénédiction. Je bénirai ceux qui te béniront, et je maudirai ceux qui te maudiront ; toutes les familles de la terre seront bénies en toi » (Gn 12, 1-3). Que l'appel et l'Alliance avec Israël soit une première concrétisation par Dieu d'un plan destiné à toutes les nations, cela est affirmé clairement par divers passages de l'Ancien Testament, notamment chez les prophètes, en particulier le prophète Isaïe :

> Il arrivera dans la suite des temps, que la montagne de la maison de l'Éternel sera fondée sur le sommet des montagnes, qu'elle s'élèvera par-dessus les collines, et que toutes les nations y afflueront. Des peuples s'y rendront en foule, et diront : Venez, et montons à la montagne de l'Éternel, à la maison du Dieu de Jacob, afin qu'il nous enseigne ses voies, et que nous marchions dans ses sentiers. Car de Sion sortira la loi, et de Jérusalem la Parole de l'Éternel. Il sera le juge des nations, l'arbitre d'un grand nombre de peuples (Is 2, 2-4).

Quand Jésus dit à la femme samaritaine que « le salut vient des Juifs », c'est précisément dans ce sens : « vous adorez ce que vous ne connaissez pas, nous nous adorons ce que nous connaissons, car le salut vient des Juifs » (Jn 4, 22). La connaissance du seul Vrai Dieu et de ses commandements, voilà le privilège dont a bénéficié le peuple juif depuis Abraham. Mais ce privilège était en même une diaconie de la vérité, devant conduire à « l'heure où les vrais adorateurs adoreront le Père en esprit et en vérité » (Jn 4, 23). Jésus dit à la samaritaine, « l'heure vient et elle est déjà venue » et la femme lui dit « je sais que le Messie doit venir (celui qu'on appelle Christ) ; quand il sera venu, il nous annoncera toutes choses » (Jn 4, 25). Et Jésus lui confirme que cette heure qui est déjà venue, elle l'est avec Lui car c'est Lui le Messie : « Je le suis, moi qui te parle » (Jn 4, 26). Ainsi l'appel et l'Alliance en Israël ne visait qu'à préparer le chemin de « Celui qui devait venir ». L'Évangile, la Bonne Nouvelle, c'est Jésus-Christ lui-même. Avec Lui, « les temps sont accomplis ». Le Royaume de Dieu s'est approché. Il ne reste pour l'être humain, qui qu'il soit, qu'à se repentir en croyant à la Bonne

Nouvelle de son salut : « Moi, je vous baptise d'eau, dit Jean le Baptiste ; mais il vient, celui qui est plus puissant que moi et je ne suis pas digne de délier la courroie de ses souliers. Lui, il vous baptisera du Saint-Esprit et de feu » (Lc 3, 16). Quand ce même Jean, le Baptiste, vit Jésus venant à lui pour se faire baptiser d'eau, il dit : « Voici l'agneau de Dieu, qui ôte le péché du monde » (Jn 1, 29).

La condition de pécheur, la déchéance de l'état originel d'intégrité, n'est donc pas une condition irrémédiable, définitive, encore moins une condition dans laquelle l'être humain puisse choisir de se complaire alors que Dieu l'a destiné à une vocation céleste. Car « lorsque les temps furent accomplis, Dieu a envoyé son Fils, né d'une femme, né sous la loi, afin qu'il rachetât ceux qui étaient sous la loi, afin que nous reçussions l'adoption. Et parce que vous êtes fils, Dieu a envoyé dans nos cœurs l'Esprit de son Fils, lequel crie : Abba ! Père ! Ainsi, tu n'es plus esclave, mais fils, et si tu es fils, tu es aussi héritier par la grâce de Dieu » (Ga 4, 4-7). Voilà le sens de la vie chrétienne. Le christianisme, on le disait plus haut, ne peut se contenter d'être une religion comme les autres. La liberté proclamée par la foi chrétienne est une liberté réelle, celle des enfants de Dieu. Elle renvoie à l'idée de « rachat », de « rédemption », « d'affranchissement » de l'esclavage du péché. Lorsque les Juifs, discutant avec Jésus tentèrent de faire valoir leur descendance naturelle de la lignée d'Abraham pour revendiquer le statut d'hommes libres, jamais réduits en esclavage, Jésus leur rétorque que « quiconque se livre au péché est esclave du péché » (Jn 8, 33-34) et leur révèle le sens de la vraie liberté : « si le Fils vous affranchit, vous serez réellement libres » (Jn 8, 36).

Il ne s'agit donc pas d'une liberté naturelle. La « loi nouvelle », celle de l'Évangile, qui est une Loi de sainteté, de perfection, n'est pas d'origine naturelle ou biologique (nous pourrons développer ce point plus loin), mais d'origine divine, de sorte que la liberté qu'elle engendre est une liberté de type surnaturel comme l'a bien indiqué saint Thomas d'Aquin : « Ce qui prime dans la loi de la Nouvelle Alliance, ce en quoi réside toute son efficacité, c'est la grâce du Saint-Esprit, donnée par la foi au Christ. C'est donc précisément la grâce du Saint-Esprit, donnée à ceux qui croient au Christ qui constitue au premier chef la loi nouvelle »[26]. Il s'agit d'une liberté de participation à la liberté même de Dieu. C'est le Fils de Dieu lui-même

[26] Cf. St. Thomas d'Aquin, *Somme Théologique*, Ia-IIae, Qst. 106, art. 1.

qui affranchit, qui libère. La nature humaine rachetée du chrétien est une nature qui, par la présence réelle du Saint-Esprit dans son cœur, en lui tout entier, le rend « participant de la nature divine » (2 P 1, 4). Voilà l'originalité incommensurable du christianisme, d'autant plus que cette participation n'est pas réservée à une poignée d'illuminés ou de mystiques (les « virtuoses religieux » de M. Weber et de P. Berger (P. L. Berger, 1979, pp. 33-35), mais est le partage de tout chrétien, petit ou grand, de quelque condition ou de quelque race qu'il ce soit. C'est ce que Saint Paul exprime lorsqu'il affirme : « Car vous êtes tous fils de Dieu par la foi en Jésus-Christ, vous tous qui avez été baptisés en Christ, vous avez revêtu Christ. Il n'y a plus ni Juif, ni Grec, il n'y a plus ni esclave ni libre, il n'y a plus ni homme ni femme ; car tous vous êtes un en Jésus-Christ. Et si vous êtes à Christ, vous êtes donc la postérité d'Abraham, héritiers selon la promesse » (Ga 3, 26-29).

3.2.4. Le chrétien participant de la nature divine en Christ

> Ayant purifié vos âmes en obéissant à la vérité pour avoir un amour fraternel sincère, aimez-vous ardemment les uns les autres, de tout votre cœur, puisque vous avez été régénérés, non par une semence corruptible, mais par une semence incorruptible, la parole vivante et permanente de Dieu (1 P 1, 22-23).

Le chrétien a donc été régénéré lorsqu'il a obéi à la Parole de Dieu, en mettant sa foi en Jésus-Christ et en se faisant baptiser pour témoigner de cette foi. Comment comprendre cette régénération ? Les Écrits du Nouveau Testament s'attachent à expliquer en quoi elle consiste exactement. Une chose est sûre : il ne s'agit ni d'un processus naturel ni d'une manière symbolique, figurée, allégorique de parler. Dans le premier cas, si l'on pouvait se régénérer par un processus naturel, notamment par la réflexion ou par la consommation que quelque nourriture spéciale ou de quelque boisson à l'instar des anciennes « liqueurs de l'immortalité » notamment chez les Indo-Européens et les Iraniens (exemple du *haoma*) (Ringgren & et Ström, 1966, p. 173), le salut serait encore œuvre humaine, à la portée des seules forces naturelles de l'être humain. Pélage aurait donc été à tort condamné comme hérétique, puisque sa pensée consistait précisément à concevoir le salut comme accessible aux seules forces humaines, l'être humain devant simplement exercer et utiliser à bon escient son libre arbitre et sa raison. Dans le deuxième cas, s'il s'agissait d'une façon symbolique de décrire l'expérience et l'existence chrétiennes sans aucune véritable consistance ontologique, le christianisme serait donc une gigantesque construction illusoire, les chrétiens affirmant qu'ils sont ce qu'ils ne sont pas réellement, et la régénération n'étant qu'un processus imaginaire magistralement conçu par les théologiens juifs et chrétiens pour justifier cette construction.

Évidemment, nul ne peut ignorer que la société est faite, comme le disait Karl Marx, d'idéologies justifiant des réalités empiriques. Les sociologues de la connaissance ont bien insisté sur le caractère dialectique des réalités sociales (Berger & Luckmann, 1966). Ces idéologies tiennent généralement la route lorsqu'elles sont adoptées par les puissants, politiquement et économiquement. Ces derniers les imposent par la suite, soit ostensiblement, soit de manière déguisée, aux couches les plus faibles des populations et les érigent en vérités à croire et à aimer comme telles. Que ce soit les systèmes idéologiques de type politique, que ce soit les plupart des religions, que ce soit les visions diverses du monde telles que la vision scientifique et technique, et même, en l'occurrence, la vision évolutionniste et darwinienne du monde, etc. toutes ces idéologies ne sont pas nécessairement vraies, mais lorsqu'elles jouissent du soutien des puissants de ce monde, elles acquièrent une crédibilité empirique qui se méfie de leur véracité ou de leur fausseté. Cela est d'autant plus vrai que le monde actuel, contemporain, en modernité avancée, en constitue l'exemple le plus évident : aucune vérité religieuse ne peut se revendiquer exclusive quant à l'interprétation de la réalité totale.

Le monde est plongé dans une incertitude complète quant à la connaissance de la vérité sur les grandes questions métaphysiques, mais cette incertitude est légitimée et défendue par les pouvoirs publics en vertu de la démocratisation des États et de l'institutionnation de la laïcité, du pluralisme et de l'irréligion du politique (Berger, 1998 ; Dierkens, 2006 ; Taylor, 2007 ; Valadier, 2007). Mais cette incertitude se limite, heureusement, au niveau que l'on appelle la « sphère publique » (pouvoir politique, économie, éducation publique). À un niveau plus restreint, dans les associations de type privé, dans les groupes religieux telles que les Églises, dans les familles, cette incertitude devient un choix des individus. Elle n'est pas imposée par l'État quoique l'incertitude institutionnalisée au niveau de la sphère publique influe sur le comportement privé des individus dont un nombre croissant d'entre eux se déclarent « sans religion », agnostiques, voire « athées ». Mais pour tous ceux et celles qui tiennent le christianisme pour vrai dans ses enseignements fondamentaux, pour tous ceux et celles qui pensent que la régénération arrive réellement dans la vie concrète des gens, et que ce n'est pas du tout une manière symbolique d'exprimer les croyances et les mystères chrétiens, leur champ d'action à l'ère contemporaine n'est rien d'autre que ce dernier cadre de la sphère dite privée. La Chrétienté et son monopole de la vérité à imposer de l'extérieur à l'ensemble des sociétés est bel et bien terminée (Vattimo, 2004 ; Vattimo, Girard & Antonello, 2010).

Toutefois, disons-le tout de suite, le christianisme dès ses premiers moments d'expansion n'a opéré d'abord que sur le plan individuel et associatif. La conversion des sociétés entières, en passant par des rois, n'a été envisagée qu'après que les Empereurs, plus politiciens que religieux, s'y sont convertis et donc mêlés, dès Constantin 1er dit le Grand, au début du IVe siècle. Or, comme on le voit ici, si l'Église chrétienne est un cadre dans lequel opère la grâce du Christ, cette dernière n'est efficace que portée par les individus, que vécue concrètement par des personnes engagées envers la Parole de Christ prêché comme Sauveur et Rédempteur des êtres humains qui mettent leur foi en Lui et qui mènent un combat spirituel pour la persévérance devant caractériser les saints (Ap. 14, 12). Si la sphère publique sécularisée exerce une influence négative sur la foi des individus devenant de plus en plus des sécularisés intérieurs, abandonnant Églises et pratiques spirituelles pour se tourner vers les activités ludiques et les divertissements, il n'en demeure pas moins que c'est bien au niveau de la conscience des individus et de leurs relations interindividuelles que l'authenticité de la foi chrétienne doit se jouer de prime abord avant toute implication sociologique et macrosociologique. C'est là que l'idée de la participation du chrétien à la vie divine en Christ prend tout son sens. De sorte que l'existence chrétienne est avant tout une vie de témoignage des personnes concrètes, bien entendu au sein de communautés ecclésiales où leur foi est nourrie et encouragée par d'autres croyants et par les sacrements de la grâce.

3.2.5. Le chrétien combattant pour le Royaume

La condition sécularisée du monde occidental contemporain rend la vie chrétienne plus difficile que dans les siècles passés. La désinstitutionnalisation dont a parlé Arnold Gehlen (1904-1976) amène avec elle la subjectivisation et l'instabilité au niveau de l'appartenance. Selon Arnold Gehlen, la modernité désinstitutionnalise en élargissant la sphère du premier plan (*foreground*) où les individus doivent constamment opérer des choix réfléchis. Elle rétrécit ainsi la sphère de l'arrière-plan (*background*) où les individus pouvaient juste appliquer les recettes institutionnelles existantes, défendues par la société et apprises sans avoir à réfléchir avant d'agir (Gehlen, 1940). Peter L. Berger s'est appuyé sur cette théorie des institutions d'Arnold Gehlen pour caractériser la situation contemporaine de la religion comme celle où toutes les Églises, y compris l'Église catholique romaine en Amérique, sont obligées d'opérer comme des « associations volontaires dans les sociétés post-traditionnelles » (P. L. Berger, 2010, p. 5).

Cette situation est la conséquence du pluralisme, mais également de la sécularisation des espaces publics en vertu du principe de laïcité des États qui n'ont en principe aucune préférence pour une religion en particulier. S'étant désengagés au niveau des options religieuses et axiologiques, les États, comme d'ailleurs à l'époque de l'Église chrétienne primitive dans l'Empire romain d'avant les persécutions contre les chrétiens et l'ère constantinienne, ont opté pour la « neutralité » et la tolérance, la défense de la liberté de croyance et de religion pour les citoyens, tant et aussi longtemps que ces croyances se soumettent à l'idéal démocratique et laïc de ces États. Il est intéressant de voir que la défense de l'idée de laïcité, en particulier de la séparation entre religions et États, fut d'abord le fait de protestants libéraux tels que Ferdinand Buisson (1841-1932) en France qui parlait de la *Laïcité intégrale* en la qualifiant de « *Révolution* » :

> La Révolution n'est pas protestante, elle est laïque. Elle est aussi affranchie de la Bible que du pape. Elle entend faire une société qui se gouverne par la raison et la justice ; rien de moins, rien de plus. Une telle société, voulant être purement humaine, n'admet dans sa structure que des matériaux humains. Elle laisse à d'autres « les droits de Dieu », elle ne connaît que « les droits de l'homme ». Elle s'imagine pouvoir faire fonctionner tout son mécanisme sans ce moteur externe que lui offrent les religions. Elle veut réaliser l'État sans Dieu (Dierkens, 2006, p. 40).

Par cette affirmation, on peut percevoir la différence, nonobstant ce qu'on disait précédemment, entre la situation contemporaine et celle de l'Empire romain où le christianisme a pris naissance au début de notre ère. Dans l'Empire romain en effet, on avait un Panthéon. L'État n'était pas conçu comme « sans dieux » ou s'occupant uniquement des « droits de l'homme ». Si le christianisme fut l'objet de persécutions avant l'Édit de Galère (311) et celui de Milan (313), ce fut d'ailleurs en partie parce qu'il méconnaissait ou s'opposait aux cultes religieux de l'Empire qu'il considérait comme païens et donc incompatibles avec la foi au Seul Vrai Dieu c'est-à-dire le Dieu de Jésus-Christ. C'est qu'il avait refusé de se faire intégrer dans le Panthéon romain à l'instar d'autres religions et divinités. Mais jamais les dirigeants romains ne s'étaient pensés purement et simplement comme devant diriger les affaires politiques sans aucune référence aux valeurs religieuses. La tolérance religieuse, le polythéisme, la pluralité des valeurs et des cultures, les philosophies telles que l'épicurisme et le stoïcisme qui ne méconnaissaient pas l'existence des dieux, étaient la règle, mais une laïcité intégrale où rien de religieux n'est accepté dans la gestion des affaires publiques n'a jamais été envisagée dans l'Antiquité romaine comme dans toutes les autres sociétés anciennes.

La situation contemporaine est donc inédite, un cas sans précédent dans l'histoire de l'humanité. La sécularisation complète des sociétés où un nombre de plus en plus croissant d'individus, hommes, femmes, jeunes, lettrés et illettrés, conduisent leurs vies entières sans les informer par une vision religieuse du monde, sans adhérer à des groupes ou communautés religieuses, est un phénomène nouveau dans l'histoire. Il est vrai toutefois que les gens ne sont pas affectés de la même manière par ce phénomène. Selon Peter Berger, les hommes ont tendance à être plus séculiers que les femmes, les adultes de l'âge moyen plus que les jeunes et les vieux, les gens vivant dans les villes plus que ceux vivant dans les campagnes, les gens travaillant directement dans le domaine de la production industrielle plus que ceux travaillant dans les domaines traditionnels tels que l'artisanat et le petit commerce, les Protestants et les Juifs plus que les Catholiques, etc. (cf. P. L. Berger, 1967, p. 108). De même, l'Europe centrale et occidentale se montre plus séculière que l'Amérique où le protestantisme évangélique massivement présent se combine avec une culture hautement modernisée, et les universitaires spécialistes en sciences humaines et sociales le sont plus que ceux spécialisés dans les sciences exactes et dans les sciences physiques (P. L. Berger, Davie & Fokas, 2008). Désinstitutionnalisation, relativisme, laïcité et sécularisation constituent les nouveaux contextes où la foi chrétienne doit être vécue. Le combat spirituel pour le chrétien d'aujourd'hui n'est pas le même que pour le chrétien des siècles passés. À côté des défis spirituels individuels communs, qui ont toujours existé pour les chrétiens, tels que la lutte contre le péché, le combat pour l'amour du prochain, la persévérance dans la foi au Christ et l'agir en accord avec la vie nouvelle dans l'Esprit du Christ, le chrétien de l'ère pluraliste et sécularisée fait face à une tendance très répandue autour de lui à nier la validité de sa vision du monde, à rejeter comme illusoire sa foi et ses valeurs les plus chrétiennement fondées.

Devant se penser davantage comme un « croyant solitaire » (P. L. Berger, 1992, p. 81) que comme un croyant dépendant d'une communauté forte de foi, la plupart des communautés étant particulièrement instables, fragiles, éphémères et précaires surtout dans le cadre du christianisme de type protestant (Willaime, 1992), mais également, à l'ère contemporaine, du christianisme catholique désaffecté et voyant ses Églises fermer l'une après l'autre par manque de fidèles, jeunes, à pratiques régulières, et de vocations religieuses, le chrétien contemporain mène donc un double combat spirituel contre ses propres défis spirituels personnels, sa propre croix, mais aussi contre les tendances anti-foi, anti-religion, anti-chrétiennes, anti-surnaturelles, des sociétés sécularisées contemporaines. La fin de la chrétienté aurait probablement été bénéfique sur le plan de foi choisie, plus librement acceptée qu'imposée, si cette fin n'avait pas signifié en même temps la montée de l'idéologie immanentiste, de l'humanisme exclusif promu depuis le Siècle des Lumières, de l'anthropologie évolutionniste de type darwinien et de la morale nietzschéenne de « la mort de Dieu » promouvant l'idée d'un surhomme devant à lui-même se donner les règles éthiques à suivre « par-delà le bien et le mal »[27]. Or, exactement dans cette même orientation, le péché originel a consisté en un désir orgueilleux de l'être humain, séduit par le Diable, d'être semblable à Dieu en termes de liberté et de connaissance, de savoir ce qui est bien pour lui et ce qui est mal, de pouvoir poser lui-même les règles concernant le bien et le mal, sans tenir aucun cas d'une règle qui s'imposerait à lui et transcenderait ses désirs les plus chers en exigeant obéissance inconditionnée. Après la Chrétienté, on croyait donc revenir, comme l'avaient souhaité les Réformateurs protestants, à la vision primitive de l'Église, à l'authentique contact direct avec la Révélation biblique, mais c'est l'orgueil originel qui s'est réintroduit au-delà de toute mesure minant ainsi de l'intérieur la nouvelle liberté de croyance et de religion qui pourtant pouvait être une chance pour une foi vécue, librement choisie et authentique.

---

[27] Voir F. W. Nietzsche, 1996 ; F. W. Nietzsche & Faber, 1998 ; F. W. Nietzsche & Kaufmann, 1968.

Croire que l'être humain peut poser lui-même les règles concernant le bien et le mal, c'est, ni plus ni moins, se replacer dans le contexte d'Adam et Ève lorsqu'ils écoutèrent plus le serpent (le Diable) que Dieu :

> L'Éternel Dieu prit l'homme et le plaça dans le jardin d'Éden pour le cultiver et pour le garder. L'Éternel Dieu donna cet ordre à l'homme : Tu pourras manger de tous les arbres du jardin ; mais *tu ne mangeras pas de l'arbre de la connaissance du bien et du mal, car le jour où tu en mangeras tu mourras* (Gn 2,15-17). [...]
> Le serpent était le plus rusé de tous les animaux des champs, que l'Éternel Dieu avait faits. Il dit à la femme : Dieu a-t-il réellement dit : Vous ne mangerez pas de tous les arbres du jardin ? La femme répondit au serpent : Nous mangeons du fruit des arbres du jardin. Mais quant au fruit de l'arbre qui est au milieu du jardin, Dieu a dit : Vous n'en mangerez point et vous n'y toucherez point, de peur que vous ne mouriez. Alors le serpent dit à la femme : vous ne mourrez point ; mais Dieu sait que le jour où vous en mangerez, vos yeux s'ouvriront, et que *vous serez comme des dieux, connaissant le bien et le mal.* La femme vit que l'arbre était bon à manger et agréable à la vue, et *qu'il était précieux pour ouvrir l'intelligence* ; elle prit de son fruit et en mangea ; elle en donna aussi à son mari, qui était auprès d'elle, et il en mangea (Gn 3,1- 6).

On peut retrouver dans la *Somme Théologique* de saint Thomas d'Aquin, une explication convaincante et pertinence de ce péché des origines, montrant que ce récit symbolique renvoie certainement au péché de l'orgueil. En se basant sur l'Écriture et sur la théologie augustinienne, saint Thomas d'Aquin affirmait en effet que ce péché des origines ou originel ne fut pas voulu pour lui-même. Il ne fut pas non plus motivé par l'appétit du manger ou la gourmandise. Il ne fut pas non plus simplement un désir de connaissance ou de science. Il fut avant tout un désir démesuré de ressemblance avec Dieu. Saint Thomas citait les passages bibliques qui pointent dans la direction de l'orgueil pour expliquer ce péché : « Au principe de tout péché, il y a l'orgueil » (Ecclésiastique 10,15) et « par un seul homme, le péché est entré dans le monde » (Rm 5, 12). Étant donné que l'être humain des origines avait été créé sans péché, il était un être harmonieux où les facultés étaient ordonnées selon sa nature : le corps étant soumis à l'âme, elle-même soumise à Dieu. Le péché ne pouvait donc pas provenir d'une volonté perverse tendant à vouloir la désobéissance pour elle-même. L'homme se trouvait dans l'état d'innocence de telle manière qu'aucune rébellion ne pouvait avoir lieu de la chair contre l'esprit. Ce péché ne pouvait donc pas provenir de la convoitise, d'un désir d'un bien sensible, ni même de la gourmandise. Pour saint Thomas, il est clair que dans cet état d'innocence et d'harmonie originelle, l'être humain ne pouvait pécher qu'en désirant un bien spirituel, intellectuel :

> Mais il n'aurait pas eu un désir désordonné s'il avait désiré ce bien selon la mesure à lui prescrite par la règle divine. Il en résulte donc que le premier péché de l'homme résida en ce qu'il désira un bien spirituel au-delà de la mesure convenable. Ce qui relève de l'orgueil. Il est donc évident que le péché du premier homme fut un péché d'orgueil[28].

Qui plus est, la désobéissance de l'homme au précepte divin de ne pas manger du fruit de l'arbre du milieu du jardin ne pouvait être voulu pour elle-même, du moment que l'être humain avait une volonté droite, saine, ordonnée à l'obéissance à Dieu. Trompé par le serpent, symbolisant le Diable, la première chose que l'homme a voulue de façon désordonnée « fut sa propre supériorité. La désobéissance fut donc une conséquence de l'orgueil. C'est ce qui fait dire à saint Augustin que 'l'homme, enflé d'orgueil et obéissant aux suggestions du serpent, méprisa les ordres de Dieu' ». Ainsi, dit saint Thomas, ce ne fut pas non plus la gourmandise qui constitua le péché des premiers parents. Même si « on lit en effet dans la Genèse : « *La femme vit que l'arbre était bon à manger et séduisant à voir... Elle prit de son fruit et mangea* » ce ne fut pas la bonté de la nourriture, ni sa beauté, qui fut le premier motif pour pécher, mais plutôt l'invitation du serpent, qui avait dit : « *Vos yeux s'ouvriront et vous serez comme des dieux.* » En cédant à ce désir, la femme commit un péché d'orgueil. C'est pourquoi le péché de gourmandise a découlé du péché d'orgueil[29]. De même le désir de la science, de la connaissance du bien et du mal, fut aussi causé par le désir désordonné de supériorité. Lorsque le serpent dit : « *Vous serez comme des dieux* », et ensuite : « *connaissant le bien et le mal* », la femme ne pouvait pas croire à ces paroles du serpent plus qu'à celles de Dieu s'il n'y avait pas ce désir de puissance comme le dit saint Augustin : « La femme n'aurait pas ajouté foi aux paroles du serpent, elle n'aurait pas cru que Dieu leur eût défendu une chose bonne et utile, s'il n'y avait déjà dans son esprit l'amour de sa propre puissance, et une certaine présomption orgueilleuse ». L'invitation du serpent ne fit qu'éveiller une potentialité orgueilleuse existante chez la femme. Comme le dit saint Thomas, « aussi après cette invitation, la prétention envahit son esprit, et il résulta qu'elle crut vrai ce que lui disait le démon »[30].

---

[28] Saint Thomas d'Aquin, *Somme théologique*, Ia-IIae, Question 163, art. 1.
[29] Cf. ibid.
[30] Cf. ibid.

Ainsi, cette tentation d'orgueil et de puissance n'était rien d'autre qu'un désir de ressembler à Dieu, non pas en nature, mais « *quant à la science du bien et du mal* » :

> Comme le serpent le lui suggéra : il voulait, par la vertu de sa propre nature, se fixer à lui-même ce qu'il était bon et ce qu'il était mauvais de faire ; ou bien encore prévoir par lui-même ce qui allait arriver de bien ou de mauvais. Il a péché aussi secondairement en désirant la ressemblance avec Dieu quant à son propre pouvoir d'action, afin d'agir par la vertu de sa propre nature pour acquérir la béatitude. Aussi S. Augustin dit-il : « L'amour de son propre pouvoir se grava dans l'esprit de la femme. « Quant au diable, il a péché en désirant la ressemblance de Dieu quant au pouvoir. C'est pourquoi S. Augustin dit qu'« il a voulu jouir de sa propre puissance plus que de celle de Dieu ». Pourtant, l'un et l'autre ont désiré à un certain point de vue *s'égaler à Dieu*, puisqu'ils ont voulu l'un et l'autre s'appuyer sur eux-mêmes, en méprisant l'ordre de la règle divine[31].

On peut donc reprendre la citation de saint Augustin reprise par saint Thomas : « *Adam et Ève voulurent ravir la divinité, et perdirent la félicité* ». Il ne nous semble pas compliqué de voir que la situation contemporaine de l'âge pluraliste et séculier réalise étrangement cette explication du péché originel par saint Augustin et saint Thomas d'Aquin. Vouloir se situer « *par-delà le bien et le mal* » c'est envisager d'en être soi-même la règle, puisque, disait bien sûr Nietzsche dans *Le Gai savoir*, « Dieu est mort » et c'est l'être humain qui l'a tué (Nietzsche & Vialatte, pp. Livre V, § 343). L'affirmation de Nietzche se réfère explicitement à la Révélation judéo-chrétienne. Elle n'est donc pas sans rapport avec le combat du chrétien pour le royaume de Dieu dont nous traitons ici. Comme l'expliquait Simone Manon en 2009 :

> **La mort de Dieu** c'est d'abord, pour l'homme que Nietzsche appelle « humain trop humain » et qu'il symbolise par le chameau [Dans *Des trois métamorphoses : Ainsi parlait Zarathoustra*], (sujet soumis aux valeurs traditionnelles opposables au surhomme), la mort de Jésus-Christ, expiant sur la croix le péché du monde. La croix est l'emblème du nihilisme judéo-chrétien. Elle enseigne que notre nature est corrompue par le mal radical (symbolisé par le péché originel). Elle cultive notre mauvaise conscience en nous rendant coupable du sacrifice de l'innocent. Elle condamne l'amour de la vie en exhortant à porter la misère du monde sur nos épaules et à racheter notre méchanceté par la souffrance. **La mort de Dieu,** c'est [aussi] l'énoncé d'un fait : la disparition de Dieu dans notre culture. Cela ne signifie pas qu'il n'y a plus en Occident comme ailleurs de croyants. Cela signifie que la foi est devenue une affaire privée, qu'elle ne fonctionne plus comme c'était le cas dans le passé, comme principe structurant la totalité de l'existence personnelle et collective. Nietzsche pense cela comme l'avènement du nihilisme, car avec l'effacement de Dieu, ce sont toutes les valeurs dont Dieu était le support qui s'effondrent aussi. Le nihilisme que Nietzsche prophétisait dans les années 1880 comme la vérité des deux siècles à venir,

[31] Cf. Idem, Question 163, art. 2. (à nous les italiques).

> c'est ainsi la critique radicale de toutes les valeurs transcendantes (la vérité, le bien, l'unité, l'identité, etc.) et le désenchantement du monde. Désormais, le monde est délesté de tout sens divin, il est en deuil de l'absolu[32].

Nietzsche envisageait la mort de Jésus-Christ comme la disparition de Dieu et des valeurs qu'Il fonde. Il pensait que le désenchantement du monde signifiait la disparition progressive de la religion à mesure que la modernisation avançait. Il était donc adepte de la théorie radicale de la sécularisation qu'ont défendue bien des sociologues et des philosophes et qui s'est révélée exagérée, voire une « gigantesque erreur » de lecture du phénomène religieux ainsi que l'a admis Peter L. Berger et bien des sociologues à partir des années 1970. Peter L. Berger a même parlé de la « dé-sécularisation du monde » (P. L. Berger, 1999), d'autres ont indiqué que la religion, au lieu de disparaître, se recomposait, prenait de nouvelles formes, plus émotionnelles, plus « sauvages » (Bastide, 1975 ; Hervieu-Léger & Champion, 1986). Au lieu donc que le désenchantement du monde dont a parlé Max Weber ait résulté en la disparition de Dieu et de ses valeurs, c'est la pluralisation des valeurs religieuses, et même le retour aux valeurs religieuses préchrétiennes, qui furent observées en remplacement du christianisme monopolisé (Stark, 1985 ; Stark & Bainbridge, 1985a).

La religion et ses valeurs n'ont jamais disparu en l'Occident. Si la sphère publique laïcisée a été effectivement vidée des symboles et des motifs religieux, ces derniers ont proliféré dans la sphère privée et associative, et d'une manière qui rappelle le polythéisme préchrétien. Le monde occidental a changé sa façon d'être marqué par la religion. De religion chrétienne monopolisée, il a vidé ses espaces publics du discours religieux, mais l'a laissé libre et décanonisé dans les espaces privés. Les nouveaux mouvements religieux dont a parlé notamment Bryan Wilson (B. R. Wilson, 1966, 1979 ; B. R. Wilson & Cresswell, 1999), le bricolage religieux empruntant diverses croyances et pratiques religieuses apportées par le phénomène de la mondialisation et des migrations internationales, voilà ce qui amène le pluralisme et le relativisme mettant au défi la foi chrétienne en un Dieu unique et en le salut disponible uniquement en Jésus-Christ. En même temps donc que s'est progressivement institué « un monde sans dieux qui justifierait une éthique séculière aux fondements naturels » (Grjebine, 1998, p. 33 et sq), monde issu des diverses révolutions scientifiques et politiques, il s'est parallèlement et progressivement instauré une « révolution théoculturelle » (Banon, 2008) où la diversité religieuse croissante impose aux pouvoirs publics laïcisés une attention accrue pour en gérer les conséquences démocratiques dans le cadre des multiculturalismes.

---

[32] Extrait du texte de Simon Manon publié en ligne sur PHILOLOG : http://www.philolog.fr/dieu-est-mort-disait-nietzsche-quel-est-le-sens-de-cette-affirmation/ (mis en gras dans le texte). Site consulté le 2018-03-12.

Il y a ainsi, coexistence de la sécularité des espaces publics et de la religiosité plurielle des espaces privés (Bergeron, 1982 ; Bibby, 1987). C'est ce que Peter L. Berger appelait des « formules de paix » (*formula of peace*) pour la coexistence des diverses expressions, croyances et associations religieuses (P. Berger, 2014, p. 78). En critiquant le titre de l'ouvrage du philosophe canadien Charles Taylor, *A Secular Age* (Taylor, 2007), Berger pensait que ce titre était déroutant, car ne décrivant pas correctement la situation empirique contemporaine du monde. Il proposait d'ailleurs qu'on parle plutôt d'« âge pluraliste » d'autant plus que, dans le monde occidental contemporain coexistent le discours séculier (fondé notamment sur la science, l'économie et la technologie et garanti dans la gestion politique des États démocratiques) et une pluralité de discours religieux (cf. P. Berger, 2014, p. 73). Au-delà du pluralisme religieux lui-même, il s'est créé un pluralisme de coexistence entre le discours séculier qui est dominant parce qu'imprégnant les institutions obligatoires des sociétés (l'économie et la politique) et les discours religieux, dont la libre entreprise à l'instar d'autres produits commerciaux en régime capitaliste revêt des formes très diversifiées (cf. id., p. 72).

L'annonce nietzschéenne de la mort de Dieu était donc une monumentale erreur fondée sur la confusion entre les lieux où s'est effectivement installé le discours séculier, à savoir la sphère publique marquée par la laïcité sur fond de l'adoption de la vision du monde promue par les sciences empiriques et le rationalisme technologique et instrumental, et les lieux privés, associatifs, civils, où les religions continuent d'opérer dans un cadre pluraliste. Si la situation pluraliste débouche sur une incertitude cognitive accrue, notamment pour toute personne n'ayant pas vécu une expérience religieuse forte que Max Weber retraçait chez les *virtuosi religieux*, il n'en demeure pas moins que le désenchantement n'a touché que ces secteurs publics que nous venons de mentionner, les autres espaces « restant aussi furieusement religieux qu'il l'ont toujours été » et même parfois manifestant un certain « ré-enchantement du monde » par le retour aux religiosités préchrétiennes (cf. P. L. Berger, 1999, pp. 2 - 3). Ce dernier phénomène se manifestant également par les mouvements pentecôtistes partout en Occident, les Églises de réveil, les méga-Églises dans le cadre du protestantisme évangélique, mais aussi les revendications musulmanes et les divers mouvements cultuels et religieux que nous avons indiqués et l'adoption des religiosités orientales telle que le bouddhisme dans ses diverses formes.

Mais il y a plus d'un point de vue strictement théologique. Nietzsche s'est trompé au sujet de la mort de Dieu parce qu'en parlant de la mort de Jésus-Christ sur le Croix, il n'est pas allé au bout de ce mystère salvifique. Car, pour un chrétien, au-delà de sa mort sur la Croix, il y eut sa Résurrection. Christ n'est pas mort pour mourir. Il est mort pour ressusciter.

Et comme l'affirment les Écritures, si le Christ n'est pas ressuscité, la foi chrétienne est vaine et les chrétiens vivent dans l'illusion (1 Co 15, 14). Car c'est Sa résurrection qui donne sens à Sa mort sur la Croix. Contrairement à ce qu'affirmait Nietzsche et que beaucoup d'Occidentaux ont enseigné et suivi, Dieu, dans l'Homme Jésus, en Christ, n'est pas que mort, Il est ressuscité et a rendu à la nature humaine la vie éternelle, de laquelle elle s'était éloignée par le péché originel. Jésus-Christ est devenu le « premier-né d'entre les morts » (Col 1, 18b). Il est mort comme s'était écrit qu'il devait mourir (Is 53) : « Christ est mort pour nos péchés, selon les Écritures, Il a été enseveli et Il est ressuscité le troisième jour, selon les Écritures et Il est apparu à Képhas puis aux douze [...]» (1Co 15, 3-8). Par conséquent, si Dieu a disparu de la culture occidentale, et on vient de voir qu'il n'y est pas du tout disparu, cela ne voudrait pas dire qu'Il est mort, contrairement à l'affirmation nihiliste nietzschéenne. Sa vie dépasse toutes les époques, toutes les cultures et toutes les philosophies. Christ étant vivant, de mort qu'il fut sur la croix, Il continue de communiquer sa vie à tous ceux qui s'approchent de lui, dans l'intimité de leurs cœurs malgré l'adversité et la sécularisation envahissante et l'incertitude générée par la compétition religieuse en contexte pluraliste. Si les symboles et motifs chrétiens, si les savoirs religieux ont été refoulés vers la marge des sphères publiques séculières, le Dieu de Jésus-Christ continue d'opérer miracles et prodiges dans les Églises prêchant un authentique message et s'efforçant de mettre en avant la foi, l'espérance et l'amour.

Bien entendu, dans le contexte sécularisé et relativiste contemporain, le combat spirituel du chrétien pour le Royaume de Dieu, s'il n'a jamais été aisé, est particulièrement ardu. En même temps, le chrétien ne doit pas compter sur ses propres forces pour persévérer dans la vie nouvelle, il doit plutôt « revêtir toutes les armes de Dieu », se fortifier dans le Seigneur par sa force toute-puissante afin de pouvoir tenir ferme contre les ruses du Diable. En Éphésiens 6, Saint Paul énumère les diverses armes que le soldat du Christ, le chrétien, doit revêtir en vue d'avoir l'assurance comme l'Apôtre que « ni la mort ni la vie, ni les anges ni les dominations, ni les choses présentes ni les choses à venir, ni les puissances, ni la hauteur, ni la profondeur, ni aucune autre créature ne pourra le séparer de l'amour de Dieu manifesté en Jésus-Christ son Seigneur » (Rm 8, 38-39). Il ne s'agit donc pas de « se conformer au siècle présent », mais « de renouveler l'intelligence spirituelle pour discerner la volonté de Dieu, ce qui est bon, agréable et parfait » quelle que soit l'époque où on vit (Rm 12, 2). Seules les armes de Dieu aident à échapper à ce conformisme et à la suite de la mode qui caractérise l'être humain en général. D'où, il est utile de bien comprendre ces armes du chrétien :

> Au reste, fortifiez-vous dans le Seigneur, et par sa force toute-puissante. Revêtez-vous de toutes les armes de Dieu, afin de pouvoir tenir ferme contre les ruses du diable. Car nous n'avons pas à lutter contre la chair et le sang, mais contre les dominations, contre les autorités, contre les princes de ce monde de ténèbres, contre les esprits méchants dans les lieux célestes. C'est pourquoi, prenez toutes les armes de Dieu, afin de pouvoir résister dans le mauvais jour, et tenir ferme après avoir tout surmonté. Tenez donc ferme : ayez à vos reins la vérité pour ceinture ; revêtez la cuirasse de la justice ; mettez pour chaussure à vos pieds le zèle que donne l'Évangile de paix ; prenez par-dessus tout cela le bouclier de la foi, avec lequel vous pourrez éteindre tous les traits enflammés du malin ; prenez aussi le casque du salut, et l'épée de l'Esprit, qui est la parole de Dieu. Faites en tout temps par l'Esprit toutes sortes de prières et de supplications. Veillez à cela avec une entière persévérance, et priez pour tous les saints (Éph 6, 10-18).

Il est d'abord clair ici que ce qu'on appelle aujourd'hui le « surnaturalisme » transparaît dans ce texte. Il est posé l'existence non seulement de Dieu et de sa force toute-puissante, mais aussi du Diable et de ses ruses. Il est rappelé que le chrétien ne lutte pas « contre la chair et le sang », c'est-à-dire les personnes visibles, les réalités sensibles, mais « contre les dominations, contre les autorités, contre les princes de ce monde de ténèbres, contre les esprits méchants dans les lieux célestes ». Ces êtres spirituels mauvais combattant contre le chrétien sont posés comme existant dans un monde invisible, mais réel. Le combat spirituel suppose une adhésion sans équivoque à cette vision du monde qui doit caractériser le chrétien. Si l'on rejette cette vision comme mythologique ou légendaire, c'est que l'on ne peut plus mener ce combat. Contrairement à Rudolf Bultmann (1884-1976) qui voulait « démythologiser » la foi chrétienne et même l'Écriture pour promouvoir une foi dégagée du mythe et de l'anthropomorphisme au point de prôner une interprétation rationnelle des récits des miracles du Nouveau Testament et de la Résurrection elle-même (R. Bultmann ; Bultmann, 1958 ; R. K. Bultmann ; Cairns & Bultmann, 1960), il faut reconnaître que sans admettre l'existence de ce monde spirituel et de ces puissances, de la possibilité de ces miracles, le chrétien n'est plus lui-même, il s'est renié lui-même, il a opté, comme le disait Peter Berger, pour une « reddition cognitive à la vision scientifique et sécularisée du monde contemporain » (cf. P. L. Berger, 1992, p. 41).

En effet, Bultmann lui-même concevait son entreprise de démythologisation du Nouveau Testament comme une réinterprétation de ce dernier sur base de la philosophie existentialiste, plus exactement de la phénoménologie religieuse de Martin Heidegger (1889-1976) en vue de rendre l'Évangile compréhensible aux contemporains… Cette entreprise dangereuse de la traduction de la Révélation biblique en termes philosophiquement accessibles aux contemporains a conduit Bultmann à rejeter la réalité objective de la Résurrection du Christ, en affirmant qu'il s'agit là d'une simple confession de foi objectivée en raison de la faiblesse humaine. Or, comme on le disait plus haut, et c'est Saint Paul que nous reprenions : « si Christ n'est pas *réellement* ressuscité, la foi chrétienne n'a plus aucune valeur », elle est littéralement *vaine.* Et s'il n'est pas ressuscité, les morts ne ressusciteront pas non plus. Voilà, que reste-t-il pour les humains, si l'espérance de la résurrection à venir n'est qu'un leurre ? Il ne reste qu'à manger, à se divertir, à boire, à profiter au maximum des jours de vie qui sont impartis à chacun en attendant la mort certaine, qui, dans ce cas, signifie l'anéantissement.

Or, c'est précisément cette conception du monde, de la vie et de la mort que la foi chrétienne, en Jésus-Christ mort et ressuscité, contredit et affirme n'être plus une réalité. On ne peut pas démythologiser la Résurrection du Christ à moins d'avoir des preuves irréfutables que Jésus-Christ n'est pas ressuscité, que le tombeau que les Évangiles ont affirmé qu'on a trouvé vide trois jours après sa mort ne l'était pas, que l'apparition du Ressuscité à Pierre (Képhas) et aux onze disciples, puis à Paul sur le chemin de Damas et à plus de 500 frères (Ac 1,3 ; 1 Co 15, 6) n'a jamais eu lieu. Que les divers témoignages du salut et même de visions du Ressuscité dans l'histoire subséquente de l'humanité n'ont aucune consistance. Prétendre faire de la théologie et s'ériger en juge hautain de ces événements sur lesquels est fondée la foi chrétienne se rapportant non à des idées, mais à l'histoire, c'est dénier au Dieu qu'on prétend essayer de comprendre, la capacité qui doit lui être reconnue d'opérer des actes dépassant les possibilités des créatures, y compris des humains. Or, les miracles se situent dans l'ordre des possibilités de Dieu, surnaturelles pour l'être humain. Comme nous l'avons indiqué plus haut, le principe du spirituel constitue d'un des réquisits sans lesquels on se situe dans la perspective matérialiste qui nie l'au-delà et les possibilités métaphysiques. En se situant dans ce dernier cadre, on n'est plus dans la vision chrétienne du monde. On s'est créé une autre religion alignée sur la vision contemporaine dominante pour faire la paix et ne plus avoir à combattre « le bon combat en gardant la foi et une bonne conscience » (1 Tim 1, 18b-19a). Or, renoncer à ce combat, c'est « faire naufrage par rapport à la foi » (1 Tim 1, 19b). Voilà pourquoi la première arme de ce combat consiste à adhérer sans équivoque à *la vérité* qui est le Christ lui-même qui a dit « Je suis le chemin, la vérité et la vie, nul ne vient au Père que par moi » (Jn 14, 6). Il s'agit ainsi de la reconnaître dans la Parole des Écritures et de l'accepter. La seconde arme, c'est la *justice*, évidemment celle par laquelle Dieu justifie l'impie au moyen de la foi et de la repentance.

La troisième est le *zèle* pour l'Évangile de paix, c'est-à-dire l'amour de l'Évangile et l'activité pour le propager. La quatrième arme, c'est la *foi* que

Saint Paul affirme être un bouclier pour le chrétien : c'est avec la foi, la foi au Christ, qu'on arrive à neutraliser toutes les attaques (traits enflammés) du Diable. Ensuite, le *salut* en Christ devient comme un casque, il devient notre visage, notre apparence et nous identifie au Christ quels que soient les différents masques des rôles sociaux que nous occupons. La septième arme, la *Parole de Dieu*, est identifiée à *l'Épée de l'Esprit* par laquelle on attaque l'ennemi, notamment par les prières et des supplications à faire en tout temps avec une entière persévérance. Par les prières et les supplications on s'adresse à Dieu, à la Trinité, mais c'est dans la foi au Christ et par l'Esprit Saint que ces prières sont exprimées de sorte que le chrétien ne prie pas n'importe comment, mais puise les moyens et le discours de ses prières dans l'Écriture et doit en tout temps faire en sorte que ce soit l'Esprit Saint, qui est l'Esprit de Jésus-Christ, qui habite en lui, qui prie avec Lui le Père, en criant « Abba, Père ! » (Ga 4, 6b). Citoyen de deux cités, dont la terrestre est devenue passagère, mais la céleste permanente d'abord par participation moyennant persévérance, ensuite, au rétablissement de toute chose, par réalisation définitive, le chrétien, en priant par l'Esprit Saint bénéficie de l'accès direct à Dieu en Jésus-Christ son Seigneur, Roi de sa véritable patrie.

3.2.6. L'humanité contemporaine divisée

On peut affirmer, au regard de la foi chrétienne, que l'humanité contemporaine, depuis l'avènement du christianisme, est divisée en deux grandes catégories : ceux qui croient au Christ d'un côté, et, de l'autre, ceux qui ne croient pas au Christ. Les premiers mènent le combat spirituel pour le Royaume de Dieu qui est à venir dans son accomplissement définitif, mais qui est déjà présent par le Saint-Esprit agissant dans les chrétiens et dans l'Église, selon diverses modalités liées aux conditions de vie humaines et corporelles, mais aussi au péché toujours agissant par ce que Saint Paul appelle « le vieil homme » (Eph 4, 22). Bien qu'ils s'identifient au christianisme, ce dernier n'est pas monolithique quant aux approches théologiques et aux pratiques ecclésiales. Il est inutile de détailler l'histoire du christianisme ici, avec ses schismes, ses réformes et ses sectes. Qu'il nous suffise d'inclure dans le christianisme tous ceux qui croient au Christ et parmi eux, ceux qu'on peut qualifier de « vrais chrétiens » même si cette expression employée par certains théologiens chrétiens notamment considérés comme conservateurs, dans la mouvance évangélique, a été critiquée par d'autres : John Wesley par exemple, distinguaient les chrétiens véritables (*real christians*) des chrétiens nominaux (*nominal christians*) (Collins, 2007, p. 118).

Ici, nous employons cette expression pour désigner tous ceux qui ont vécu l'expérience religieuse que saint Thomas d'Aquin a appelée « la justification de l'impie » et qui, par conséquent, ont été régénérés par la « grâce *sanante* et sanctifiante », « infusée » dans leur nature pour qu'elle devienne « habituelle », « vie vertueuse » (*habitus*), en les élevant à une vie nouvelle en Christ et par la « grâce increée » c'est-à-dire l'inhabitation du Saint-Esprit en eux[33]. Cette justification implique « un passage de l'état d'injustice à l'état de justice » selon la parole de Rm 4, 5 : « A celui qui ne travaille pas, mais qui croit en celui qui justifie l'impie, etc. ». Seul Dieu opère ce passage, et l'être humain ne coopère en cela qu'en acceptant le don de la grâce de Dieu en vue de la rémission de ses péchés. À part les enfants en deçà du seuil de l'intelligence qui peuvent être justifiés par Dieu qui leur remet le péché originel au moment du sacrement du baptême, nous sommes d'accord avec saint Thomas d'Aquin que tous les adultes doivent pouvoir consciemment exercer leur libre arbitre, sous la motion divine, pour d'un côté, croire en Dieu qui justifie par Jésus-Christ ; et, de l'autre, détester le péché pour s'en détourner et accueillir le pardon de Dieu et être baptisés.

Ainsi, tous les vrais chrétiens ont été justifiés par la foi en Jésus-Christ, il vivent par cette foi (Ga 3, 11), ils ont été régénérés, ils sont nés de nouveau, et sont donc habités par l'Esprit Saint qui devient pour eux le gage de l'héritage de la vie éternelle (Ga 4, 3-7) : « ayant été ensevelis avec Lui par le baptême, vous êtes aussi ressuscités en lui et avec lui, par la foi en la puissance de Dieu qui l'a ressuscité des morts. Vous qui étiez morts par vos offenses et par l'incirconcision de votre chair, il vous a rendus à la vie avec lui, en nous faisant grâce pour toutes nos offenses, [...] » (Col. 2, 12-14). C'est ainsi que Saint Paul affirme : « Pour vous, vous ne vivez pas selon la chair, mais selon l'esprit, si du moins l'Esprit de Dieu habite en vous. Si quelqu'un n'a pas l'Esprit du Christ, il ne lui appartient pas. Et si Christ est en vous, le corps, il est vrai, est mort à cause du péché, mais l'esprit est vie à cause de la justice » (Rm 8, 9-10). Peut-on identifier extérieurement ces vrais chrétiens ? Il serait hasardeux de pouvoir juger les gens sur les apparences quoique certains fruits du Saint-Esprit puissent renseigner sur le sérieux d'un engagement chrétien. Ce qu'on appelle les « vertus théologales » sont le fruit de cette régénération : la foi-confiance, l'espérance et la charité caractérisent les justifiés parce qu'en tant que « vertus », ce sont

---

33 Saint Thomas d'Aquin, *Somme Théologique*, Ia-IIae Pars, Questions 113 et 114.

des dispositions permanentes dans l'être humain sanctifié par la grâce et cheminant dans la vie nouvelle. Néanmoins, comme nous dit la Parole « le Seigneur connaît ceux qui lui appartiennent » (2 Tim 2, 19) et les différences confessionnelles elles-mêmes ne sont pas concluantes à ce niveau.

La deuxième catégorie d'humains est celle des non-croyants au Christ. Parmi ceux-ci, il y a ceux qui sont adeptes d'autres croyantes par choix, ayant eu l'occasion d'être exposés à l'Évangile et n'ayant pas voulu y adhérer ou s'y étant soustraits après avoir été un temps croyants en Jésus. Il y a aussi ceux qui n'ont pas choisi d'être non-croyants soient qu'ils évoluent depuis leur tendre enfance dans d'autres croyances ou religions à caractère fortement culturel ou coutumier ; soit, et c'est là un cas extrêmement rare actuellement étant donné les technologies d'information et de communication, des réseaux sociaux et la mondialisation (il s'agirait alors des peuplades aux cultures primitives perdues dans les grandes forêts ou îles de la planète), qu'ils n'aient jamais entendu parler de Jésus. Dans le premier cas, choisir de ne pas croire à Jésus c'est résister à la grâce de Dieu qui attire vers Lui à travers la prédication de la Parole. La damnation est donc en vue si ce choix d'incrédulité perdure jusqu'à la fin de la vie personnelle de l'individu : « Celui qui croit au Fils a la vie éternelle. Celui qui ne croit pas au Fils n'a point de vie, mais la colère de Dieu demeure sur lui. » (Jn 3,36). Toutes les religions mènent-elles inconsciemment à Christ, notamment en tant que *Logos spermatikos* (les semences de la vérité) dont parle le Concile Vatican II en s'inspirant de la doctrine des apologistes chrétiens du second siècle de notre ère, dont Justin de Rome (Fédou, 2009) ? C'est là une question difficile à trancher. Toutefois, puisque la justification de l'impie exige l'exercice du libre arbitre de ce dernier pour coopérer avec la grâce justifiante, il faut reconnaître que c'est uniquement les croyants explicites au Christ qui lui appartiennent hors de tout doute raisonnable. Quant à ceux et celles que Dieu sauve « par des voies que lui seul connaît », c'est là une question qui dépasse l'analyse théologique basée sur les affirmations de l'Écriture biblique, celle-ci, bien entendu, n'épuisant pas le mystère de Christ et de Dieu.

Ces éléments de la doctrine chrétienne nous permettent d'y voir plus clair sur les différences et les rapprochements qu'on peut tenter entre cette dernière et la pensée darwinienne. Il convient de s'adonner à cet exercice comparatif d'autant plus que ces deux doctrines s'affrontent inévitablement sur le terrain de la compréhension de l'être humain, de son origine et de sa destinée. Sans bien entendu prétendre épuiser la question, nous voudrions dans le chapitre suivant, tenter des éléments de comparaison en nous basant sur les données que nous avons déjà fournies sur les deux visions du monde.

Chap. IV. Darwinisme et christianisme

4.1. Anthropologie

Sur le plan de l'anthropologie, il y a lieu de constater, sans aucun doute possible, que le darwinisme est incompatible avec le christianisme au moins sur trois plans : celui de l'origine de l'être humain, celui de sa nature et celui d'évolution de ses facultés intellectuelles, morales et spirituelles. Examinons plus en détail ces trois incompatibilités.

4.1.1. L'origine de l'être humain

Comme nous l'avons constaté au deuxième chapitre de ce livre, Darwin explique dans *La Descendance de l'homme* que l'être humain, avec toutes ses facultés (physiques, intellectuelles et morales) descend d'une espèce simienne de laquelle il a évolué au moyen du mécanisme de la Sélection naturelle et de la sélection sexuelle. Le processus de l'évolution s'étale sur plusieurs millions d'années. Il a été lent et graduel, accumulant des modifications avantageuses jusqu'à aboutir à la sélection des instincts sociaux desquelles les facultés morales et intellectuelles ont pu s'épanouir plus rapidement lorsque le cerveau humain s'est suffisamment développé pour accueillir la complexité organisée sans laquelle les fonctions langagières et la mémoire ainsi que l'imagination propre à une pensée symbolique de l'être humain n'auraient pas été possibles. Nous avons toutefois montré à ce même chapitre que beaucoup des affirmations de Darwin sur cette évolution revêtent un caractère plus hypothétique, rhétorique que démonstratif. Rien, à proprement parler, ne démontre que l'histoire de l'origine évolutive de l'homme racontée par ce naturaliste qui écarte d'emblée tout facteur non matériel en vue d'assurer la scientificité de son hypothèse correspond à quelque véritable réalité. L'être humain descend-il du singe ou d'une espèce similaire ? Pour Darwin, il n'y a aucun doute si l'on observe les ressemblances entre l'espèce humaine actuelle et celle simiesque. Citons Patrick Tort qui décrit ces ressemblances constatées par Darwin entre l'être humain et certaines espèces animales :

> ...identité de conformation du squelette, des muscles, des nerfs, des vaisseaux, des viscères, et même de l'encéphale lorsqu'il s'agit des singes supérieurs ; communicabilité réciproque de certaines maladies entre les animaux – les singes surtout – et l'Homme ; parenté entre les parasites qui affectent les Hommes et les animaux ; analogie également entre les processus qui, chez les uns et les autres, suivent les phases de la lune, entre les phénomènes cicatriciels, entre les comportements reproducteurs, entre les différences qui séparent les générations et les sexes, entre les stades et les mécanismes du développement embryonnaire, singulièrement lorsque l'on observe la parturition des singes ; existence d'un revêtement laineux (*lanugo*) chez le fœtus humain au sixième mois ; traces persistantes, chez l'Homme, à l'extrémité inférieure de l'humérus, du *foramen* supracondyloïde, ouverture par laquelle passent, chez « quelques quadrumanes, les Lémuridés et surtout les Carnivores aussi bien que beaucoup de Marsupiaux », le « grand nerf de l'avant-bras et souvent son artère principale », etc. (Tort, 2017, p. 54).

À noter ici que les ressemblances recensées sont d'ordre biologique et physique. Autrement dit, les corps de ces animaux, spécialement des singes supérieurs, sont étonnamment constitués de la même manière que ceux des humains à quelques différences près. Cependant, Darwin lui-même constate une différence énorme au niveau des capacités du cerveau humain qui sont sans commune mesure chez ces animaux. Nous avons vu, affirme Darwin, dans les deux derniers chapitres, [c'est-à-dire I et II], que la conformation corporelle de l'homme, c'est-à-dire la ressemblance de ses traits anatomo-physiologiques avec d'autres mammifères supérieurs, prouve clairement qu'il descend d'un type inférieur ; on peut objecter, il est vrai, que l'homme diffère si considérablement de tous les autres animaux par le développement de ses facultés mentales que cette conclusion doit être erronée (Darwin, 1891, pp. 66-67). Évidemment, l'explication darwinienne de cette différence n'étonne personne. Tout, dans l'univers biologique doit s'expliquer par l'évolution lente et graduelle :

> Il faut bien admettre aussi qu'il y a un intervalle infiniment plus considérable entre les facultés intellectuelles d'un poisson de l'ordre le plus inférieur, tel qu'une lamproie ou un amphioxus, et celle de l'un des singes les plus élevés, qu'entre les facultés intellectuelles de celui-ci et celles de l'homme ; cet intervalle est, cependant, comblé par d'innombrables gradations [...].

> D'ailleurs, à ne considérer que l'homme, la distance n'est-elle pas immense au point de vue moral entre un sauvage, tel que celui dont parle l'ancien navigateur Byron, qui écrasa son enfant contre un rocher parce qu'il avait laissé tomber un panier plein d'oursins, et un Howard ou un Clarkson ; au point de vue intellectuel, entre un sauvage qui n'emploie aucun terme abstrait, et un Newton ou un Shakespeare ? Les gradations les plus délicates relient les différences de ce genre, qui existent entre les hommes les plus éminents des races les plus élevées et les sauvages les plus grossiers (Darwin, 1891, p. 67).

La thèse est donc claire et ne change pas au cours de toute l'exposition de sa théorie dans ses deux ouvrages majeurs : *De l'origine des espèces* (1859) et *La Descendance de l'homme* (1891). Et étant donné que cette thèse évolutionniste sur l'origine de l'être humain essayait d'écarter celle existant depuis plusieurs siècles et mêmes plusieurs millénaires en rapport avec le caractère créé des êtres de la nature et de l'être humain, dans leurs espèces, la thèse darwinienne a suscité de nombreux débats jusqu'à ce jour. Pour ce qui nous concerne, ce qui nous intéresse ici est de montrer que cette thèse darwinienne de l'origine simienne de l'espèce humaine est foncièrement incompatible avec l'idée d'une création de l'être humain *ex-nihilo* (à partir de rien) défendue par la pensée judéo-chrétienne traditionnelle. Celle-ci suppose l'acceptation des principes que nous avons énoncés plus haut sans lesquels le christianisme devient une gigantesque illusion. Cette position judéo-chrétienne sur l'origine de l'humanité suppose bien entendu que l'on écarte avant tout le principe matérialiste qui guide la pensée darwinienne et sur lequel insiste la pensée scientifique moderne. Car, si l'on refuse d'admettre qu'en dehors de la matière quelque chose de radicalement spirituel existe, alors l'affirmation d'une création par un Être non-matériel, préexistant au monde matériel devient absurde.

D'où, comme nous l'avons déjà montré, le judéo-christianisme se fonde sur un certain nombre de principes à partir desquels se pensent l'Univers, l'être humain et les autres êtres. Parmi ces principes, avons-nous indiqué, le principe de la Révélation sans laquelle la théologie chrétienne perd toute crédibilité spécifique ; ensuite le principe du spirituel par lequel l'on arrive à accepter l'idée qu'un Être spirituel d'une intelligence supérieure s'est révélé comme le Créateur de tout ce qui existe, y compris l'être humain, et cet Être s'est également révélé comme unique et personnel, de sorte qu'il ne peut être conçu simplement comme une force diffuse, une énergie cosmique, mais doit être compris par ses intervention dans l'histoire, s'étant d'ailleurs révélé comme existant dans une Trinité de Personnes divines formant consubstantiellement la divinité dont l'essence et l'action se caractérisent par un amour radical et supérieur. Affirmons donc catégoriquement : il n'est pas possible de soutenir en même temps l'origine évolutive de l'être humain et de tous les vivants et son origine miraculeuse (un acte de la création à partir de rien étant rien de moins qu'un miracle). La Révélation biblique affirme que Dieu existe, qu'Il a créé toutes choses, les êtres vivants selon leurs espèces, c'est-à-dire selon leurs différences essentielles, ceci n'excluant pas bien entendu l'hérédité et les variations intra-spécifiques liées aux différentes combinaisons conséquentes à la reproduction notamment sexuées, qu'Il s'est révélé à Abraham, à Isaac et à Jacob, qu'il appelé Moïse par qui Il a agi concrètement dans l'histoire du Peuple élu d'Israël, à qui Il a révélé sa Volonté en lui communiquant sa Loi (*Torah*) et en lui révélant l'avènement de Jésus Christ :

> L'Éternel, ton Dieu, te suscitera du milieu de toi, d'entre tes frères, un prophète comme moi: vous l'écouterez! Il répondra ainsi à la demande que tu fis à l'Éternel, ton Dieu, à Horeb, le jour de l'assemblée, quand tu disais: Que je n'entende plus la voix de l'Éternel, mon Dieu, et que je ne voie plus ce grand feu, afin de ne pas mourir (Dt 18, 15-16).

Selon la Révélation biblique, l'origine de l'être humain ne peut être cherchée dans des processus matériels, évolutifs ou naturels. L'acte de la création, qui suppose l'existence d'un Créateur d'une intelligence à la hauteur de ce qu'Il est en tant qu'origine de toute intelligence, est un miracle. Dieu a créé toutes choses à partir de rien, par sa pure Parole. Comment comprendre cet acte sinon en se rapportant à ce que dit la Révélation elle-même ? Devons-nous chercher à expliquer scientifiquement cet acte ? Pour quelles raisons ? Parce que nous croyons que l'explication scientifique, dans le sens matérialiste du mot, est la seule explication rationnellement valable ? Dans ce cas, on nie d'emblée l'existence du spirituel pur, car ce dernier échappe par définition à toute tentative de matérialisation et à toute perspective scientifique matérialiste. Pouvons-nous peut-être nous rattacher à une explication évolutionniste à posant à l'origine du processus évolutif le Créateur comme semblent le faire les auteurs chrétiens évolutionnistes que nous allons aborder plus loin ? Dans ce cas, il faudrait démontrer, pour corroborer cette opposition à une création comme miracle, comme le fait de faire surgir du néant des êtres dans leurs diversités, démontrer que Dieu n'est pas capable de ce miracle et que donc il aurait besoin des causes matérielles secondes pour faire surgir les êtres. Dans ce cas, ce ne serait pas une création dans le vrai sens mot mais bien une évolution, concept lui-même qui présuppose la préexistence de la matière à partir de laquelle le processus devait commencer à se dérouler.

Dans le cadre de la pensée judéo-chrétienne, il serait étonnant d'adopter une telle perspective infériorisant la toute-puissante divine pour s'aligner sur le postulat matérialiste de la science moderne. Car, ou bien Dieu est Dieu et il est ce que la Révélation affirme qu'Il est, notamment le Créateur Tout Puissant de toutes choses, visibles et invisibles. Ou alors, il n'y a point d'un tel Dieu, et Il existe un « Maître de l'univers », Créateur des puissances originaires de la vie attribuées à un ou quelques organismes primitifs (Darwin, 1921, p. 565), une sorte de « demiurge » comme semble l'affirmer Darwin lui-même (cf. supra), mais ce dernier n'a mis en place que les causes secondes qui agissent dans le monde et sur le monde, dans les êtres et dans le processus évolutif, sans son intervention particulière. Dans ce cas, ce dieu-démiurge n'est pas Celui dont parle la Bible, Il nous est inconnu d'autant plus qu'Il ne s'est pas révélé. Nous ne pouvons tenter de le comprendre qu'à partir notamment du Dessein qu'on rencontre dans l'Univers. C'est peut-être la thèse du jésuite Pierre Teilhard de Chardin (1881-1955) qui pensait que l'évolution est un processus de spiritualisation de la matière en termes d'émergence des consciences, d'une « *Noogénèse* » et le point final étant l'« *Omega* » échappant au Temps et à l'Espace :

> Pour intégrer dans le dessin cohérent d'une Noogénèse ces deux propriétés essentielles du Centre autonome de tous les centres, il n'est d'autres moyen pour notre esprit que de reprendre et compléter le Principe d'Émergence. L'émergence *en cours d'Évolution*, il est parfaitement clair pour notre expérience qu'elle ne se fait que successivement et en dépendance mécanique de ce qui la précède. D'abord les éléments qui se groupent ; puis l'« âme » qui se manifeste, et dont l'opération ne trahit, du point de vue énergétique, qu'un enroulement de plus en plus complexe et sublimé des puissances transmises par les chaînes d'éléments. Le Radial fonction du Tangentiel. La pyramide dont le sommet tient par le bas[34]... Voilà ce qui apparaît en cours de

[34] À noter ici que l'idée du « renversement de la pyramide cosmique traditionnelle » (qui plaçait Dieu au sommet de cette pyramide) s'inscrit dans la perspective darwinienne comme le montre Daniel Clement Dennett qui parle de « *l'assaut de Darwin contre la pyramide cosmique* » (Dennett, 2000, pp.72-73).

> route. Et voilà même la façon dont, au terme du processus, Oméga lui-même se découvre à nous, dans la mesure où en lui le mouvement de synthèse culmine. Mais, sous cette face évolutive, il ne montre encore, prenons bien garde, que *la moitié* de lui-même. Dernier terme de la série, il est en même temps *hors série*. Non seulement il couronne, mais il clôt. Autrement la somme défaillirait sur elle-même – en contradiction organique avec toute opération. Quand, dépassant les éléments, nous en venons à parler du Pôle conscient du Monde, ce n'est pas assez de dire que celui-ci *émerge* de la montée des consciences : il faut ajouter que de cette genèse il se trouve déjà en même temps *émergé*. Sans quoi il ne pourrait, ni subjuguer dans l'amour, ni fixer dans l'incorruptibilité. Si par nature il n'échappait pas au Temps et à l'Espace qu'il rassemble, il ne serait pas Oméga. Autonomie, actualité, irréversibilité, et donc finalement transcendance ; les quatre attributs d'Oméga (Teilhard de Chardin, 1955, pp. 300-301).

Sans prétendre expliciter ici toute cette conceptuelle teilhardienne, il est facile de voir dans cette citation sa thèse d'une évolution orientée vers un « *point Oméga* » selon le Principe d'Émergence des consciences. Teilhard de Chardin parle d'ailleurs un peu plus loin dans son ouvrage de « la marche persistante des choses vers le plus conscient » (Teilhard de Chardin, 1955, p. 301). Or, qui dit orientation, qui parle d'une finalité, postule en même temps une Cause première intelligente, capable de prévoyance. Or, c'est précisément ce schème que nie la thèse de Darwin : le processus évolutif n'a ni direction ni orientation vers plus de complexité. Il est entièrement non-dirigé. Comme le dit Dennett, un néo-Darwinien, « des processus non-prévoyants ont produit des êtres prévoyants », c'est-à-dire ce qu'il appelle des « algorithmes évolutionnaires » pour expliquer le fonctionnement de la Sélection naturelle. Ces processus sont aveugles mais ont réussi à produire les êtres humains en tant qu'êtres prévoyants, au moyen de l'accumulation de petites variations sur une longue période de temps (Dennett, 1992, 1995). Pour Darwin en effet, le mécanisme central dans l'évolution, c'est la Sélection naturelle. Celle-ci n'opère que sur des modifications aléatoires survenues dans les organismes et ces modifications n'ont aucune visée progressive. Les néo-Darwiniens l'ont d'ailleurs mieux exprimé : la Sélection naturelle est un *Horloger aveugle* (R. Dawkins, 1986).

L'explication judéo-chrétienne de l'origine de l'être humain est donc radicalement contestée par la thèse darwinienne de l'évolution des espèces et de la descendance avec modifications au moyen du mécanisme de la sélection naturelle. La première pose l'existence d'un Créateur intelligent qui, en vertu de sa Toute-Puissance, a créé à partir de rien, de façon miraculeuse, tout ce qui existe, y compris l'être humain. Elle affirme l'éternité de ce Créateur et sa nature radicalement différente de celle des choses créées. Une telle affirmation n'est ni scientifique ni l'aboutissement d'une recherche par la raison humaine bien que celle-ci puisse, au moyen de l'observation des choses créées, notamment du Dessein qui est dans les choses, notamment la complexité organisée des structures et des molécules complexes telles que l'ADN et du cerveau humain dans ses capacités de prévoyance, se convaincre de l'existence d'une Intelligence supérieure à l'origine de ces merveilles, mais cette affirmation est beaucoup plus précise lorsqu'on entre en contact avec la Révélation biblique et qu'on accepte par la foi les affirmations fondamentales qui y sont contenues concernant le commencement de l'Univers et de l'histoire. En effet, à l'origine de toute chose, à l'origine de l'homme, en dehors du Créateur lui-même, aucun observateur intelligent n'a été là pour en témoigner. Les théoriciens darwiniens ainsi que les physiciens du *Big Bang* peuvent bien entendu prétendre à la scientificité de leurs affirmations sur l'origine des choses et des humains mais ces théories doivent être tenues pour des spéculations non scientifiques au sens empirique du terme. Voilà d'ailleurs pourquoi comme l'affirment les auteurs chrétiens qui s'intéressent à ce problème, la plupart des affirmations matérialistes ou naturalistes sur l'origine de l'univers et de l'être humain sont dictées avant tout par le refus de croire à l'existence d'un Créateur intelligent et le choix idéologique de développer une histoire de l'Univers et du vivant complétement cohérente avec leur vision matérialiste du monde :

> Science has given us many wonderful things: men on the moon, cheap food, modern medicine, electricity, computers and so on. All these achievements involve doing experiments in the present, making inferences from these results and doing more experiments to test those ideas. Here, the inferences, or conclusions, are closely related to the experiments and there is often little room for speculation. This type of science is called process, or operational, science, and has given us many valuable advances in knowledge that have benefited mankind. However, there is another type of science that deals with the past, which can be called historical, or origins science. When it comes to working out what happened in the past, science is limited because we cannot do experiments directly on past events, and history cannot be repeated. In origins science, observations made in the present are used to make inferences

> about the past. The experiments that can be done in the present that relate to the past are often quite limited, so the inferences require a deal of guesswork. The further in the past the event being studied, the longer the chain of inferences involved, the more guesswork, and the more room there is for non-scientific factors to influence the scientist. So, what may be presented as 'science' regarding the past may be little more that the scientist's own personal world-view. The conflicts between 'science' and 'religion' occur in the historical science, not in operational science. Unfortunately, the respect earned by the successes of operational science confounds many into thinking that the conjectural claims arising from origins science carry the same authority. When it comes to historical science, it is not so much the evidence in the present that is debated, but the inferences about the past. Scientists who believe the record in the Bible, which claims to be the word of God, will come to different conclusions from those who ignore the Bible. Wilful [sic.] denial of God's Word (2 Peter 3, 3-7) lies at the root of many disagreements over 'historical science' (Batten, 2006, pp. 16-17)

L'auteur de cette citation a raison d'affirmer que le conflit entre science et religion advient lorsque la science veut s'affirmer là où elle manque les bases de son autorité : à savoir la méthode ternaire : observation, hypothèse, vérification des hypothèses (expérimentation). Or, l'histoire, spécialement l'histoire des origines ne peut en aucune façon faire l'objet d'observations et les hypothèses sans observations ne sont que des spéculations souvent orientées par les postulats méthodologiques de leurs auteurs. C'est bien donc le cas pour le darwinisme. Les longues périodes postulées pour soutenir la thèse d'une évolution lente et graduelle des êtres vivants et des êtres humains à partir d'ancêtres primitifs relèvent plus de spéculations hypothétiques, moins de ce qu'on peut raisonnablement tester au moyen de l'observation directe. Nul n'a observé un singe devenir un humain ou une espèce intermédiaire. Et la question des chaînons manquants aux diverses et longues gradations est restée sans réponse, bien que certains darwiniens ont même tenté de fabriquer en laboratoire ce type de chaînons.

Si donc il y a conflit entre darwinisme et christianisme, c'est d'abord précisément sur la question de l'origine du vivant et de l'humain que le premier prétend vouloir détrôner le second alors que ce dernier ne s'affirme pas science empirique mais Révélation divine et surnaturelle. L'incompatibilité apparaît donc inévitable puisque le darwinisme nie les principes qui font que le christianisme est une religion révélée et qui pose l'existence d'un Créateur transcendant et éternel. Ce conflit sur l'origine de l'être humain se prolonge dans celui concernant la nature même des êtres humains.

4.1.2. La nature de l'être humain

Nous avons vu plus haut les postulats qui informent la conception darwinienne de l'être humain : le naturalisme et le matérialisme. L'être humain, ayant pour ancêtres les signes desquels il n'a évolué que graduellement, partage avec eux les caractéristiques phénotypiques et anatomiques fondamentales et s'en éloigne uniquement par une complexité accrue notamment en rapport avec son cerveau très développé. Or, si l'on exclut la question de l'origine de l'homme, cette conception darwinienne des caractéristiques de la nature humaine, c'est-à-dire le fait que l'être humain a des caractéristiques corporelles similaires à celles d'autres espèces animales, n'est pas inconciliable en soi avec celle chrétienne, développée notamment par les théologiens scolastiques, tels que saint Thomas d'Aquin. Elle le devient néanmoins lorsqu'elle intègre la négation du principe du spirituel, l'âme humaine ayant toujours été conçue par les chrétiens et par les philosophes grecs comme radicalement distincte de celle des êtres qui lui sont inférieurs. On connaît en effet la traditionnelle hiérarchie des êtres expliquée d'abord par les philosophes grecs dont Aristote, reprise, en la christianisant, par les théologiens scolastiques dont saint Thomas d'Aquin. Au bas de l'échelle se situent les êtres inanimés : la matière sans vie. Viennent ensuite les végétaux ayant comme principe vital une âme végétative. Ensuite viennent les animaux régis par une âme sensitive. Enfin vient l'être humain régi par une âme intellectuelle, spirituelle. Chaque degré dans la nature intègre tous les degrés qui lui sont inférieurs. Ainsi, l'âme humaine comprend aussi les parties sensitive, végétative et la matière ; l'âme animale comprend également les parties sensitive et la matière ; tandis que l'âme végétative comprend aussi la matière inanimée. On comprend que cette matière dans les êtres vivants devient animée mais à leur mort, elle reprend sa forme inanimée en se décomposant. Sur un plan métaphysique, on conçoit l'existence d'âmes séparées n'ayant pas de corps (les substances dites spirituelles : les anges, les démons, etc.) et à l'origine de tout, l'Être subsistant par Lui-même, qui est Esprit pur.

Rien d'étonnant donc que les corps biologiques puissent avoir des caractéristiques partagées et similaires puisque leur distinction fondamentale n'est pas à chercher dans l'organisation biologique mais surtout dans le principe qui les anime : le type d'âme qui reflète le degré de complexité, mais aussi de liberté qui les caractérise. Ainsi, les êtres inanimés ne sont généralement pas libres de mouvements et sont à la merci des forces chimiques et physiques qui les régissent. Aujourd'hui on comprend mieux leur fonctionnement grâce aux théories de la gravitation universelle d'Isaac Newton, de la relativité universelle d'Albert Einstein et à la théorie des quanta. L'informatique est venue ajouter aux connaissances antérieures sur le fonctionnement de la matière d'autres caractérisations liées notamment à la façon dont celles-ci peuvent se comporter pour produire une sorte d'intelligence artificielle mise à profit dans le fonctionnement des ordinateurs et d'autres engins dits intelligents (cellulaires, tablettes, armes, etc.) mais la question du volontaire ne se pose généralement pas à ce niveau. Les particules de la matière opèrent en termes d'action-réaction et non en termes d'initiative volontaire.

Au niveau du monde végétal, se démontre déjà une âme végétative capable de reproduction, certaines plantes pouvant même manifester une certaine sensibilité. Les végétaux naissent, se nourrissent, grandissent, se reproduisent, meurent. En plus de posséder les caractéristiques propres au monde minéral, inanimé, ils ont un principe de vie. Les plantes font de la photosynthèse en transformant le gaz carbonique dont elles ont besoin en oxygène dont les êtres vivants d'un niveau plus élevé (les animaux et les humains) ont besoin à leur tour pour survivre. Ces derniers remettent dans la nature le gaz carbonique notamment par la respiration. La chaîne alimentaire est d'ailleurs elle aussi faite en sorte que les êtres vivants ont besoin les uns des autres pour subsister, certains survivant même au moyen des autres qu'ils doivent tuer pour s'en nourrir. Mais les végétaux manquent généralement la motricité qui caractérise les animaux suivant les diverses espèces et dans leur diversité. Ces derniers ont en principe de motricité (ils se déplacent d'un endroit à l'autre, ils bougent, se meuvent plus ou moins rapidement selon leurs espèces) mais aussi celui de sensibilité. Ils peuvent sentir les odeurs, voir les couleurs, entendre les sons, savourer la nourriture, goûter les plaisirs de la chair. Une certaine volonté autonome est leur partage puisque, notamment ceux de rang supérieur, ils peuvent contrôler leurs mouvements, aller et venir à leur guise suivant leurs besoins, décider d'aller chasser, de fuir devant les prédateurs, attendre en guettant une proie, etc. Darwin a été fort dans la description des détails concernant les capacités sensitives des animaux auxquelles il associe des degrés inférieurs des facultés proprement humaines, comme nous l'avons indiqué à notre second chapitre. On a vu plus haut comment il essaie d'expliquer l'origine des facultés humaines en recourant à cette description détaillée des facultés des animaux notamment supérieurs (les singes, les chiens, les chevaux, etc.). Il reconnaît d'ailleurs lui aussi l'existence d'énormes distances entre ces derniers et les humains mais refuse d'admettre une différence de nature.

Or, si les animaux ont ces facultés sensitives, il reste que le degré de volonté libre est très limité. Ils sont guidés presque en tout par des instincts naturels, souvent achevés quelques temps seulement après leur naissance, qui les orientent vers des milieux de vie déterminés, un mode de vie particulier, une façon déterminée de se reproduire et de s'accoupler, une nourriture particulière, etc. Mêmes les animaux de types sociaux, comme le décrivait Darwin (cf. supra) sont guidés par des instincts sociaux pouvant même les amener à tuer leurs propres congères sans en ressentir le regret d'autant plus que leur biologie est codée à ce faire. Il n'en est pas ainsi de l'être humain caractérisé principalement par la volonté libre (le libre arbitre) qui est liée à ses facultés intellectuelles. L'être humain naît faible, dépendant de son entourage duquel il dépend grandement pour développer ses potentialités innées sur le plan de l'intelligence mais qui, quel que soit le milieu dans lequel il grandit, manifeste déjà à l'âge de raison une supériorité par rapport aux animaux inférieurs de par ses capacités d'adaptation à divers milieux de vie, d'invention de solutions à des problèmes nouveaux, d'exploitation de l'environnement qui l'entoure pour y survivre mais aussi par ces capacités à rêver de l'avenir, à stocker dans sa mémoires une grande quantité d'expériences du passé, à entretenir l'espérance, à communiquer de façon complexe et symbolique avec ses semblables, et à vouloir entrer en communication avec le Surnaturel, etc.

Bien entendu, Darwin prétendra rapprocher le faible développement intellectuel des tribus qu'il qualifie de « sauvages » aux capacités instinctives des animaux supérieures mais là également, lui-même reconnaît qu'il existe une différence énorme qu'il explique bien entendu en termes évolutifs. Alors que la théorie traditionnelle voyait en tout être humain un être différent des animaux sauvages et donc jouissant d'une dignité intrinsèque en tant que possédant l'âme spirituelle et intellectuelle avec toutes les potentialités prêtes à être exploitées à bon escient selon les opportunités et l'environnement, Darwin prétend établir une différence énorme entre le « sauvage » et le « civilisé », en la comparant avec celle qui existe entre les animaux sauvages et les « tribus humaines sauvages ». Une telle négation de l'égalité naturelle des êtres humains, quelle que soit leur degré de civilisation, est la racine de toutes les idéologiques racistes. Elle est à l'origine de l'hitlérisme et du nazisme, du stalinisme et de l'esclavagisme. Cette conception évolutionniste de la nature humaine est donc incompatible avec celle du christianisme qui, pour avoir vu apparaître en son sein des gens soutenant les idéologies racistes et l'esclavage des Noirs, n'en est pas moins en principe fondée sur l'idée de la dignité humaine intrinsèque et universelle puisque tout être humain a été créée par Dieu avec la même nature que tout le monde, les différences étant seulement d'ordre culturel et civilisationnel, donc de l'ordre de l'apprentissage. La vision chrétienne de la nature humaine est fondamentalement essentialiste. Les chrétiens reconnaissent l'existence d'une essence, d'une idée universelle, d'être humain. D'ailleurs même si les Droits de l'Homme se sont détachés de la religion chrétienne pour s'affirmer en dehors de toute inspiration et de tout encadrement chrétiens, il est certain que c'est du judéo-christianisme que remontent ces droits. La Déclaration d'indépendance américaine se réfère explicitement au Créateur pour fonder ces droits, quoique ce soit dans le sens de ce qu'on a appelé « la religion civile » et non explicitement du christianisme. L'évolution des facultés intellectuelles peut manifester davantage de degré parmi les humains liés à la culture et à l'éducation, mais la nature humaine vient déjà avec toutes les potentialités susceptibles d'être actualisées.

Qui plus est, il est à remarquer que Darwin nie la spiritualité des êtres humains en n'y voyant une sorte d'imagination lorsqu'il tente d'expliquer l'évolution des facultés spécifiquement humaines.

4.1.3. Facultés spécifiquement humaines

Darwin a décrit avec beaucoup de détails les ressemblances et les similitudes, moyennant une différence de degré, entre les facultés naturelles des animaux notamment des animaux supérieurs et domestiques, et celles des humains. Il a également insisté sur les différences existant entre les facultés des humains sauvages, peu évolués, et celles des humains civilisés, très évolués. Si on peut lui concéder le fait que les facultés intellectuelles, le sens moral et la spiritualité peuvent évoluer à l'intérieur de l'espèce humaine en tenant compte des divers conditionnements auxquels les individus peuvent être exposés : l'éducation, la culture, l'enseignement, les expériences diverses, etc., il est totalement non prouvé que ces facultés dans leur état naturel non encore conditionnées et développées par les divers degrés de civilisation, aient évolué à partir des instincts des animaux inférieurs et que par conséquent ce processus évolutif se poursuivrait avec la civilisation. Reprenons ici la citation de Darwin présentée plus haut :

> Il est donc très probable que la sélection naturelle a graduellement perfectionné les facultés intellectuelles de l'homme, conclusion qui suffit au but que nous nous proposons. Il serait sans doute, très intéressant de retracer le développement de toutes les facultés, de les prendre l'une après l'autre à l'état où elles existent chez les animaux inférieurs et d'étudier les transformations successives par lesquelles elles ont passé pour arriver à ce qu'elles sont chez l'homme civilisé ; mais c'est là une tentative que ne me permettent ni mes connaissances ni le temps dont je puis disposer (Darwin, 1891, p. 139).

Comme nous l'avons déjà indiqué, Darwin pense que « la sélection naturelle a graduellement perfectionné les facultés intellectuelles de l'homme » à partir des instincts des animaux inférieurs mais il est loin de le démontrer. Il s'agit à la rigueur d'une hypothèse séduisante mais qui a toujours besoin d'être prouvée pour qu'elle devienne scientifiquement valide. D'ailleurs ici même, il refuse de s'adonner au travail proprement démonstratif de son hypothèque à savoir la recherche étape par étape du développement de toutes les facultés, une à une, à partir de celles jugées rudimentaires existant chez les animaux et la documentation précise de leur transformations successives jusqu'à devenir ce qu'elles sont chez les humains. Sachant que ce travail est impossible à réaliser étant donné justement le manque de documents pour servir à retracer cette histoire, il préfère affirmer son postulat et accumuler des exemples qu'il juge comme renvoyant à ce postulat. Il clair que c'est la volonté de vouloir nier les explications religieuses dont celle chrétienne qui préside à cette affirmation sans preuves véritables. Car, pour maintenir le postulat matérialiste et naturaliste de l'origine de l'être humain et de ses facultés, il faut bien éviter de réintroduire, comme le dit Clement Dennett, des « crochets célestes » (Dennett, 1995 ; D. C. Dennett, 2003). Or, le judéo-christianisme affirme que l'être humain a été créé avec toutes ses facultés qui le distinguent des bêtes sauvages. Il a été « créé à l'image de Dieu » pour « dominer sur les autres créatures ». Cette idée signifie au fond que les facultés intellectuelles de l'être humain qui sont la condition de son libre arbitre font partie intégrante de sa nature en tant qu'être humain dès le départ. Que dans leur nature comme telles elles ne peuvent changer mais peuvent simplement développer leur capacités déjà innées pour se perfectionner au moyen de la culture, de l'éducation, de l'expérience, de l'apprentissage, etc. De cette façon, l'être humain né dans une tribu peu évoluée au niveau culturel détient en réalité les mêmes facultés que celui qui est né dans une tribu ou une nation à culture très développée mais les conditions dans lesquelles les deux êtres humains vont s'épanouir et développer leurs capacités intellectuelles sont différentes de sorte que le second sera jugé plus intelligent que le premier mais c'est le résultat d'un conditionnement de facultés naturelles existant chez l'un comme chez l'autre. Alors que, dans l'autre sens, jamais un animal sauvage ne peut, quels que soient les conditionnements auxquels on peut le soumettre, acquérir la même intelligence que l'être humain en termes de plasticité (adaptation à des situations nouvelles, langage, adaptation à des milieux divers, prévoyance, mémoire développée, spiritualité, etc.).

Créé à l'image de son Créateur en termes surtout de liberté qui, comme le dit saint Augustin, est absolue chez ce dernier alors qu'elle est relative et limitée par la condition corporelle et finie chez l'être humain (Thonnard, 1970), créé pour dominer et gérer la création sous le regard bienveillant et selon l'appel de son Créateur, l'être humain jouit, comme le dit le Psaume 8, d'une dignité naturelle intrinsèquement supérieure à celle des animaux inférieurs dont certains lui servent même de nourriture. Comme à toute dignité correspond une responsabilité, l'être humain, jouissant d'un libre arbitre plus élevé est par ce fait même plus responsable devant Dieu. Il est appelé à user de ses facultés d'une manière qui correspond à ce qu'il est vraiment, l'image de son Créateur, surtout l'image morale, la sainteté à laquelle, de la Loi de Moïse à Jésus-Christ, l'auteur du salut et la source de la grâce, il a été appelé pour une destinée surnaturelle. C'est du moins ce qu'affirme la Révélation chrétienne sur les facultés de l'être humain. Il n'est pas seulement un être à instincts, il est un être à la raison et, plus encore, un être à l'âme spirituelle, capable d'entrer en relation avec le Dieu Un et Trine dont la Révélation biblique fait culminer la théophanie dans la Personne du Fils incarné, le Fils de l'Homme. C'est d'ailleurs en vertu de cette compréhension de la nature humaine que les déclarations modernes des Droits de l'Homme, dont celle américaine en 1776, font l'écho évident à l'idée d'une dignité intrinsèque et inaliénable en affirmant l'égalité naturelle de tous les êtres humains, en droit et en dignité :

> Tous les hommes sont créés égaux ; ils sont doués par le Créateur de certains droits inaliénables ; parmi ces droits se trouvent la vie, la liberté et la recherche du bonheur. Les gouvernements sont établis par les hommes pour garantir ces droits, et leur juste pouvoir émane du consentement des gouvernés. Là encore, le pouvoir politique devra s'incliner devant les droits conférés à l'humanité par le Créateur (cf. Grandjean, 2016, pp. 32-33).

S'il y a donc un aspect de la pensée darwinienne qui peut être en harmonie avec la pensée judéo-chrétienne quant au développement des facultés humaines, c'est celui de l'évolution de ces facultés à l'intérieur de l'espèce humaine en termes de civilisation comprenant la culture, les arts, l'éducation, etc. Cependant, ici aussi, ce sont les individus qui peuvent développer leurs facultés au moyen de divers conditionnements, et, indirectement, changer les structures sociales, remodeler les institutions, en suivant les connaissances et les techniques acquises. Autrement dit, ce ne sont pas des sociétés entières ou des races, des groupes humains, qui voient leurs facultés intellectuelles devenir supérieures à d'autres sociétés, à d'autres races, à d'autres groupes d'humains, etc. comme l'affirme Darwin à propos des « peuples sauvages » et des « nations civilisées ». L'inégalité entre les humains et entre les peuples passe par les individus concrets qui, en principe détiennent les mêmes facultés, lorsqu'ils sont normaux et en bonne santé, mais les développent différemment suivant les conditions d'existence où les conditionnements diffèrent.

Mais l'idée selon laquelle les facultés intellectuelles de l'être humain en général sont le fruit d'une évolution lente et graduelle à partir des animaux inférieurs manque de preuves et doit être rejetée par tout chrétien, car incompatible avec les affirmations fondamentales de la Révélation biblique et pouvant surtout ôter la responsabilité éthique et spirituelle de l'être humain vis-à-vis de son Créateur et de ses semblables.

4.2. Éthique

4.2.1. Définition et principes de l'éthique

Le mot « éthique » (du grec. *èthos :* mœurs) est synonyme de « morale » (du latin, *mores* : mœurs). L'éthique est à la fois la partie de la philosophie qui envisage les fondements de la morale et l'ensemble des principes moraux qui sont à la base de la conduite de quelqu'un (Larousse). Bien qu'étymologiquement synonymes, *l'éthique* se distingue de *la morale*, car pour beaucoup de spécialistes, ces termes prennent des sens différents et ne sont pas équivalents. La morale réfère à un ensemble de valeurs et de principes qui permettent de différencier le bien du mal, le juste de l'injuste, l'acceptable de l'inacceptable, et auxquels il faudrait se conformer. La capacité de distinguer le bien du mal est donc inhérente aux diverses conceptions morales. À travers les époques et les cultures, des individus et des groupes ont défendu différentes conceptions de ces principes et valeurs. Le christianisme propose ainsi un ensemble de valeurs puisées dans la Révélation biblique (la charité, le pardon, etc.) et de principes (« *Aime ton prochain comme toi-même* ») devant guider l'agir humain. On se réfère à ces principes en parlant de morale ou d'éthique chrétienne. Aujourd'hui, en contexte occidental laïcisé et sécularisé, le mot éthique prend un sens philosophique différent de l'éthique chrétienne. Il désigne une réflexion argumentée en vue du bien agir, sans vouloir distinguer *a priori* ce qui est bien et ce qui est mal. L'éthique comme la société sont « sorties de la religion » pour employer l'expression de Marcel Gauchet (Gauchet, 1985). Cette éthique propose de s'interroger sur les valeurs morales et les principes moraux qui devraient orienter nos actions, dans différentes situations, dans le but d'agir conformément à ceux-ci. Dans ce cas, les éthiques deviennent contextuelles, dialogiques, des morales de la discussion, etc. Souvent, on renonce à l'interroger sur les fondements mêmes des normes éthiques alors qu'en principe la réflexion éthique devrait se faire à différents niveaux, certains plus fondamentaux et d'autres plus pratiques (analyses de cas). Elle se divise ainsi en différents champs[35] selon un objet général commun.

Pour ce qui concerne ici l'éthique darwinienne et l'éthique chrétienne, nous réfléchissons au niveau des fondements. Nous voulons découvrir si les idéaux comme la justice, la loyauté, la générosité et la responsabilité

[35] Cf. La Commission de l'Éthique en science et en théologie (Gouvernement du Québec) : http://www.ethique.gouv.qc.ca/fr/ethique.html consulté le 2016-04-23.

individuelle, mais aussi la sainteté, l'amour du prochain, le bien commun, etc. peuvent être induits comme tels de la nature biologique humaine en tant que valeurs évoluées à partir des instincts sociaux ou si le Christianisme qui affirme les apprendre de la Révélation biblique n'a pas raison de leur conférer un fondement métaphysique. Il s'agit donc d'une interrogation fondamentale sur l'origine et la visée de la moralité. En philosophie par exemple, Emmanuel Kant (1724-1804) se situant dans le cadre de l'éthique fondamentale, appelle l'éthique, la philosophie s'occupant des « *lois de la liberté* » :

> L'ancienne philosophie grecque se divisait en trois sciences : la PHYSIQUE, l'ÉTHIQUE et la LOGIQUE. Cette division est parfaitement conforme à la nature des choses et l'on n'a guère d'autre perfectionnement à y apporter que celui qui consiste à y ajouter le principe sur lequel elle se fonde, afin que de cette façon on s'assure d'une part qu'elle est complète, que d'autre part l'on puisse déterminer exactement les subdivisions nécessaires. Toute connaissance rationnelle ou bien est matérielle et se rapporte à quelque objet, ou bien est formelle et ne s'occupe que de la forme de l'entendement et de la raison en eux-mêmes et des règles universelles de la pensée en général sans acception d'objets. La philosophie formelle s'appelle LOGIQUE, tandis que la philosophie matérielle, celle qui a affaire à des objets déterminés et aux lois auxquelles ils sont soumis, se divise à son tour en deux. Car ces lois sont ou des lois de la nature ou des lois de la liberté. La science de la première s'appelle PHYSIQUE, celle de la seconde s'appelle ÉTHIQUE : celle-là est encore nommée Philosophie naturelle, celle-ci Philosophie morale (Kant, 1848, Préface).

Or, pour Edgar Morin (1921 -), les fondements de l'éthique sont en crise dans le monde occidental. On l'a montré plus haut. Le problème c'est la sécularisation et le pluralisme. Pour Edgar Morin, « Dieu est absent. La loi est désacralisée. Le Sur-Moi social ne s'impose pas inconditionnellement et, dans certains cas, est lui-même absent. Le sens de la responsabilité est rétréci, le sens de la solidarité est affaibli » (Morin, 1992, p. 14). Certains auteurs valorisent ainsi les fondements naturels de l'éthique puisque, selon eux, que le monde occidental d'aujourd'hui peut se considérer comme « sans dieux » (Grjebine, 1998). Or, on l'a dit, ceci n'est qu'une extension de la politique démocratique de la laïcité des espaces publics et de la neutralité de l'État quant aux croyances religieuses tolérées en contexte pluraliste aux domaines où cette laïcité n'empêche pas les religions de continuer d'exister et d'opérer. Car, à l'intérieur de ces sociétés occidentales et côte-à-côte avec le discours séculier des institutions obligatoires (économie, politique, éducation publique), les religions continuent d'opérer et de multiplier leurs initiatives dans le cadre de l'espace associatif et privé. On n'est donc pas en présence d'un monde sans dieux, on est en présence d'un monde où les dieux ne dirigent pas les affaires politiques et économiques mais se concurrencent suivants les différentes acceptions des individus, des Églises et des religions, dans la sphère associative et privée. Cette situation favorise même la multiplication des groupes et des croyances religieux, par des réformes internes, la formation de groupes déviants issus des groupes plus larges (les sectes) et l'importation de nouvelles croyances et pratiques religieuses (la formation des cultes) (Stark & Bainbridge, 1985b; Stark & Finke, 2000), sauf que ces dernières n'influencent vraiment pas la conduite générale des politiques publiques de leurs sociétés. Si l'éthique publique peut être dite sans fondements, l'éthique en général n'a pas perdu de fondement puisque les religions continuent d'enseigner à leurs fidèles les exigences éthiques fondamentales et métaphysiques de leurs traditions.

C'est ce qui se passe dans le christianisme en Occident. Le christianisme continue de défendre ses normes éthiques traditionnelles, difficilement mais sûrement. La chrétienté étant terminée, il n'y a pas lieu d'imposer ces normes aux sociétés entières. À ce niveau donc, il est clair que l'éthique darwinienne ne peut avoir d'influence déterminante en milieux chrétiens. Cependant, les choses sont plus complexes puisque les chrétiens sont constamment confrontés aux choix dictés par les sociétés en général qui adoptent des lois souvent fondées uniquement sur la vision sécularisée du monde qui prévaut dans les espaces publics (avortements, divorces, euthanasies, homosexualité et mariage homosexuels, etc.), ces défis d'éthique et de bioéthique ne sont pas tranchés par les Églises chrétiennes à elles seules puisque ce n'est pas elles qui décident sur l'ensemble de la vie des gens. Ces derniers se rapportent constamment à la société en général et spécialement aux institutions publiques pour des solutions pratiques à leurs problèmes pratiques et vitaux. Souvent, leurs convictions chrétiennes peuvent être mises à rude épreuve. Souvent, les fidèles des religions sont obligés d'adopter un double standard de vie, d'un côté pour correspondre aux exigences séculières de la société générale et de ses institutions, et d'autre part, par l'adoption d'un autre style de vie lié à leurs croyances et aux exigences de leur groupe d'appartenance religieuse. Edgar Morin a pertinemment identifié certains défis qui se posent à l'éthique contemporaine en Occident et qui peuvent d'ailleurs s'étendre à d'autres sociétés en vertu de la mondialisation (Morin, 1992, pp. 23-24) :

> La détérioration accrue du tissu social en de nombreux domaines ; affaiblissement de l'impératif communautaire et de la loi collective à l'intérieur des esprits ; la dégradation des solidarités traditionnelles ; le morcellement et parfois la dissolution de la responsabilité dans le cloisonnement et la bureaucratisation des organisations et entreprises ; le caractère de plus en plus extérieur et anonyme de la réalité sociale par rapport à l'individu ; le sur-développement du principe égocentrique au détriment du principe altruiste ; la désarticulation du lien entre individu, espèce et société ; la dé-moralisation qui « culmine dans l'anonymat de la société de masse, le déferlement médiatique, la survalorisation de l'argent[36].

Évidemment, ces traits de la société occidentale contemporaine qui, par ailleurs, se mondialise, affectent énormément la valeur et la force de l'éthique qui a fini par être soumise aux préférences des individus lorsque l'État n'intervient pas pour y légiférer. En effet, l'obligation des normes éthiques et religieuses, comme l'a bien montré Émile Durkheim (1858-1917), provient de la société, du groupe social d'appartenance (Durkheim, 1912). Avec la dégradation des solidarités traditionnelles, il faut reconnaître que les normes obligatoires non promues par l'État sont soumises aux préférences des individus qui doivent opérer des choix à leur endroit comme l'a bien montré Peter L. Berger (P. L. Berger, 1979 ; P. L. Berger, Berger, & Kellner, 1973). Et par une sorte de dialectique sociale, la sécularisation de la société globale, celle du travail notamment, se répercute inéluctablement dans les consciences des individus qui tendent à s'éloigner des buts spirituels enseignés par leurs religions ou à les professer sans s'engager véritablement envers eux. Avec tous les autres courants philosophiques immanentistes, l'éthique évolutionniste darwinienne y est pour quelque chose dans ce développement des sociétés occidentales.

4.2.2. L'éthique darwinienne

L'être humain dépouillé de ses attributs qui faisaient de lui un être supérieur aux animaux, devant se conduire selon sa raison et devant surtout avoir un idéal spirituel plus grand que ses besoins biologiques, il s'est ainsi mis à aspirer simplement à ce qui est conforme à sa nature désormais acceptée : celle d'être un animal sociable, ayant ses besoins propres conformément à sa biologie mais devant également respecter les besoins des autres. D'où il s'est donné des normes qu'il qualifie d'éthique dans la mesure où elles sont issues d'un consensus, d'un dialogue, mais n'ont rien d'intangible et sont susceptibles de modifications au fil des époques et selon les besoins exprimés de manière consensuelle. Darwin a donc eu un grand impact sur l'éthique des sociétés occidentales modernes et contemporaines. Les gouvernements, issus du consentement des gouvernés, ont acquis d'énormes pouvoirs non en termes de dictatures, ce sont des démocraties, mais en termes de pouvoir de déterminer ce qui est bien et ce qui est mal, le bien étant simplement ce qui est permis par la loi votée par les représentants des peuples ; le mal ce que ces lois ne permettent pas. L'être humain n'est donc plus l'animal raisonnable d'Aristote, car la raison à laquelle les médiévaux avait d'ailleurs allié une dimension spirituelle de l'âme, siège de la volonté libre, était universelle et transcendante. Les modernes avancés, les contemporains répugnent à ce genre d'universalismes.

Darwin n'a pas seulement proposé une modification de l'auto-conception de l'être humain, il ajouté une explication conséquente de l'origine de l'éthique. La plupart des sentiments liés à l'éthique, tels que le courage, l'altruisme, la sympathie, le sacrifice pour le groupe (le patriotisme), etc. sont d'origine sociale et instinctive. C'est la sanction du groupe qui rend un certain idéal éthique obligatoire pour les individus qui en font partie. Comme nous l'avons indiqué plus haut, Darwin pensait que « le poids qu'on attribue à l'opinion publique, le respect que nous avons pour l'approbation ou le blâme exprimé par nos semblables dépend de la sympathie qui [...] constitue une partie essentielle de l'instinct social et en est même la base » (Darwin, 1891, p. 105). Il y a aussi l'habitude qui fortifie tous les autres sentiments (la sympathie et les autres instincts sociaux) selon l'usage répétitif qu'on en fait en communauté. Or, faut-il le noter, la sympathie peut demeurer, voire se fortifier, mais à petite échelle, entre les individus, entre gens du même groupe, etc. alors même que la communauté s'étiole, s'effrite tel que le montre bien la combinaison existant entre expressions émotionnelles fortes sur le plan individuel en modernité et le développement d'un individualisme égocentrique entraînant la détérioration accrue du tissu social et les ruptures très fréquentes et répétitives des unions, la fragilité des appartenances,

---

[36] E. Morin se réfère ici à André Jacob, *Cheminements de la dialectique à l'éthique*, Anthropos, 1982.

comme vient de nous le rappeler E. Morin. L'émotion sympathique existe à titre instinctif mais cette émotion n'est pas de nature éthique à proprement parler puisqu'elle est fondamentalement égoïste. Or, un comportement éthique véritable suppose qu'on aille même à l'encontre de ses sentiments et de ses instincts les plus chers pour accomplir ce qui est bien non seulement pour soi, mais aussi pour autrui et pour la société.

Ce n'est évidemment pas de ce type d'éthique dont a parlé Darwin. L'origine sociale des normes éthiques renvoie pour lui à leur origine biologique : la sympathie étant un instinct sélectionné par Dame Nature pour favoriser la sociabilité, l'altruisme et la sensibilité au blâme et à l'approbation se sont édifiés sur cet instinct pour donner, par l'habitude liée à leur renforcement répétitif par la société, des normes éthiques obligatoires. Mais Darwin admettait lui-même que ce type de genèse biologique de la moralité se cantonnait dans des groupes restreint de sorte que l'extension de l'altruisme et des normes de sympathie à l'ensemble des individus de l'espèce humaine n'est qu'un phénomène très récent lié au développement de la civilisation. Car, pour Darwin, le comportement social chez l'homme, contrairement à ce qui s'observe chez les animaux, est régulé par ses facultés intellectuelles très développées. Bien que l'impulsion instinctive existe chez lui, « il se laisse naturellement guider par la raison et l'expérience ». Ainsi, « la sympathie qu'il possède à l'état instinctif lui fait apprécier hautement l'approbation de ses semblables ; car [...] l'amour des louanges, le sentiment puissant de la gloire et la crainte encore vive du mépris et de l'infamie sont la conséquence et l'œuvre immédiate de la sympathie » (Darwin, 1891, p. 117). Comme nous le disions plus haut toutefois, Darwin n'a pas démontré comme ces facultés extraordinaires de l'être humain se sont mises en place. Il s'est contenté d'affirmer le principe évolutionniste de leur origine à partir des stades inférieurs rencontrés chez les animaux notamment ceux domestiques et chez les singes.

Si la moralité typiquement humaine, contrairement aux instincts sociaux des animaux, exige réflexion et délibération qui ne peuvent être rendues possibles que par l'existence des facultés intellectuelles sophistiquées et développées chez l'être humain, on revient donc à la case de départ. Ou bien le darwinisme sait expliquer étape par étape ces diverses facultés intellectuelles de l'homme et montrer comment elles ont évolué chez les animaux inférieures progressivement jusqu'à l'être humain, ou alors le darwinisme est incapable de ce faire et se contente d'en postuler l'évolution sans l'expliquer. Dans le premier cas, il serait alors capable d'expliquer évolutionnairement la moralité humaine, au-delà des rudiments rencontrés par les sociobiologistes darwiniens et par Darwin lui-même chez les animaux sociaux, en termes d'altruisme biologique qui n'est qu'un égoïsme biologique transplanté de l'individu à la société. En effet, chez les abeilles ouvrières, au nom de leur sociabilité, certaines abeilles telles que les reines, doivent éliminer, tuer, les autres abeilles de façon instinctivement codée.

Dans le deuxième cas, la philosophie darwinienne n'est pas plus valable que d'autres systèmes philosophiques tels que l'utilitarisme, l'hédonisme, etc. L'éthique typiquement humaine n'étant donc pas à proprement parler d'origine biologique, car exigeant l'usage de la faculté la plus haute de l'être humain et qui caractérise spécifiquement ce dernier, à savoir la raison siège de la volonté et donc de la liberté, l'éthique étant, comme le disait Kant, une science de la liberté, il est pertinent de renoncer à chercher tout fondement naturel, biologique, à l'éthique humaine et de redécouvrir l'origine de l'éthique chrétienne occidentale, où les nations que Darwin appelle « civilisées », ont puisé une moralité universaliste allant à l'encontre des tendances naturelles et visant la fraternité universelle du genre humain. Cette éthique n'est pas d'origine biologique mais d'origine chrétienne. Pour sécularisée qu'elle puisse être, l'éthique des droits de l'homme, de la justice impartiale, de l'intégrité dans les affaires, de l'altruisme venant en aide aux nécessiteux, notamment par des programmes sociaux spécifiques, et étendue à toute l'espèce humaine, etc. n'est autre chose que l'éthique chrétienne généralisée et sécularisée (Gauchet, 1985; Tschannen, 1992).

4.2.3. L'éthique chrétienne

Tout s'est donc passé comme si Darwin était parti de la société dite civilisée de son époque, de ses normes éthiques, de ses idéaux, en soi inspirés de plus de quinze siècles d'influence de la pensée chrétienne (si nous remontons du 4e siècle au 19e siècle) pour pratiquer ce que Dennett appelle de la « rétro-ingénierie » (Dennett, 1992 ; Daniel Clement Dennett, 2003 ; Nizigama, 2007), suivant laquelle il faut re-dérouler le développement des sentiments moraux de son temps à partir de l'état primitif des animaux sauvages et des organismes biologiques desquels l'être humain aurait évolué. Cependant, on l'a vu, Darwin n'a pas fait véritablement ce travail de rétro-ingénierie pour expliquer le développement des facultés intellectuelles essentielles au développement du sens moral humain et de la délibération éthique. Il s'est contenté d'émettre des hypothèses sur leur origine évolutionnaire. La thèse qui nous paraît la plus plausible est celle qui fait de la moralité un produit des conditionnements sociaux, y compris de l'enseignement, de la socialisation familiale (primaire) mais aussi de l'éducation religieuse. Les normes morales vont souvent à l'encontre des tendances les plus naturelles, des instincts les plus normaux. La religion a été l'un des moteurs puissants de la cohésion sociale parce qu'en grande partie, elle a été à l'origine des normes morales contraignantes et indiscutables, tendant à limiter la satisfaction des besoins biologiques les plus chers des individus. La religion chrétienne, qui a façonné l'Occident depuis l'époque constantinienne, enseigne une éthique des plus rigoureuses mais aussi universaliste fondée sur la Révélation judéo-chrétienne. Cette éthique s'exprime principalement dans le Décalogue biblique, et plus particulièrement dans la « Règle d'or » ; elle s'exprime dans le vocabulaire des Commandements de Yahweh, dont le condensé se livre dans le Grand et Double Commandement de l'Amour. Rappelons brièvement cette éthique.

a) Le Décalogue

Exposé dans la Bible dans Exode 20, 2-18 et dans Deutéronome 5, 1-22.

> Alors Dieu prononça toutes les paroles que voici (Ex. 20, 2-18) :
>
> 1er : « Je suis le Seigneur ton Dieu, qui t'ai fait sortir du pays d'Égypte, de la maison d'esclavage. Tu n'auras pas d'autres dieux en face de moi. Tu ne feras aucune idole, aucune image de ce qui est là-haut dans les cieux, ou en bas sur la terre, ou dans les eaux par-dessous la terre. Tu ne te prosterneras pas devant ces dieux, pour leur rendre un culte. Car moi, le Seigneur ton Dieu, je suis un Dieu jaloux : chez ceux qui me haïssent, je punis la faute des pères sur les fils, jusqu'à la troisième et la quatrième génération ; nais ceux qui m'aiment et observent mes commandements, je leur montre ma fidélité jusqu'à la millième génération.
> 2ème : Tu n'invoqueras pas en vain le nom du Seigneur ton Dieu, car le Seigneur ne laissera pas impuni celui qui invoque en vain son nom.
> 3ème : Souviens-toi du jour du sabbat pour le sanctifier. Pendant six jours tu travailleras et tu feras tout ton ouvrage ; mais le septième jour est le jour du repos, sabbat en l'honneur du Seigneur ton Dieu : tu ne feras aucun ouvrage, ni toi, ni ton fils, ni ta fille, ni ton serviteur, ni ta servante, ni tes bêtes, ni l'immigré qui est dans ta ville. Car en six jours le Seigneur a fait le ciel, la

terre, la mer et tout ce qu'ils contiennent, mais il s'est reposé le septième jour. C'est pourquoi le Seigneur a béni le jour du sabbat et l'a sanctifié.
4ème : Honore ton père et ta mère, afin d'avoir longue vie sur la terre que te donne le Seigneur ton Dieu.
5ème : Tu ne commettras pas de meurtre.
6ème : Tu ne commettras pas d'adultère.
7ème : Tu ne commettras pas de vol.
8ème : Tu ne porteras pas de faux témoignage contre ton prochain.
9ème : Tu ne convoiteras pas la maison de ton prochain.
10ème : Tu ne convoiteras pas la femme de ton prochain, ni son serviteur, ni sa servante, ni son bœuf, ni son âne : rien de ce qui lui appartient ».

On parle ainsi de « commandements moraux » mais on voit que les trois premiers, expliqués en détails, ne se rapportent qu'à Dieu seul. Il exige l'exclusivité du culte, la non-banalisation de son nom et le repos du sabbat. Ces trois premiers commandements ne pourraient avoir évolué à partir d'instincts biologiques, saut à accréditer la thèse de l'*homo religiosus*. Mais même dans ce cas, ces trois commandements démontrent une spécificité liée à la Révélation biblique. Le tournant monothéiste et la « distinction mosaïque » constituent d'ailleurs une sorte de révolution religieuse au regard des cultures environnant l'Israël ancien et de leurs cultes plutôt polythéistes, des cultes liés à la nature et à la fécondité (Assmann, 2007). La transcendantalisation de Dieu et la connaissance de son unicité, fondement de l'universalisme religieux est un fait spécifiquement abrahamique que l'on ne troupe pratiquement nulle part ailleurs dans l'histoire des religions. L'histoire même du désenchantement du monde occidental est remontée par Weber, Berger et Gauchet (et d'autres chercheurs) à cette conception de la transcendance de Dieu, de sa radicale altérité par rapport au monde physique et biologique, de son exigence de l'ascèse intramondaine ou extra-mondaine en vue d'une fin surnaturelle. Une telle exigence va donc à l'encontre des tendances naturelles vers une religion utilitaire, naturelle et mondaine tendant à développer des cultes visant l'utilité dans la vie présente comme on le voit dans la plupart des religions du monde en particuliers celles dites premières (le chamanisme, les religions traditionnelles africaines, les religions polythéistes du monde sédentarisé, les religions dites indo-européennes).

La série suivante des commandements, du 4è au 10è, se rapporte aux relations interhumaines. Une fois la seigneurie, l'unicité et la transcendance de Dieu reconnues, les exigences en termes de rapports interhumains n'ont plus simplement le fondement utilitaire ou social. Ce n'est pas simplement par crainte de la sanction sociale que l'individu judéo-chrétien obéit aux commandements mais par obéissance à Dieu. Ne pas tuer, ne pas commettre l'adultère, ne pas mentir au sujet du prochain, ne pas désirer les biens d'autrui, ne pas désirer la femme ou l'homme d'autrui, etc. toutes ces prescriptions reçoivent une force d'obligation particulière si elles ne sont pas simplement d'origine sociale. Pour ce qui est de la biologie on sait que ces tendances vont à l'encontre de tendances biologiques naturelles. Tuer pour éliminer les obstacles à l'accomplissement ou à l'assouvissement de ses désirs, chercher à satisfaire ses instincts sexuels en couchant avec toutes les femmes ou les hommes qui nous plaisent pourvu qu'il n'y ait pas de conséquences sur nous, mentir au sujet d'un autre, si l'on a intérêt à le faire notamment si l'on nous paie pour le faire, désirer les femmes des autres ou les biens d'autrui, etc. sont des comportements que notre nature biologique n'interdit guère. Même la sanction sociale a des limites à ce niveau puisqu'elle ne s'arrête qu'au comportement visible et découvert, et les humains ont toujours trouvé des moyens de la contourner pour satisfaire leurs besoins biologiques. Or, dans ces commandements divins, ces préceptes ne visent pas seulement l'aspect visible des actes, mais la conscience intime de l'individu. La moralité, comme le dit Kant (Kant, 1993), à la suite de saint Thomas et d'autres penseurs chrétiens, a trait à l'intention des actes, elle fondée sur « la bonne volonté ».

Alors que dans l'Ancien Testament, ces prescriptions morales pouvaient apparaître extérieures, car n'était puni que celui qui était attrapé en flagrant délit ou convaincu de faute, bien que là aussi, l'existence des sacrifices animaux pour les péchés et l'expiation collective le jour du « grand pardon » (*yom kipour*) permettaient de préserver le caractère hautement intérieur du Décalogue ; dans le Nouveau Testament, Jésus a pris le soin de préciser et d'insister sur ce caractère intérieur de la Loi : pour le cas du meurtre, la colère contre son prochain en constitue le principe, une pré-réalisation pour ainsi dire. Pour ce qui est de l'adultère, le désir de la femme d'autrui constitue déjà un adultère intérieur. Etc. La pureté et la moralité, déjà comprises dès l'Ancien Testament comme visant la sainteté, le devient encore davantage dans le Nouveau Testament où le chrétien ne vit plus simplement sous la Loi mais sous la grâce (Rm 6, 14) et est devenu le « temple de Dieu, du Saint-Esprit » (1 Co 3, 16) et où le chrétien peut arriver à dire comme saint Paul, « ce n'est plus moi qui vis mais Christ qui vit en moi ».

b) La « Règle d'or »

« Tout ce que vous voulez que les hommes fassent pour vous, faites-le de même pour eux, car c'est la loi et les prophètes » (Mt 7, 12 ; Lc 6, 31). Il s'agit ici de la formulation positive, en christianisme, d'une règle d'éthique dont on peut rencontrer des versions négatives similaires dans la plupart des religions du monde. Dans l'Ancien Testament, il était dit : « *Ne fais à personne ce que tu n'aimerais pas qu'on te fasse.* » (Tb 4, 15)[37]. Cette Règle qui est une expression plus concrète du commandement de l'amour du prochain, que l'on retrouve alors expressément formulé dans le Judaïsme et dans le Christianisme, est lui-même un précepte lié à la vocation du Judéo-chrétien à la sainteté : « Soyez saints, car je suis saint, moi l'Éternel votre Dieu. [...] Je suis l'Éternel. Tu ne haïras point ton frère dans ton cœur ; tu auras soin de reprendre ton prochain, mais tu ne te chargeras point d'un péché à cause de lui. Tu ne te vengeras point, et tu ne garderas point de rancune contre les enfants de ton peuple. *Tu aimeras ton prochain comme toi-même.* Je suis l'Éternel » (Lv 19, 2b, 16-18). Autrement dit, il ne s'agit pas simplement de s'abstenir de faire du mal autres, il s'agit de les aimer, de leur faire du bien. En christianisme, Jésus a précisé cet appel à la sainteté comme une vocation à imiter Dieu, le Père des croyants, qui est « parfait ». « Soyez parfaits comme votre Père céleste est parfait » (Mt 5, 48). Voilà le sens ultime de l'éthique chrétienne, c'est la perfection en bonté et en sainteté, une perfection qui fait qu'on doit aimer même les ennemis, et leur faire du bien lorsqu'ils sont dans le besoin. Autrement dit, il s'agit d'aimer le bien lui-même et pour lui-même et le répandre autour de soi. S'il ne s'agit pas évidemment de penser les ennemis comme étant autre chose que tels tant qu'ils ne se sont pas convertis, qu'ils n'ont pas changé d'attitude, il s'agit tout au moins de toujours considérer leur humanité comme semblable à la nôtre, pour paraphraser l'impératif catégorique kantien qui est foncièrement chrétien. Cela suppose d'un côté, qu'on sache exactement ce qu'est le bien à faire et à aimer, et le mal à éviter et à combattre. La Révélation biblique a en partie ce rôle de faire connaître aux humains ce qui est bien en soi et ce qui est mal en soi. Ceci suppose, d'un autre côté, qu'on ait un sens objectif de l'humanité, semblable dans tous, ayant les mêmes besoins fondamentaux, les

[37] Dans la version *Bible de Jérusalem,* Livre de Tobie.

mêmes nécessités, les mêmes aspirations fondamentales. C'est d'ailleurs ce qu'ont affirmé les théologiens chrétiens comme saint Thomas d'Aquin lorsqu'ils ont dit que « la moralité consiste en une relation à une règle des mœurs, à ce qui convient ou non à l'homme *comme homme*, c'est-à-dire en rapport avec le vrai bien de l'homme » (Perrenx, 2007, p. 200, tome 2). Dans l'Encyclique *Veritatis Splendor* (1993), le Pape Jean-Paul II parle du « bien authentique » dont doit avoir pour objet la moralité :

> La moralité des actes est définie par la relation entre la liberté de l'homme et le bien authentique. [...] L'agir est moralement bon quand les choix libres sont conformes au vrai bien de l'homme [...] Ordonner rationnellement l'acte humain vers le bien dans sa vérité et rechercher volontairement ce bien appréhendé par la raison, cela constitue la moralité (VS72).

En ce sens, la perfection de l'être humain, c'est la perfection de son humanité, qu'on peut retrouver dans tous. C'est d'ailleurs ici le sens de l'Incarnation. Le Fils de Dieu devient être humain, assume l'humanité, mais une humanité parfaite. Sans péché, faisant toujours le bien, jamais le mal, l'humanité de Jésus devient la mesure de la nature humaine. Si Jésus doit mourir sur le Croix c'est pour racheter l'humanité des autres humains du péché et la rendre semblable à la sienne, parfaite et élevée à l'immortalité. La nature humaine est donc perfectible et la perfection constitue son achèvement, sa réalisation complète. Le bien, disait saint Thomas d'Aquin, est identique à l'étant mais le terme *bon* exprime l'attirance que n'exprime pas le terme *étant* » (*Somme théologique*, Ia 5, 1). On retrouve ici ainsi la pensée concernant les transcendantaux, que les modernes et Darwin, ayant adopté la pensée nominaliste chère à la vision scientifique du monde, ont voulu évacuer. Le Bien en soi et le Vrai sont identiques à l'Être en tant qu'être, puisque celui-ci est Un. Dieu, étant le Bien en soi, Il est en même temps le Vrai et l'Unique être par lequel subsistent tous les autres êtres. Il est intéressant de voir que comme le dit saint Jean, « Dieu est Amour : celui qui aime est né de Dieu » (1 Jn 4, 7-8). Cela veut dire que faire le bien par lui-même, c'est aimer véritablement, et ainsi agir selon la volonté même de Dieu. Le Grand Commandement exprime donc le sens non seulement de l'éthique chrétienne mais aussi de la vie du chrétien appelé à devenir « fils de Dieu » : il s'agit d'aimer Dieu de l'amour même de Dieu et d'aimer les humains, pas seulement les frères et les sœurs en Christ, de l'amour gratuit dont Dieu les aime.

C) Le double Grand Commandement

Ce double commandement a été appelé « grand » dans la mesure où, selon Jésus-Christ lui-même, il renferme toute la loi et les prophètes (les prophéties et les autres écrits bibliques). Dans l'Ancien Testament, il est exprimé dans deux passages différents : le *Shma Israël* : « Écoute Israël ! L'Éternel, notre Dieu, est le seul Éternel. Tu aimeras l'Éternel ton Dieu de tout ton cœur, de toute ton âme et de toute ta force. » (Dt 6, 4-5) ; et le passage déjà cité appelant le peuple à la sainteté : « Tu aimeras ton prochain comme toi-même » (Lv 19, 18b). Dans le Nouveau Testament, dans l'Évangile selon Matthieu, Jésus énonce le Grand commandement en réponse à une interrogation des pharisiens voulant l'« éprouver » : Maître, quel est le plus grand commandement de la loi ? Jésus répondit : Tu aimeras le Seigneur ton Dieu, de tout ton cœur, de toute ton âme, et de toute ta pensée. C'est le premier et le plus grand commandement. Et voici le second, qui lui est semblable : Tu aimeras ton prochain comme toi-même. De ces deux commandements dépendent toute la loi et les prophètes. » (Mt 22, 36-40).

L'évangile selon Luc ajoute une précision sur le deuxième grand commandement : le prochain c'est n'importe quel être humain qui a besoin de mon amour. Il n'est pas seulement, comme l'affirmait Lévitique 19, le frère dans l'Alliance ou le frère en Christ. Dans le récit de Luc, il s'agit d'un docteur de la Loi qui pose la question à Jésus et qui connaît parfaitement le Loi et le Grand commandement. Cependant, il ne semblait pas être sûr de comprendre le sens du mot « prochain ». C'est pourquoi après avoir annoncé le double Grand Commandement et l'approbation de Jésus de cette connaissance de la loi dont la mise en pratique est nécessaire pour avoir la vie éternelle, il pose une deuxième question : « Qui est mon prochain ? » et Jésus répondit pédagogiquement en racontant la célèbre parabole du bon samaritain (Lc 10, 25-37). Et c'est également un renversement de perspective. Au lieu de penser le prochain comme celui qui est dans le besoin, Jésus invite celui qui n'a besoin de rien de devenir le prochain de celui qui est dans le besoin. Comme dans la Règle d'or citée plus haut, à laquelle Jésus donne une formulation positive, ici aussi aimer le prochain comme soi-même devient proactif : chercher à faire le bien à ceux qui en ont besoin sans que ceux-ci le demandent : « Lequel des trois te semble avoir été le prochain de celui qui était tombé aux mains des brigands ? C'est celui qui a exercé la miséricorde envers lui, répondit le docteur de la loi. Et Jésus lui dit : Va, et toi, fais de même » (Lc 10, 36-37). Il s'agit donc d'un amour actif, proactif qui n'attend pas d'être sollicité. Un amour qui prend l'initiative d'agir. C'est la gratuité même de la notion de « grâce » telle que l'exprime le Nouveau Testament : « Dieu a tant aimé le monde qu'il a donné son Fils unique afin que quiconque croit en Lui ne périsse point mais qu'il ait la vie éternelle » (Jn 3,16). Il s'agit d'imiter Dieu dans l'amour qui, comme le dit saint Jean, nous a « aimé le premier » :

> L'amour de Dieu a été manifesté envers nous en ce que Dieu a envoyé son Fis unique dans le monde afin que nous vivions par lui. Et cet amour consiste non point en ce que nous avons aimé Dieu, mais en ce qu'il nous aimés et a envoyé son Fils comme victime expiatoire pour nos péchés. Bien-aimés, si Dieu nous a ainsi aimés, nous devons, nous aussi, nous aimer les uns les autres (1 Jn 4, 9-11).

Le Révélation biblique, particulièrement le Nouveau Testament, nous parle d'une façon d'aimer qui ne se rencontre pas dans d'autres religions, encore moins dans la nature. Ce n'est pas l'être humain qui cherche à atteindre la perfection, à atteindre Dieu, mais c'est Dieu qui est venu, en Jésus-Christ, faire de l'être humain son enfant par le mérite de son Fils, par l'adoption. En cette qualité d'enfant de Dieu, qualité que l'être humain n'acquiert pas automatiquement de par sa naissance naturelle, mais par une naissance surnaturelle, une « nouvelle naissance » en Jésus-Christ, il devient capable d'aimer comme Dieu aime : « Quiconque croit que Jésus est le Christ, est né de Dieu, et quiconque aime celui qui l'a engendré aime aussi celui qui est né de lui. Nous connaissons que nous aimons les enfants de Dieu, lorsque nous aimons Dieu, et que nous pratiquons ses commandements » (1 Jn 5, 1-2). L'inhabitation du Saint-Esprit est la conséquence de cette nouvelle naissance en Christ. Et l'Esprit-Saint, que, dit saint Jean, le monde ne peut pas connaître ni recevoir, est l'Esprit de vérité (Jn 14, 17), en même temps d'Esprit d'amour, rendant le chrétien capable d'aimer Dieu et le prochain (Rm 5, 5).

Ce langage chrétien échappe à coup sûr à l'appréciation d'un esprit imprégné de scientisme, voulant penser et expliquer le monde uniquement par les outils créés par l'homme, forgés par l'esprit humain pour s'auto-expliquer l'Univers à lui-même en se fermant à toute idée de Révélation surnaturelle. L'amour de Dieu et la nature du Saint-Esprit, son rôle dans la vie du chrétien, prophétisé depuis l'Ancien Testament (Éz 36, Jr 31 ; Joël 2, 28-

29) ; le Grand commandement, compris dans le sens de la nature de Dieu et de l'œuvre salvifique de Jésus-Christ sur la Croix, constituent l'expression la plus simple et la plus complète de l'éthique chrétienne. Celle-ci ne se donne pas, à l'instar de toutes les religions et de tous les codes moraux, comme une moralité déontologique ou coutumière, elle se donne comme une moralité de vie surnaturelle, rendue possible par un événement historique unique en son genre : la Mort-Résurrection de Jésus-Christ. Sans la Mort-Résurrection de Jésus-Christ, point de christianisme. La Mort-Résurrection de Jésus-Christ est l'expression de l'amour de Dieu pour les humains (Jn 3, 16 ; 10, 10), elle est aussi la source de l'amour qui fait du chrétien un « homme nouveau », « une nouvelle créature », « un temple du Saint-Esprit », « un enfant, un fils de Dieu », appelé à hériter de la vie éternelle.

Une telle éthique ne peut en aucune façon se comprendre par des catégories naturalistes, darwiniennes. Elle ne peut pas avoir évolué à partir des éléments biologiques pas plus qu'elle n'ait été imposé par les groupes sociaux. Si dans toutes les religions et dans toutes les sociétés, des éthiques ont été élaborées, il est évident que le christianisme par son christocentrisme et son pneumocentrisme fondés sur la Révélation d'un Dieu unique et Saint, apporte un enseignement moral unique et original qui ne peut être trouvé nul part ailleurs. Véhiculant l'idée d'un amour universel et fondé sur la surnaturalité du don de Dieu, allant même souvent à l'encontre des désirs et des inclinations les plus naturelles, l'éthique chrétienne ne peut être confondue avec l'altruisme biologique, la sympathie, l'action bonne dictée par le groupe par l'approbation et le blâme, etc. toutes des caractéristiques identifiées par Darwin comme ayant été à l'origine du sens moral. C'est pourquoi le darwinisme et l'éthique chrétienne nous semblent inconciliables. L'éthique darwinienne fondée sur la biologie et les instincts sociaux de l'être humain naturel, non façonné par la grâce de Dieu, ne peut être conciliée avec l'éthique chrétienne fondée sur la vie nouvelle en Christ, l'être humain naturel ayant été régénéré par la grâce de Dieu au moment de la justification lorsque l'individu a cru en Jésus-Christ et a donc décidé d'obéir à la vérité de l'amour de Dieu révélé en Jésus-Christ : « Ayant purifié vos âmes en obéissant à la vérité pour avoir un amour fraternel sincère, aimez-vous ardemment les uns les autres, de tout votre cœur, puisque vous avez été régénérés, non par une semence corruptible, mais par une semence incorruptible, par la parole vivante et permanente de Dieu » (1 Pierre 1, 22-23).

L'éthique darwinienne peut peut-être se concilier avec les éthiques non-chrétiennes, celles que les humains ont forgées dans divers contextes sociaux et religieux avant l'influence du christianisme mais là également il est à noter que l'homme animal dont parle Darwin, complètement étranger au Dessein de Dieu, à la grâce de Dieu, n'existe nulle part dans le monde. Depuis saint Augustin, la théologie chrétienne, bien qu'il y ait eu débat, n'enseigne pas qu'il existe une nature humaine pure, dépourvue de toute influence de la grâce. De cette façon, l'homme qui agirait uniquement par instinct, qui ne serait pas orienté vers le bien et qui ne chercherait pas le bonheur éternel au fond de lui-même n'existe pas en réalité. Tous les êtres humains sont d'une manière ou d'une autre attirés par Dieu vers Lui, mais ce dernier leur a donné la liberté de pouvoir s'orienter librement vers l'acception de la grâce justifiante disponible en Jésus-Christ. Par cette liberté, ils peuvent l'accepter ou la refuser. Ils peuvent pécher ou décider de se repentir. S'il n'existe en effet qu'un seul Dieu, qu'un seul Créateur, son dessein de salut concerne tous les humains sans exception. Voilà pourquoi l'annonce de l'Évangile a été adressée à tous de par la Grande Commission : « Tout pouvoir m'a été donné dans le ciel et sur la terre. Allez, faites de toutes les nations des disciples, les baptisant au nom du Père, du Fils et du Saint-Esprit, et enseignez-leur à observer tout ce que je vous ai prescrit. Et voici, je suis avec vous tous les jours, jusqu'à la fin du monde » (Mt 28, 19-20). L'annonce de l'Évangile du salut en Jésus-Christ n'arrive donc jamais en terrain complétement étranger. C'est d'ailleurs ce qu'a rappelé le Concile Vatican II, en se référant à l'enseignement des Pères de l'Église concernant « les semences du Verbe » présentes et agissantes dans toutes les traditions religieuses du monde » (*Lumen Gentium,* n. 17 ; *Ad Gentes*, n. 11).

L'incompatibilité du darwinisme avec l'éthique chrétienne nous semble donc évidente mais qu'en est-il de l'évolution darwinienne en général ? Est-elle compatible avec le sens que le christianisme donne à l'histoire humaine à partir du Livre de la Genèse relatant la création de toutes choses ? Nous avons quant à nous, plus haut, montré également qu'ici les deux visions du monde sont difficilement conciliables. Mais il existe des chrétiens, théologiens, souvent scientifiques en même temps, qui ont tenté de les concilier. Certains théologiens catholiques du début du XXe siècle, dont nous voudrions, examiner un exemple, ont défendu la vision darwinienne du monde, mais il semble que le mécanisme darwinien de la Sélection naturelle n'ait pas été sérieusement pris en compte. Dans notre dernier chapitre, nous voudrions examiner la position du Chanoine Henry de Dorlodot, un parmi ces théologiens, avant de conclure sur une approche qui nous semble la meilleure quant à l'attitude des chrétiens vis-à-vis de la pensée évolutionniste darwinienne.

Chap. V : Les théologiens chrétiens et darwiniens

Dans ce chapitre, nous nous intéresserons à un auteur parmi ceux qui, des catholiques, ont tenté de concilier l'évolutionnisme darwinien et le christianisme. Il s'agit du Chanoine Henri De Dorlodot (1855-1929), théologien catholique et géologue. Il a publié de son vivant *Le Darwinisme au point de vue de l'Orthodoxie catholique* (Dorlodot, 1921). Cet ouvrage était conçu comme un premier volume d'une série de deux, dont le second ne sera pas publié de son vivant mais le sera à titre posthume sous le titre *L'origine de l'homme, le Darwinisme au point de vue de l'orthodoxie catholique* (Dorlodot, 2009). Le premier ouvrage est une publication de deux conférences tenues par l'auteur, pendant la première Guerre Mondiale, devant le Conseil professoral de l'Université Catholique de Louvain, sur invitation du Recteur. L'ouvrage ajoute à ces deux conférences, deux annexes documentaires et une annexe relative au point de vue exégétique adopté par l'auteur, celui de saint Augustin et une quatrième annexe au sujet des changements concernant les idées scientifiques apparues au XIIIe siècle à la rencontre de la pensée chrétienne avec l'aristotélisme. Quant au deuxième ouvrage, il s'agit d'un texte inédit que les éditeurs ont publié en 2009 à l'occasion du 150e anniversaire de la publication du livre majeur de Darwin *De l'origine des espèces*. Le manuscrit aurait été caché depuis le début des années 1920 étant donné que le premier volume avait valu à l'auteur des ennuis avec les autorités ecclésiastiques vaticanes (cf. Dorlodot, 2009, p. 7). Il est d'abord à remarquer que l'auteur ne fut pas n'importe qui :

> Célère géologue et théologien, Henri de Dorlodot a vécu au contact de biologistes très talentueux dont le botaniste Victor Grégoire et le cytologiste Frans Alfons Janssens qui fut, avec Thomas Hunt Morgan, l'un des découvreurs d'un mécanisme génétique majeur (le « *crossing over* »). Il est aussi l'un des rares ecclésiastiques catholiques à avoir participé, avec le soutien des autorités de l'Université, aux manifestations de Cambridge

célébrant le cinquantième anniversaire de la parution de *On the Origin of Species* » (Dorlodot, 2009, p. idem).

Sans prétendre donc remettre en cause les bases des sciences géologiques sur lesquelles l'auteur fonde ses positions, le présent chapitre s'intéresse particulièrement à ses idées théologiques soutenant la théorie darwinienne de l'évolution et la présentant comme compatible avec l'orthodoxie catholique. Il est à noter que la question éthique se pose en particulier pour ce qui est de l'origine de l'être humain. C'est pourquoi le deuxième ouvrage nous intéressera davantage de ce point de vue-là. Nous tenons aussi à nous distancier d'une lecture très allégorique de la Bible qui, sous prétexte d'éviter une lecture trop littérale, sacrifie le sens le plus évident du texte et qui est, en principe, celui qui parle à ceux qui écoutent l'enseignement biblique lorsque la Parole est prêchée en vue de susciter la foi qui, comme on l'a dit, conduit à la justification en Christ. Celle-ci est la base de toute vie chrétienne authentique : la vie nouvelle en Christ n'est pas simplement une manière allégorique de parler, mais est *réellement* une vie nouvelle pour tout chrétien ayant vécu l'instant de la justification comme le rappelait le *Décret sur la Justification* du Concile de Trente.

5.1. Idées principales

5.1.1. Premier volume : l'origine des espèces

Henri de Dorlodot retient, dans le premier ouvrage, deux idées principales de la théorie darwinienne de l'origine des espèces :

> 1° La première origine des êtres vivants est due à une *influence spéciale* du Créateur, qui a *inspiré* la vie à un seul ou à un petit nombre d'organismes élémentaires.
> 2° Ces organismes, *évoluant dans la suite des siècles, ont donné naissance à toutes les espèces organiques* qui existent actuellement, ou dont les vestiges nous sont conservés à l'état fossile.
> (Dorlodot, 1921, p. 10, à nous les italiques)

L'auteur considère ce système évolutionniste et naturaliste comme « modéré » en s'opposant à deux extrêmes : l'« évolutionnisme absolu » qui refuse de postuler l'intervention spéciale de Dieu à l'origine de la vie qui aurait alors évolué à partir de la matière inanimée, et le créationnisme ou fixisme qui postule « une *intervention spéciale* de Dieu à l'origine de chacun des groupes que l'on veut bien appeler des *espèces* ») (idem, italiques dans le texte). Le texte de Darwin sur lequel se fonde l'auteur pour ces deux propositions est probablement celui-ci :

> Il est intéressant de contempler un rivage luxuriant, tapissé de nombreuses plantes appartenant à de nombreuses espèces abritant des oiseaux qui chantent dans les buissons, des insectes variés qui voltigent çà et là, des vers qui rampent dans la terre humide, si l'on songe que ces formes si admirablement construites, si différemment conformées, et dépendantes les unes des autres d'une manière si complexe, ont toutes été produites par des lois qui agissent autour de nous. Ces lois, prises dans leur sens le plus large, sont : la loi de croissance et de reproduction ; la loi d'hérédité qu'implique presque la loi de reproduction ; la loi de variabilité, résultant de l'action directe et indirecte des conditions d'existence, de l'usage et du défaut d'usage; la loi de la multiplication des espèces en raison assez élevée pour amener la lutte pour l'existence, qui a pour conséquence la sélection naturelle, laquelle détermine la divergence des caractères, et l'extinction des formes moins perfectionnées. Le résultat direct de cette guerre de la nature, qui se traduit par la famine et par la mort, est donc le fait le plus admirable que nous puissions concevoir, à savoir : la production des animaux supérieurs. N'y a-t-il pas une véritable grandeur dans cette manière d'envisager la vie, avec ses puissances diverses attribuées primitivement par le Créateur à un petit nombre de formes, ou même à une seule ? Or, tandis que notre planète, obéissant à la loi fixe de la gravitation, continue à tourner dans son orbite, une quantité infinie de belles et admirables formes, sorties d'un commencement si simple, n'ont pas cessé de se développer et se développent encore ! (Darwin, 1921, p. 568)

Ce texte est à la toute fin de l'ouvrage majeur de Darwin, *L'origine des espèces*. Il importe d'indiquer ici que ce texte qui implique un Créateur à l'origine des puissances et des lois de la vie n'est qu'une conclusion tout à fait marginale de l'ensemble des développements de l'ouvrage qui traite presque exclusivement de l'origine naturelle des êtres vivants, dans leurs espèces et dans leur diversité, au moyen de la Sélection naturelle, opérant sur des modifications aléatoires dans les organismes selon le principe : *Natura non facit saltus*. Que l'auteur catholique ait voulu résumer la pensée darwinienne en reprenant ce seul aspect et en mentionnant l'évolution sans parler de la Sélection naturelle, cela nous paraît une hyper-simplification de la théorie du naturaliste anglais, d'autant plus que l'auteur pense que les deux propositions constituent « la doctrine fondamentale de Darwin » (Dorlodot, 1921, p. 10). Car Darwin affirme à quelques endroits dans *L'origine des espèces* n'être pas à mesure de clarifier le problème de l'origine de la vie en tant que telle. De sorte que l'hypothèse d'un Créateur, émise à la toute fin de son livre, doit être tenue pour une concession d'apaisement à ceux qui, des esprits religieux de son temps, attaquaient constamment sa théorie par rapport à ce problème :

> Nous n'avons pas plus à nous occuper de savoir comment un nerf a pu devenir sensible à l'action de la lumière que nous n'avons à nous occuper de rechercher l'origine de la vie elle-même (Darwin, 1921, p. 206). […] Ce n'est pas une objection valable que de dire que, jusqu'à présent, la science ne jette aucune lumière sur le problème bien plus élevé de l'essence ou de l'origine de la vie. Qui peut expliquer ce qu'est l'essence de l'attraction ou de la pesanteur ? Nul ne se refuse cependant aujourd'hui à admettre toutes les conséquences qui découlent d'un élément inconnu, l'attraction, bien que Leibnitz ait autrefois reproché à Newton d'avoir introduit dans la science « des propriétés occultes et des miracles » (Darwin, 1921, p. 558).

Ces deux extraits montrent clairement que Darwin considérait le problème de l'origine de la vie comme insoluble du point de vue scientifique et qu'on devait simplement admettre les lois de la vie et leur évolution par la Sélection naturelle. S'il y a doctrine fondamentale de Darwin ici c'est bien celle de l'origine des espèces au moyen de la Sélection naturelle, comme le titre et le sous-titre de l'ouvrage l'indiquent clairement. Cela étant dit par ailleurs, comme nous l'avons déjà dit à propos de l'explication darwinienne de l'origine des facultés intellectuelles et morales de l'être humain, on voit à travers ces citations aussi que Darwin refuse de vouloir expliquer dans sa théorie comment certaines caractéristiques des organes vivants sont apparues : ici la sensibilité du nerf à l'action de la lumière et dans la citation précédente les lois de la vie elles-mêmes, qu'il finit par attribuer, en fin d'ouvrage à un Créateur abstrait et effacé dans tout le reste de sa théorisation. La critique que nous lui avons adressée alors à propos de cette « démonstration » qui finalement n'en est pas une, nous semble s'appliquer ici également. Ensuite, notre auteur catholique exclut, du premier ouvrage, la question de l'origine de l'homme. Il ne traite que de l'origine de la vie et des espèces. Deux approches théologiques l'intéressent : la théologie positive, celle qui étudie les sources de la doctrine chrétienne (Écriture, Pères de l'Église et Docteurs) et la théologie spéculative, celle-ci se confondant, selon lui, avec la philosophie chrétienne. Quatre conclusions à cet égard font l'objet du développement démonstratif de son ouvrage :

> 1. On ne peut trouver dans l'Écriture Sainte, interprétée d'après les règles catholiques, aucun argument contre la théorie de l'évolution naturelle, *même absolue.*
> 2. L'enseignement des Saints Pères est *très favorable* à la théorie de l'*évolution naturelle absolue.* Toutefois, l'exemple de grands Docteurs autorise à accepter simplement, en cette matière, la solution indiquée par l'*état présent de la science.*
> 3. L'application des principes certains de la théologie et de la philosophie catholique aux données concrètes des sciences de l'observation, transforme en *certitude absolue* la conviction du simple naturaliste en faveur d'un système transformiste très avancé ; elle engage, en outre, à accepter, au moins comme *éminemment probable,* la théorie qui fait dériver tous les êtres vivants d'un ou de quelques types d'organismes très élémentaires, comme le veut Darwin. D'autre part, les difficultés d'*ordre scientifique* semblant s'opposer à la théorie de l'évolutionnisme absolu, l'hypothèse de l'intervention spéciale de Dieu *à l'origine de la vie,* telle que la postule Darwin, semble légitime, du moins à titre provisoire.
> 4. La théorie catholique sur les opérations naturelles des causes secondes suffit à rendre compte de l'*évolution naturelle transformiste,* telle que l'entend Darwin, et permet de rejeter, *comme absolument superflues,* les autres *interventions spéciales* postulées par les fixistes, ou par les créationnistes modérés (Dorlodot, 1921, p. 12, italiques dans le texte).

La première conclusion résulte d'une sorte de démonstration par l'absurde. L'auteur entreprend d'abord de montrer la fausseté ou le caractère allégorique de *l'Hexameron* c'est-à-dire de la création du monde par Dieu en six jours relatée dans les trois premiers chapitres du Livre de la Genèse. Il emploie pour cela les méthodes exégétiques soutenues par le Pape Léon XIII dans l'Enclyclique *Providentissimus Deus* (18 nov. 1893), des Pères de l'Église tel que saint Augustin et de la *Commission biblique pontificale* créée par le même Pape en octobre 1902. Le but clairement affirmé est de montrer qu'une interprétation de la Genèse respectueuse des méthodes exégétiques acceptées par le Magistère de l'Église catholique ne s'oppose pas à la théorie darwinienne de l'Évolution quant à l'origine de la vie et des espèces. L'argument principal ici est celui-ci : le monde dont parle le premier chapitre de la Genèse est le monde tel que le voyait l'auteur sacré de ce livre, donc un monde parvenu à un stade avancé d'évolution : avec ses espèces, ses races, ses genres, etc. Il ne peut en aucune façon s'agir d'un monde primitif, originel, avec quelques espèces ou quelques genres destinés à donner naissance à d'autres espèces comme l'affirmaient les concordistes. Par conséquent, selon l'auteur, le livre de la Genèse, dans l'*Hexameron*, correctement interprété, légitime la théorie de l'évolution darwinienne puisque celle-ci a montré que le monde actuel et les espèces actuelles sont le résultat d'une longue évolution graduelle à travers les âges géologiques. L'auteur appuie son argumentation également sur saint Thomas d'Aquin :

> Qu'il s'agisse bien du *monde actuel*, S. Thomas d'Aquin l'enseigne formellement, en repoussant comme inadmissible toute hypothèse contraire. Mis en présence d'une hypothèse qui chercherait à expliquer l'œuvre du premier jour par une lumière différente de celle du soleil et qui aurait disparu après la formation du soleil au quatrième jour, le Docteur angélique écarte cette hypothèse par cette raison péremptoire : « Mais cela ne peut être admis (*sed istud non est conviens*) ; car l'Écriture, au commencement de la Genèse, rapporte l'établissement de la nature *telle qu'elle perdure depuis lors.* C'est pourquoi, il ne faut pas dire qu'alors quelque chose fut fait, qui ai cessé d'être dans la suite. »[38] (Dorlodot, 1921, p. 44).

Évidemment, cette position invoquée par l'auteur pour justifier sa position en rapport avec les vues de l'auteur sacré projetées aux origines, est ailleurs refusée par l'auteur qui, étant géologue, privilégiait la méthode dite « inductive » affirmant la connaissance certaine des espèces disparues (Dorlodot, 1921, p. 127). Et l'auteur, fustigeant l'argument de certains concordistes voulant concilier évolutionnisme et créationnisme en retenant l'idée d'une création initiale de quelques espèces ou variétés du vivant qui auraient évolué ensuite pour donner lieu à la biodiversité que l'on connaît actuellement, que leurs auteurs auraient dû tenir compte de « ce grave argument » thomiste, qui, pourtant, n'est même pas nécessaire pour l'auteur « pour établir qu'il ne s'agit, dans l'œuvre des six jours, que du monde actuel, et du monde actuel tel que le concevaient les Hébreux, et qu'il ne peut y être question des diverses phases de l'évolution du monde ou de la terre, telles que nous les ont fait connaître les astronomes et les géologues » (Dorlodot, 1921, p. 45).

---

[38] *Summa Theologica*, p. I., q. LXVII, a. 4, ad 2^{m} ; *De Potentia,* q. IV., a. 2, ad 8^{m} in oppositum.

La description et l'explication livrée par l'auteur en rapport avec l'œuvre des six jours, est absolument claire et convaincante en suivant le principe de l'interprétation de ces passages bibliques difficiles fournies par le Pape Léon XIII et certains Pères de l'Église tels que saint Jean Chrysostome :

> Le texte de la Genèse est très clair par lui-même, et de nombreux passages de la Sainte Écriture nous renseignent sur les opinions des Hébreux au sujet de la nature du firmament et des eaux supérieures. – Ceci ne doit nous étonner. Dieu voulant enseigner aux hommes que l'univers est l'œuvre de sa puissance, devait, pour se mettre à leur portée, s'exprimer de la façon en usage chez les hommes, suivant l'expression de Léon XIII. Il n'est pas douteux que Léon XIII en formulant ce principe, ait eu tout particulièrement en vue la description du firmament et des eaux supérieures, telle qu'on la rencontre si souvent dans les livres saints ; mais S. Jean Chrysostome et d'autres Pères n'ont pas attendu l'Encyclique de Léon XIII pour appliquer ce principe au cas qui nous occupe (Dorlodot, 1921, pp. 46-47).

Sans vouloir trop nous étendre sur cet argument de l'auteur selon lequel les Hébreux, dont l'auteur du Livre de la Genèse faisait partie, ont reflété dans ce livre leur propre vision du monde à leur époque, ignorant tout de son évolution, de sorte que les six jours sont vraiment les jours de la semaine et non des jours-périodes comme tendaient de l'entendre les concordistes, mentionnons encore la question des espèces domestiques. L'auteur nie que Dieu ait lui-même créé les espèces animales domestiques :

> Nous pourrions bien nous en tenir là ; car je ne crois pas qu'il faille être très érudit en paléontologie pour se rendre compte que les mammifères du commencement de l'ère tertiaire ne se classaient pas en animaux domestiques, animaux sauvages et rampants de la terre. Mais on pourrait objecter que la première partie du *sixième jour* s'étend jusqu'à la création de l'homme, et qu'à ce moment devaient exister les espèces animales destinées à devenir domestiques. J'ajouterai donc que la plupart de nos espèces de mammifères domestiques, - et je prends ici le terme *espèce* comme opposé au terme de *simple variété* – la plupart de nos *espèces domestiques*, dis-je, sont des *produits de l'industrie humaine*, et sont, par conséquent, postérieures à l'homme. Sans doute, leur origine se perd dans la nuit des temps préhistoriques. Mais, pour certains d'entre eux cependant, on a pu suivre, pièces en main, le mécanisme de leur production (Dorlodot, 1921, pp. 52-53, italiques dans le texte).

La conclusion de l'auteur est sans appel. Il croit avoir anéanti l'argument concordiste et soutient que l'intention principale de l'auteur du livre de la Genèse, qu'il identifie à Moïse bien qu'il ait montré que ce ne peut être ce dernier en personne en se basant sur la conclusion de la Commission biblique (Dorlodot, 1921, pp. 28-30), était d'attribuer à Dieu l'origine de tout ce qui existe, y compris le vivant :

> Le premier chapitre de la Genèse attribue directement à Dieu l'origine de toutes les formes de la flore et de la faune actuelle, y compris les variétés domestiques. [...] Moïse ne parle que de la nature actuelle, la seule que ses lecteurs connussent et qu'il connut lui-même ; et le Saint-Esprit n'a pas voulu enseigner par Moïse qu'il a existé jadis des formes aujourd'hui disparues. Il n'en est pas moins vrai que, du moment où la science nous a fait connaître l'existence de formes fossiles, nous devons leur étendre la même conclusion. Je crois donc pouvoir dire que l'*enseignement infaillible de la Genèse nous oblige à rapporter directement à Dieu l'origine de toutes les formes végétales ou animales, quelles qu'elles soient, qu'on les nomme espèces ou qu'on les nomme variétés* (Dorlodot, 1921, p. 54, italique dans le texte).

Mais de là vient une démonstration tout à fait étonnante si du moins l'on a pris connaissance des travaux de Darwin dans *De l'origine des espèces* et dans *La Descendance de l'Homme*. De Dorlodot croit pouvoir distinguer l'« évolutionnisme athée et matérialiste » de l'« évolutionnisme scientifique de Darwin » (Dorlodot, 1921, p. 55). Pour lui, seul l'évolutionnisme athée et matérialiste serait incompatible avec sa conclusion précédente concernant l'intention principale de l'auteur du livre de la Genèse quant à l'origine de toutes choses et des êtres vivants dans leur diversité actuelle. Que l'évolutionnisme darwinien soit matérialiste, et même athée quoique Darwin ait postulé, comme nous l'avons indiqué, l'existence d'un Créateur à l'origine de la vie, la majorité des spécialistes de Darwin n'ont cessé de l'indiquer (R. Dawkins, 1988, 1989 ; Dennett, 1995 ; Tort, 2001, 2017). Darwin lui-même a tout au moins affirmé son agnosticisme (Lambert, 2010, pp. 121-122). En effet, cette hypothèse du Créateur, si elle ne fait que remédier au problème pour lui insoluble dans les limites de sa théorie concernant l'origine et l'essence de la vie, elle n'ajoute rien à cette théorie qui repose entièrement sur le mécanisme, non-orienté, de la Sélection naturelle, auquel Darwin attribue un rôle créateur de toute la diversité biologique. Notre théologien catholique passe donc sous silence ce matérialisme fondamental de la théorie darwinienne pour en faire une théorie scientifique compatible avec l'idée selon laquelle Dieu est à l'origine de toute la biodiversité. S'agit-il d'une mécompréhension de la pensée darwinienne ? Il est difficile de l'affirmer. Qui plus est, De Dorlodot affirme que « rien dans le texte sacré ne permet de conclure que l'apparition des espèces soit due à ce que l'on nomme une intervention spéciale de Dieu » (Dorlodot, 1921, p. 55). Dans le livre de Genèse pourtant, dans *l'Hexameron*, il est bien affirmé que Dieu intervient plus d'une fois pour créer les choses qui existent. C'est d'ailleurs le sens des « six jours de travail ». Or, l'auteur affirme que ce langage biblique ne permet pas de nier l'évolution de la vie à partir de quelques formes primitives.

En s'appuyant ainsi sur la théorie thomiste et aristotélicienne des « causes secondes », l'auteur montre, en fournissant beaucoup d'exemples d'affirmations bibliques (tel que « c'est Dieu qui fait pleuvoir du haut du ciel ; c'est Dieu qui envoie le vent, etc.), que le fait que la Bible attribue « *régulièrement* à Dieu tous les phénomènes de la nature, sans aucune réserve et dans des termes expressifs que ceux du premier chapitre de Genèse » (cf. Dorlodot, 1921, p. 56), montre que Dieu est la « Cause universelle et qu'aucun principe d'activité ne peut opérer sans la motion divine, de sorte que tout ce qui existe et tout ce qui vit en tant que produit des causes secondes est « *entièrement et immédiatement attribuable à Dieu* ». Pour De Dorlodot, le langage de l'Écriture sainte ne permet pas de répondre adéquatement à la question de savoir si à l'origine des choses, décrite dans *l'Hexameron*, des interventions spéciales de Dieu auraient été nécessaires pour amener à l'existence chacune des espèces vivantes ou si simplement Dieu a créé les causes qui devaient alors donner naissance à ces dernières sans nécessité de son intervention spéciale (Dorlodot, 1921, pp. 58-59).

L'auteur s'efforce d'ailleurs de montrer par une exégète du mot « jour » en hébreux (*yom*) que ce terme signifie soit « les vingt-quatre heures », soit « la partie de période pendant laquelle le soleil demeure au-dessus de l'horizon » (Dorlodot, 1921, p. 65). Cet argument vise spécifiquement à récuser les arguments des concordistes tels que P. Brucker qui affirmaient que l'on peut interpréter, sans nier l'intervention ou les interventions spéciale(s) de Dieu pour créer les espèces vivantes, que les six jours de la Genèse sont des périodes plus ou moins longues, notamment les périodes géologiques, admises dans leur succession historique :

> Il sera difficile, dit-il, de trouver dans la Bible des textes rigoureusement historiques, si des formules aussi expressives que celles dont Moïse se sert pour retracer la première production des êtres n'indiquent pas l'intention de raconter les choses comme elles se sont passées. Il faut commencer par fermer le livre saint et oublier les termes de l'auteur inspiré, pour se persuader qu'il n'y a pas eu ce but et qu'il s'est proposé simplement de rendre sensible le dogme de la création à l'aide d'une fiction poétique, par une sorte de mise en scène théâtrale.[39]

Bien que l'auteur semble très catégorique sur la signification usuelle de ce terme « jour » chez les auteurs sacrés, l'argument est à prendre avec une certaine prudence d'autant plus que l'auteur lui-même indique que ce terme peut signifier autre chose : « *le Jour de Dieu* », signifiant le Jour du Jugement. Nous pourrions par exemple ajouter ici l'expression « *les jours de l'éternité* » dans le passage suivant : « Et toi Bethlehem Ephrata, petite entre les milliers de Juda, de toi sortira pour moi celui qui dominera sur Israël et dont l'origine remonte aux temps anciens, *aux jours de l'éternité* » (Mi 5, 1). Ainsi, il est ainsi prudent de garder en tête que le terme « jour » peut bien avoir un sens imagé dans les textes bibliques, de sorte que l'argument du Révérend Brucker ne nous semble pas totalement superflu contrairement à ce qu'affirme notre théologien-géologue. L'argument contre la succession des jours ou des périodes est pris par l'auteur chez saint Augustin : il y a un anthropomorphisme évident dans le premier livre de la Genèse. Dieu agit comme un homme, crée une chose et attend le second jour pour créer une autre et au septième jour, il se repose. Or, Dieu n'étant pas dans le temps, et étant à ce moment de la création le Seul acteur, il est difficile d'imaginer qu'une telle succession corresponde à rien de réel qu'à une manière figurée de parler. Cet argument est à notre avis probant, comme d'ailleurs nous aussi nous l'avons dit plus haut à propos du sens historique de ce récit. À l'origine de toutes choses, aucun acteur ou témoin humain n'était là pour observer. Dieu seul était l'acteur et le témoin. On ne peut donc clamer, pour le récit biblique de la Genèse, un caractère historique au sens où l'entend la science moderne. Cependant, la question de la succession des jours semble se comprendre dans le cadre de la création du temps lui-même par Dieu. Or, De Dorlodot se rattache à l'opinion de saint Augustin selon laquelle « la succession des pensées et des paroles de Dieu, et la réalisation de ses

[39] P. Joseph Brucker, *Les jours de la création et le transformisme*. Études religieuses, philosophiques, historiques et littéraires, publiées par les Pères de la Compagnie de Jésus, t. XLVI, p. 589-591.

différentes œuvres, se succèdent de telle sorte dans le récit, que le Saint-Esprit semble *nous avertir par-là que tout l'élément chronologique de ce récit est figuré* » (Dorlodot, 1921, p. 69). Le caractère figuré de ce récit de la succession des jours est bien entendu à prendre au sérieux d'autant plus que l'historicité des événements décrits est hors de toute atteinte rationnelle et concrète. L'auteur sacré ne fait pas œuvre d'historien, mais tient lieu d'instrument de la Révélation par Dieu de l'origine des choses et de leur finalité.

Toutefois, contrairement à ce qu'affirme l'auteur, l'argument chronologique comme celui de la durée des jours, ne peut être complètement évacué sans perdre en même temps le sens de la Révélation biblique concernant les origines de toutes choses. On peut ne pas connaître les détails exacts de comment cela s'est passé ni pouvoir expliquer en quoi consistaient exactement les événements décrits, étant donné précisément le caractère surnaturel de l'événement de la création, mais l'idée selon laquelle Dieu a créé le monde et tout ce qu'il renferme successivement en « six jours » et celle selon laquelle « le septième jour il s'est reposé de toute son œuvre » fonde la hiérarchie des êtres dans la nature et le repos hebdomadaire, selon la *Loi de Moïse* dont le repos du Sabbat, lui-même figurant le Repos de la vie nouvelle en Christ, le « Maître du sabbat », qui accorde le « repos ». Il ne faut donc pas chercher à trop étirer l'argument scientifique pour nier le caractère révélé du Livre de la Genèse sous prétexte que les données de l'observation scientifique en contredisent les détails, sous peine de saper les fondements de la foi chrétienne. L'auteur lui-même affirme d'ailleurs que la Bible ne fait pas de la science, mais emploie un langage ordinaire accessible aux gens ordinaires, non seulement de l'époque des écrivains sacrés, mais aussi à l'époque contemporaine. Il affirmera également dans le second volume, que nous abordons un peu plus loin, concernant l'origine de l'être humain, le caractère surnaturel de l'origine d'Ève préfigurant l'origine même de l'Église. Il s'aligne à l'argument du Pape Léon XIII dans l'encyclique *Providentissimus Deus* :

> D'une manière générale, nous devrons rejeter *a priori* toute interprétation qui ferait d'un texte sacré un enseignement divin sur un objet propre aux sciences physiques et naturelles. Comment donc faudra-t-il entendre les passages qui semblent traiter de pareils objets ? Léon XIII se hâte de nous dire, lorsqu'après avoir formulé ce principe fondamental, il continue en ces termes : « C'est pourquoi, au lieu de chercher directement à scruter la nature,

> ils (c'est-à-dire les auteurs sacrés) décrivent les choses ou en parlent parfois, soit *dans un sens figuré (quodam translationis modo*), soit *comme le comportait le langage courant de leur temps*, analogue d'ailleurs pour bien des choses à celui qui est encore en usage dans la vie ordinaire, même parmi les hommes les plus savants. Et comme dans le langage vulgaire, on énonce d'abord et directement ce qui tombe sous les sens, pareillement l'écrivain sacré (ainsi que le remarque aussi le Docteur Angélique[40]) « *s'est conformé aux apparences sensibles* », en d'autres termes, ajoute Léon XIII, « *Dieu lui-même s'adresse aux hommes, afin de se mettre à leur portée, s'est exprimé de la façon en usage chez les hommes* (humano more) » (Dorlodot, 1921, pp. 18-19).

À cet égard il est à rappeler que la Bible elle-même rappelle que la sagesse de Dieu n'est pas celle des humains, les savants risquant précisément de ne pas adhérer à la sagesse divine et donc risquant de passer à côté de l'obéissance de la foi qui sauve : « En ce temps-là, Jésus prit la parole, et dit : Je te loue Père, Seigneur du ciel et de la terre, de ce que tu as caché ces choses aux sages et aux intelligents, et de ce que tu les as révélées aux enfants » (Mt 11, 25). Il affirme : « Je vous le dis en vérité, quiconque ne recevra pas le royaume de Dieu comme un petit enfant n'y entrera point » (Mc 10, 15). Et Saint Paul d'affirmer radicalement :

> Car la prédication de la croix est une folie pour ceux qui périssent ; mais pour nous qui sommes sauvés, elle est une puissance de Dieu. Aussi est-il écrit : Je détruirai la sagesse des sages, Et j'anéantirai l'intelligence des intelligents. Où est le sage ? où est le scribe ? où est le disputeur de ce siècle ? Dieu n'a-t-il pas convaincu de folie la sagesse du monde ? Car puisque le monde, avec sa sagesse, n'a point connu Dieu dans la sagesse de Dieu, il a plu à Dieu de sauver les croyants par la folie de la prédication (1 Co 1, 18-21).

On voit donc à travers ces avertissements que le texte sacré ne s'adresse pas aux savants en tant que tels, mais plutôt à l'homme ordinaire, au sens commun, à la connaissance liée à ce que les savants appellent « les apparences ». Ainsi, notre auteur cite saint Augustin qui s'inscrivaient en faux contre les chrétiens imprudents qui contribuaient à discréditer les Livres saints en croyant les lire comme si c'était des livres scientifiques, se ridiculisant ainsi devant des savants fins connaisseurs des phénomènes naturels pouvant même en avoir des calculs précis. Ce faisant, l'auteur croit

[40] *Summa Theologica,* I. p., q. LXX, a. I., s, 3.

trouver chez saint Augustin l'affirmation selon laquelle la théorie évolutionniste absolue est « certaine » : les êtres vivants auraient évolué à partir de la matière brute jusqu'au corps de l'homme inclusivement (cf. Dorlodot, 1921, pp. 79-80). Saint Augustin aurait donc nié, puisqu'il s'agit de cela la théorie de l'évolutionnisme absolu, « toute intervention spéciale de Dieu même à l'origine de la vie et attribué la première origine des êtres vivants à une évolution naturelle de la matière inorganique, dont certaines portions se seraient organisées et seraient devenues vivantes par la simple action des puissances inhérentes à la matière inorganique » (Dorlodot, 1921, p. 80). À s'y méprendre, on conclurait de cette affirmation que Saint Augustin a donc été un « ultra-darwinien » avant la lettre, car ce sont les ultra-darwiniens comme Clement Dennett et Richard Dawkins, qui soutiennent aujourd'hui cette théorie en s'affirmant par le fait même ouvertement athées. D'autant plus que Darwin lui-même, comme le rappelle l'auteur, affirmait que l'impulsion initiale des puissances de la vie fut l'œuvre du Créateur quoique tout le travail ultérieur de la création revienne à l'Évolution par Sélection naturelle. En réalité, ce que De Dorlodot ne nous rappelle pas, c'est que saint Augustin, le Docteur de la grâce, était un théologien formé à la philosophie de Platon qui concevait l'Univers entier, y compris les vivants, comme fondé dans l'Idée de Dieu. Autrement dit, chez les platoniciens, le monde des apparences, le monde du devenir, est une copie imparfaite de l'archétype idéel situé dans un autre monde, celui de Dieu. Son évolutionnisme est donc d'un genre particulier puisque pour lui le monde, y compris le vivant, a été conçu par Dieu avant sa création. Au moment de la création, Dieu n'a fait qu'impulser dans le monde matériel ainsi créé toutes les raisons dites « séminales » devant produire, faire émerger, comme dirait Teilhard de Chardin, tous les êtres dans leur diversité durant les siècles subséquents. L'idée néo-platonicienne de l'émanation du créé de la perfection divine au néant de la matière n'est donc pas étrangère à cette conception évolutionniste augustinienne.

Tout en s'appuyant sur cette position augustinienne, Henri de Dorlodot s'aligne sur la position dite « scientifique » en tant qu'« évolutionniste modéré » : celle de Darwin reconnaissant une intervention spéciale du Créateur au début de la vie et ne reconnaissant pas l'idée que la matière non vivante puisse évoluer d'elle-même en êtres vivants. Cette idée supposait en effet la possibilité de la « génération spontanée » qui a été prouvée impossible notamment par le célèbre savant français Louis Pasteur (1822-

1895) (cf. Dorlodot, 1921, pp. 55, 80-81). Les arguments de la deuxième conférence de l'auteur visent à justifier les trois autres propositions parmi les 4 énoncées plus haut. L'auteur prétend d'abord tirer de l'enseignement de l'Église et des saints Pères de l'Église et des Docteurs des arguments en faveur de la thèse à la fois de l'évolutionnisme absolu et de celui modéré. Dans la première proposition de cette conférence, il affirme l'évolutionnisme absolu : « Je pense pouvoir dire que *les Pères qui ont traité* ex professo [explicitement] *de la question jusqu'au cinquième siècle sont unanimes à reconnaître qu'il n'y a eu aucune intervention spéciale de Dieu pour la formation du monde, en dehors de l'action créatrice par laquelle Dieu a tiré le monde du néant, à l'origine des temps* » (Dorlodot, 1921, p. 83). En fait à cet égard, l'auteur ne s'appuie que sur l'enseignement de saint Grégoire de Nysse et sur celui de saint Augustin.

Théologien oriental, saint Grégoire de Nysse avait également une vision platonicienne des commencements de l'Univers et de la vie. « L'auteur définit l'acte créateur comme une sorte d'*impulsion* par laquelle Dieu *projette le monde vers son évolution*, qui doit aboutir à la production de tous les êtres qui le constituent aujourd'hui, savoir : le ciel, l'éther, les astres, le feu, l'air, la mer, les animaux et les végétaux. Tout cela était contenu *virtuellement* dans la masse informe et homogène [et non encore le monde physique], résultat immédiat de la création ; mais aucun de ces êtres n'y avait une existence *actuelle* » (Dorlodot, 1921, p. 93). Saint Grégoire de Nysse qualifie d'ailleurs la nature d'œuvre « *artistique* » de la Sagesse divine. Dieu serait ainsi un « *Artiste* », mais aussi la nature serait elle-même un « *artiste* » : « parce qu'elle possède l'empreinte active de la sagesse et de la Puissance divines, et que, *par cette activité*, elle est *cause* de l'évolution du monde et de toutes ses parties, évolution qui ne peut être qu'ordonnée, et organisée comme l'a voulu la Sagesse divine… » (Dorlodot, 1921, p. 94). Saint Grégoire de Nysse insiste ainsi sur deux idées : d'un côté, Dieu a produit l'unique déclenchement, par un acte créateur unique réalisé à l'origine des temps, de tout ce qui existe. D'autre part, en tant que déclenchement, cet acte créateur n'a pas signifié la production des êtres tels que nous les connaissons actuellement, mais seulement celle des *puissances actives* qui opèrent par ordre et selon le plan divin dans la nature artistique. Il s'agit donc d'un évolutionnisme orienté, à l'instar de celui que défendra plus tard le Père jésuite Teilhard de Chardin.

Cette théorie considérée également par De Dorlodot comme défendant la thèse de l'évolutionnisme naturel absolu, niant toute intervention spéciale de Dieu à l'origine des êtres vivants, est retrouvée, avec une légère modification, chez saint Augustin que l'auteur explique en détail dans cette deuxième conférence. Saint Augustin, qui mit, selon notre auteur, quarante ans, à étudier la question de l'origine du monde et de la vie par l'exégèse du livre de la Genèse, contrairement à St Grégoire qui ne s'appuyait pas sur une quelconque exégèse, affirma que Dieu a créé dès le premier moment le monde *inorganique* tel qu'il est jusqu'à aujourd'hui (saint Grégoire incluait ce monde inorganique dans la thèse du *virtualisme*). C'est la création des êtres vivants qui fut *virtuelle* de sorte que ceux-ci devaient apparaître ensuite au moyen de l'évolution naturelle absolue (cf.Dorlodot, 1921, pp. 100-108). Citons un extrait à cet égard sur la pensée de Saint Augustin :

> [...] dès l'origine des temps, le monde inorganique a été fait *substantiellement* tel qu'il est aujourd'hui, et il a commencé, à partir de ce moment, les mouvements, dont toute la succession *existait déjà causalement* au moment initial. Quant aux espèces végétales et animales, *elles n'ont été faites alors que causalement*, et sont sorties de leurs causes seulement dans la suite des temps, lorsque le moment fut venu où elles devaient naturellement en sortir. Ainsi, la terre a produit *causalement* les herbes et les arbres, lorsqu'au moment de la création, elle a reçu la puissance de les produire ; les eaux ont produit *causalement* les poissons et les oiseaux, et la terre a produit *causalement* les animaux terrestres, par le fait qu'au moment de la création, l'eau et la terre reçurent la puissance de les produire ; mais, ni les végétaux, ni les animaux n'ont existé *réellement*, avant que *dans la suite des temps*, la terre ou l'eau n'eût donné naissance à ces organismes. Et *aucune* espèce, ajoute-t-il, *n'a été produite ensuite, qui ne fut contenue causalement dans la matière au premier instant de la création du monde* (Dorlodot, 1921, pp. 103-104).

Saint Augustin entendait donc expliquer l'origine de toutes choses par les « *raisons, forces,* ou *causes séminales.* Selon lui, les choses qui n'existaient pas en nature lors du premier moment de la création, y existaient *causalement, de la façon dont l'on peut dire que l'arbre existe dans sa graine* (cf. Dorlodot, 1921, p. 105). Confronté à l'énigme de la priorité d'existence entre l'arbre et la graine, entre l'œuf et la poule pourrions-nous ajouter, saint Augustin avoue ne pas pouvoir trancher le problème tout en affirmant que « les graines et les organismes ont été produits *par la terre où ils existaient causalement* » (cf. ibidem). Il en est ainsi de l'origine du temps, le temps de l'être humain. Il était contenu causalement dans le monde inorganique créé à l'origine de tout. Or, De Dorlodot lui-même admet que « les preuves exégétiques de saint Augustin, basées en partie sur deux textes inexactement traduits, ne sont pas démonstratives » et il est même assez parlant d'entendre l'auteur lui-même dire *que les théories évolutionnistes de saint Grégoire et Nysse et de Saint Augustin étaient plutôt expression d'un sentiment chrétien pour le premier ou de philosophie chrétienne pour le second et non fondées sur une exégèse rigoureuse des Écritures bibliques* (cf. Dorlodot, 1921, pp. 106-107). Cette remarque n'empêche pas cependant l'auteur de s'appuyer sur ces théories non officiellement endossées par l'Église pour conclure sur deux thèses principales de sa position en se rapportant à la géologie :

> Quoi qu'il en soit, nous sommes en droit de dire que, d'après le sentiment commun des anciens Pères, qui ont traité de la question *ex professo*, toute perfection naturelle du monde, qui n'existait pas *actuellement* au moment de la création première, y existait *virtuellement*, et y est apparue ensuite *par évolution naturelle, sans aucune intervention spéciale de Dieu*. Appliquée aux données certaines de la géologie, cette doctrine entraîne nécessairement les conséquences suivantes :
> 1° La succession des faunes et les flores que nous révèle la géologie est le résultat d'une évolution purement naturelle.
> 2° La première origine de la vie sur la terre est due elle-même à une évolution naturelle de la matière brute, à moins toutefois que l'on n'admette que les premiers organismes ont existé dès le moment mathématique où Dieu tira la matière du néant. Cette dernière opinion étant tout à fait improbable, nous serions ainsi amenés à conclure, en vertu de l'autorité des Saints Pères, à la vérité de l'évolution naturelle absolue, théorie qui d'ailleurs a été professée formellement, comme nous l'avons montré, par saint Grégoire de Nysse et par saint Augustin (Dorlodot, 1921, pp. 107-108).

L'auteur indique cependant, à propos de sa deuxième proposition concernant la pensée scholastique qui s'inspira davantage d'Aristote que de Platon dont s'inspirèrent les deux Pères de l'Églises indiqués, que ceux-ci croyaient à la « génération spontanée » comme un fait indubitable d'expérience. Ainsi saint Augustin ne trouvait aucun problème à affirmer que les plantes, les animaux, les humains furent spontanément produits par la terre. Le fait qui le dérangea fut le récit du livre de la Genèse selon lequel la femme fut tirée de la côte, donc d'un moreau de chair, de l'homme (cf.

Dorlodot, 1921, p. 110). Or, pour Aristote, critiquant la thèse de la génération spontanée, beaucoup de phénomènes de la Nature ne peuvent s'expliquer par les propriétés des quatre éléments de la nature (la terre, le feu, l'air et l'eau). D'où il invoquait des raisons supérieures qu'il trouvait dans l'influence des corps célestes (les astres). Il disait ainsi qu'en dehors du Premier Moteur immobile, c'est dans les astres que se trouvaient les « raisons séminales » expliquant la génération spontanée des organes des plantes ou d'animaux, en putréfaction ou non… Mais pour Aristote, ce type de génération concerne uniquement les espèces des animaux « incapables de se reproduire » (cf. Dorlodot, 1921, pp. 113-114). Saint Thomas d'Aquin découvrit, à partir de cette recherche aristotélicienne sur la génération spontanée, « le principe des causes actuelles » qui exprime des lois naturelles immuables. À cet égard donc, De Dorlodot rapproche la pensée thomiste de celle de Darwin :

> La loi naturelle qu'énonce saint Thomas, loi découverte par l'observation comme nous l'avons vu, existait donc dès l'origine du monde, aussi bien qu'aujourd'hui – Saint Thomas ne fait ici qu'appliquer le *principe des causes actuelles*, exactement comme le fera Darwin, lorsqu'il soutient que c'est dans les phénomènes actuels qu'il faut chercher la clef de l'origine des espèces dans les temps anciens, le *fait* de l'origine des espèces par évolution étant d'ailleurs préalablement établi. Le fondement de la méthode des phénomènes actuels est, pour le naturaliste anglais comme pour l'Ange de l'École, l'*immutabilité des lois de la nature* et spécialement des *lois de la vie*. Et c'est aussi, je pense, par le même principe, que Darwin, bien qu'il soit peu explicite à ce sujet, a été amené à *postuler* une intervention *spéciale* de Dieu à l'origine de la vie (Dorlodot, 1921, pp. 114-115).

C'est à partir de ces prémisses que l'auteur croit pouvoir retrouver chez les anciens Pères (saint Augustin et saint Grégoire de Nysse) et chez les Scolastiques (saint Thomas d'Aquin notamment) un « *naturalisme chrétien* » qui aurait été « en honneur dans l'Église » sauf « aux époques de décadence ». Voici comment il définit ce naturalisme chrétien qu'il défend : « Sous le nom de *naturalisme chrétien*, j'entends exprimer *la tendance à attribuer à l'action naturelle des causes secondes tout ce que la raison et les données positives des sciences de l'observation ne défendent pas de leur accorder*, et de ne recourir à une intervention spéciale de Dieu, distincte des actes de son gouvernement général, qu'en cas d'absolue nécessité » (Dorlodot, 1921, p. 115). Le naturalisme chrétien intègre selon notre auteur la pensée métaphysique dans les sciences d'observation, « ces sciences *conçues dans leur pleine acceptation,* c'est-à-dire *comprenant leur base philosophique* ». Et c'est la philosophie des causes secondes selon laquelle la Cause Première agirait sur les êtres créées au moyen des lois naturelles créées en tant que causes secondes, qui permet à De Dorlodot d'affirmer que la transformisme darwinien relève de cet ordre (IIIe proposition), car admet-il, les faits d'observation qui ont amené les savants à admettre l'évolution naturelle des organismes appartiennent au domaine des sciences variées [...] permettant d'« affirmer *la certitude d'un système transformiste très avancé* de sorte que « Si la théorie de l'évolution n'est pas vraie [...] Dieu serait, non un Dieu caché [Is 45, 15], mais bien un *dieu trompeur* » (cf. Dorlodot, 1921, pp. 119-121). L'auteur invoque aussi le principe de la manifestation de la gloire de Dieu par les choses créées tout en interprétant ce principe dans le cadre du transformisme darwinien. « Ce mode de développement harmonieux de l'œuvre divine n'a rien qui soit en opposition avec les perfections du Créateur » (idem, p. 122). Et, du point de vue théologique, dans le but d'affirmer l'origine évolutive des faits paléontologiques, il affirme « l'*impossibilité d'admettre le miracle comme cause de l'ordre naturel* » (idem, p. 124).

Se basant ainsi sur la théologie thomiste, l'auteur distingue l'ordre naturel de celui surnaturel. L'ordre naturel, selon lui, est celui dans lequel l'activité de Dieu comprend tout ce qui est nécessaire à la première constitution de la nature telle qu'Il l'a conçue, à sa conservation et à l'exercice de ses activités naturelles, de manière qu'elle puissance atteindre normalement la fin proposée à son activité :

> Ainsi, la création de la matière à l'origine du temps, l'*influence conservatrice* de Dieu, sans laquelle tout rentrerait dans le néant, le *concours* de Dieu avec les causes secondes, sans lequel ces causes ne sauraient exercer leurs activités naturelles, enfin la *création même de l'âme spirituelle de l'homme,* au moment où l'embryon acquiert, par son développement naturel, une organisation *humaine,* création qui est la condition requise pour qu'un homme puisse être engendré par l'activité naturelle de l'homme : tout cela ne dépasse pas l'*ordre naturel* (Dorlodot, 1921, pp. 124-125).

L'ordre surnaturel serait plutôt de nature miraculeuse, c'est-à-dire par exemple si un homme amputé d'un bras le verrait repousser en vertu de l'intervention spéciale de Dieu. Dans ce sens, contrairement à ce qu'il semblait dire précédemment, l'origine de la vie par l'intervention spéciale de

Dieu serait également de l'ordre naturel. C'est ce qu'il affirme quand il aborde brièvement la question de l'homme naturel en parlant de l'« hypothèse de l'élévation de l'homme par Dieu à l'ordre surnaturel ». Cette question sera amplement expliquée dans le second volume sur l'origine de l'homme :

> L'homme ayant été élevé par Dieu à l'ordre surnaturel (1), il convient que Dieu manifeste par des miracles sa sollicitude paternelle pour ses enfants d'adoption. Mais, avant l'origine de l'homme et lorsqu'il s'agissait uniquement d'instituer l'ordre naturel, une intervention miraculeuse de Dieu aurait répugné à la Sagesse divine, comme une cause absolument disproportionnée à son but : c'est donc avec raison que la tradition chrétienne repousse l'hypothèse du miracle à l'origine des choses (Dorlodot, 1921, p. 126).
>
> Dans **l'hypothèse** de l'élévation de l'homme à l'ordre surnaturel, le miracle n'est pas seulement convenable, mais il est absolument nécessaire. Par la nature, Dieu révèle à l'homme les vérités naturelles qui lui sont nécessaires pour atteindre sa fin naturelle. Mais du moment où il plaît à Dieu de révéler à l'homme des vérités d'ordre plus élevé, dont la connaissance est proportionnée à la fin surnaturelle à laquelle il l'appelle, les miracles sont nécessaires ; car **il est impossible à Dieu de révéler à l'homme autre chose** que ce que lui révèle la nature, autrement que par des manifestations qui sortent de l'ordre naturel, c'est-à-dire par des miracles. Ces miracles peuvent d'ailleurs être physiques ou moraux (Dorlodot, 1921, p. 126, note 1, à nous les caractères gras).

Cette position sera expliquée davantage dans le second volume sur l'origine de l'être humain. Ainsi, lorsque l'auteur expose, dans sa 4e et dernière proposition, la théorie catholique sur l'activité naturelle des causes secondes et son application à la théorie de l'évolution transformiste, il s'appuie sur la distinction entre « les actes *du gouvernement ordinaire de la nature par Dieu*, qui est toujours en action, et la *production par le Créateur des raisons séminales* ou *virtualités,* que les créatures possédaient dès l'origine » (Dorlodot, 1921, p. 138). Intéressant, par exemple, est l'application par l'auteur du principe de causalité issue de la « philosophie catholique », à la théorie de l'évolution darwinienne. « Le *Principe de causalité* exige que la perfection de l'effet soit contenue dans la perfection de l'*ensemble de ses causes*. Mais l'expérience prouve que *la perfection de l'effet n'est jamais contenue adéquatement dans la perfection de ses causes créées* » (Dorlodot, 1921, p. 142). Ce principe a été par exemple invoqué pour dénier à la théorie de Darwin la capacité d'expliquer l'évolution des espèces supérieures à partir des genres inférieurs (exemple le passage des végétaux aux animaux et celui de ceux-ci aux êtres humains), et l'auteur s'était évertué à expliquer que les classifications entre ces différents genres n'étaient pas si parfaites et précises qu'on le pense, que ces passages de l'inférieur s'est effectué à travers des gradations infimes et imperfectibles, mais successives, l'exemple principal fourni étant le développement de l'embryon humain qui traverse l'existence en différents genres : du végétatif à l'être à âme humaine en passant par l'être animal simplement sensible (cf. pp. 129-138). Sans ainsi remettre en cause le principe de causalité, l'auteur s'en remet à la philosophie catholique pour expliquer que l'« apparition des organismes *primitifs*, ne *possédant pas les perfections qu'ils ont causées dans leurs descendants* » (idem, p. 142) ne peut s'expliquer que par le fait que les causes créées ont agi comme « *instruments permanents du Créateur* » :

> La philosophie catholique enseigne que toute créature est, par sa nature même, un instrument de Dieu. Et, en appliquant la classification que nous avons adoptée [entre instruments transitoires, ex. le ciseau du sculpteur ; et un instrument permanent, ex. la boîte à musique], nous pouvons ajouter que, pour toutes ses opérations naturelles, la créature est un *instrument permanent*. Car, bien qu'elle ne puisse agir sans le *concours actuel* de Dieu, cependant ce n'est pas ce concours, considéré précisément, qui déterminera la nature de ses opérations ; cette détermination dépendant uniquement, comme nous l'avons dit, *de la nature de l'agent créé et des circonstances.* Et, si l'on dit qu'une créature ne peut agir que comme instrument de Dieu, c'est moins à cause de la nécessité de ce concours, que *parce que l'agent créé* **ne possède jamais adéquatement les perfections des effets qu'il produit,** et que, par conséquent, ses puissances actives ont toujours le caractère de *raisons séminales* (Dorlodot, 1921, pp. 145-146, italiques et gras dans le texte).

Ainsi, même si l'effet est parfaitement semblable à sa cause créée, par exemple lorsqu'un père engendre un fils, ce principe reste valable, car le fils est seulement semblable au père, mais son être qui est de même ordre que celui du père, détient une perfection de l'être qui ne peut être tirée de celle du père, qui n'est pas contenu dans celle du père : « il y a plus d'être, plus de perfection *in ratione essendi* comme disent les scolastiques, dans deux animaux de la même espèce que dans un seul. C'est pourquoi la raison suffisante de production d'un nouvel animal, comme de tout nouvel être ou perfection quelconque, ne se rencontre que dans l'Être divin qui, dans sa transcendance, possède toutes les perfections de l'être créé, sans aucun mélange d'imperfection ou de limite quelconque » (Dorlodot, 1921, p. 146). L'argument des « raisons séminales », instrument permanent de Dieu dans la nature, est tiré directement de saint Thomas d'Aquin :

> La nature n'est rien d'autre qu'une « raison » d'un certain art (*ratio cujusdam artis*), à savoir l'art divin, imprimée dans les choses (*indita rebus*), en vertu de laquelle celles-ci se dirigent vers une fin déterminée ; tout comme si un artisan constructeur de navires pouvait donner aux bois la faculté de se mouvoir d'eux-mêmes à s'agencer en navire. (*In Physicorum Aristotelis,* Lectio XIV). Et ces « raisons de l'art divin imprimées ou innées dans les choses de la nature, saint Thomas nous le dira ailleurs (*De Veritate,* q. v., a.9, ad 8^{m} ; *In II sent.*, Dist. XIII, q. I [...]), sont ce que saint Augustin nomme les « *raisons séminales* » (Dorlodot, 1921, pp. 149-150).

Dieu a donc produit, conclut l'auteur, des organismes primitifs possédant une virtualité instrumentale suffisante pour donner naissance aux êtres les plus divers, dans la suite des siècles. N'allant pas jusqu'à souscrire à la théorie évolutionniste absolue voulant que la vie ait évolué à partir de la matière inanimée (thèse qu'il retrouve chez saint Augustin et chez saint Grégoire de Nysse), De Dorlodot affirme suivre Darwin en disant que « Dieu a jeté, au moment voulu, la vie dans le monde avec le pouvoir d'évoluer et les premiers organismes se sont multipliés et se sont développés suivant les formes les plus variées, par une suite de transformations lentes pendant une suite innombrable de siècles, au milieu de circonstances toujours changeantes, auxquelles ils parviennent à s'adapter » (Dorlodot, 1921, pp. 152-153). L'« Artiste divin », la « Sagesse divine », n'est intervenu(e) qu'au début de ce processus en semant ses « puissances séminales dans le monde » pour que « la *nature artistique* puisse réparer elle-même les ruines (extinctions) qui surviendraient éventuellement (cf. p.153).

Pour De Dorlodot, la nature, ainsi comprise par les progrès de la science, « devient la voix éclatante qui proclame la gloire de son Créateur. Et parmi les hérauts dont s'est servie la nature pour faire entendre sa voix jusqu'aux extrémités du monde [cf. Ps 18 ou 19, vv.4 et 5], [il] pense qu'il est juste de placer au premier rang Charles Darwin, à côté de cette autre gloire de Cambridge, Isaac Newton » (idem). L'évolutionnisme darwinien est donc interprété en termes théologiques, en recourant à la philosophie scolastique des causes secondes et à la philosophie des « raisons séminales ». Si la question de l'être humain est abordée dans ce regard global sur l'évolution de la vie sur la terre, elle n'y est pas abordée dans sa spécificité et l'auteur affirma l'avoir réservée pour un traitement spécial dans une autre conférence ou ouvrage. Il est donc utile de prendre connaissance de ses thèses principales à cet égard avant de pouvoir émettre nos considérations sur l'ensemble de ce darwinisme combiné avec la théologie chrétienne.

5.1.2. Second volume : l'origine de l'homme

Il est extrêmement intéressant de voir que l'auteur conclut son volume inédit par la reconnaissance explicite du caractère *hérétique*, voire hérésiarque, de Darwin notamment par l'étude des affirmations de ce dernier dans *La Descendance de l'Homme*, ouvrage dont nous avons entrepris de relire les chapitres pertinents à l'aune de la théologie chrétienne de la grâce. Commençons par citer cette affirmation claire et nette de la non-orthodoxie de la pensée de Darwin avant de fournir les détails de la démonstration de De Dorlodot à cet égard. L'auteur commence par relier ses analyses sur l'origine de l'homme en rappelant ses propres propos introductifs aux premières conférences qui ont donné lieu au premier volume où il disait :

> Le sujet est beaucoup trop vaste pour être traité dans une seule conférence. J'aurais pu, à la rigueur, me dispenser de vous parler de l'origine de l'homme, les solennités auxquelles je fus délégué ayant eu pour objet spécial la célébration du cinquantenaire de *The origin of Species* et non de *The Descent of man.* Mais me dérober ainsi à cette partie la plus délicate de ma tâche pourrait vous paraître un acte de lâcheté ; et d'ailleurs, si la thèse de l'origine de l'homme par voie d'*évolution* avait été jugée *substantiellement* comme condamnable, si Darwin était de ce chef un hérésiarque, comme quelques-uns l'ont écrit, les trois docteurs en théologie, qui siégeaient alors, comme vos délégués, au Conseil rectoral, et qui, tous trois, étaient, à des points de vue divers, particulièrement compétents en la question, n'auraient pu insister, comme ils l'ont fait, pour que l'Université ne manquât pas de s'associer aux fêtes de Cambridge, et le Conseil rectoral aurait dû décliner l'invitation (Dorlodot, 1921, pp. 8-9, à nous les italiques sauf titres d'ouvrages).

Dans cette citation, l'auteur semble défendre le darwinisme. Et le premier volume ne s'est prêté qu'à cet exercice comme nous l'avons montré plus haut. Il n'en est pas ainsi du second volume sur l'origine de l'homme à la fin duquel il explique justement les termes clés de cette introduction. Il explique ainsi que c'est à dessein qu'il a évité de « joindre au substantif '*évolution*' l'adjectif '*naturelle*' parce que selon lui, « Adam, tel qu'il existait avant le péché, était un *être surnaturel,* et, par suite, ne pouvait être un simple produit d'une évolution naturelle ». Il affirme aussi que c'est « à dessein » qu'il a ajouté le terme « substantiellement » au terme « condamnable » pour laisser clairement « entendre par là que tout n'est pas exempt de reproche dans les détails de l'application de la théorie évolutionniste à l'origine de l'homme tels qu'ils résulteraient de ce qu'écrit Darwin dans « *The Descent of Man* ». Bien qu'il trouve que certaines propositions erronées de Darwin dans *The Descent of Man* peuvent se retrouver chez des auteurs catholiques non évolutionnistes (sans toutefois en citer des exemples), De Dorlodot affirme clairement que Darwin était un hérétique : « Darwin était, en effet, un hérétique à plus d'un chef : d'abord parce qu'il était protestant[41], puis parce que l'exégèse étroite qui régnait au temps de sa jeunesse chez les protestants autant et plus encore chez les catholiques, lui avait enlevé toute foi à l'inspiration de la Sainte Écriture » (cf. Dorlodot, 2009, pp. 193-194).

Mais pourquoi l'auteur qui affirme, en même temps, qu'« on ne peut trouver la moindre erreur doctrinale dans '*The Origin of Species*' » (Dorlodot, 2009, p. 194) arrive-t-il à cette conclusion du caractère hétérodoxe, du point de vue catholique, de certaines affirmations de Darwin dans *The Descent of Man* ? Quelles sont ces affirmations ? À vrai dire, en lisant le manuscrit inédit qui fut publié en 2009, on a l'impression que De Dorlodot fait un travail minutieux d'exégèse des sources de la foi chrétienne quant à l'origine de l'être humain, sans aucune discussion réelle avec les idées de Darwin développée dans *The Descent of Man.* Les prend-il pour connues de tous ? Difficile de l'affirmer. Les « propositions erronées » de Darwin dont il est fait mention ici ne sont jamais indiquées dans cet ouvrage. Il aurait certainement été très convainquant s'il avait identifié ces « propositions erronées » et les auraient analysées à la lumière de son exégèse biblique. Ce qui, malheureusement, du moins dans cet ouvrage, n'a pas été fait. Il semble surtout s'être préoccupé d'un travail de conciliation entre le darwinisme et la foi chrétienne orthodoxe en recherchant dans les sources de cette dernière (la Sainte Écriture, les Pères, la Scolastiques, les Docteurs, le Magistère) les points de convergence et en identifiant certains

---

[41] Ici, l'auteur semble ne pas tenir en compte le fait que Darwin s'est affirmé agnostique, bien qu'il l'ait fait explicitement vers la fin de sa vie.

points de vue que le développement de la science a permis de dépasser, de sorte qu'ils ne peuvent plus empêcher l'adoption de la perspective darwinienne, considérée comme un point de vue scientifique.

Parmi ces points de vue longtemps considérés comme orthodoxes et scientifiques, mais dépassés, l'auteur indique « la génération spontanée » qui fut défendue par les Pères de l'Église tels que saint Augustin, saint Grégoire de Nysse, et les scolastiques (quoique ceux-ci aient modifié la conception précédente) qui, en interprétant *l'Hexameron*, admettaient, jusqu'au XIIIe siècle « la théorie traditionnelle de la production des plantes et des animaux, par l'activité efficiente et naturelle des corps inorganiques terrestres » (Dorlodot, 2009, p. 107). Il mentionne aussi la théorie d'origine aristotélicienne de l'influence des astres pour la production des plantes et des animaux, christianisée par les Scolastiques dont saint Albert le Grand et saint Thomas d'Aquin en y adjoignant l'influence des anges moteurs sur les astres :

> Saint Thomas dénie au monde terrestre l'activité que le sens obvie de l'Écriture Sainte et le sentiment commun des Pères lui attribuaient pour la production première des plantes et des animaux non raisonnables y compris leur âme : il attribue aux corps célestes et aux anges une causalité contre laquelle les Saints Pères ont énergiquement protesté ; enfin il nie qu'il existât dans le monde matériel aucune raison séminale active des animaux supérieurs avant leur production effective, alors que pareille distinction entre les animaux supérieurs et les animaux inférieurs n'a aucun fondement dans l'Écriture et qu'elle est formellement niée par l'interprétation des Saints Pères. C'est évidemment très hardi. Aussi l'aristotélisme de St. Thomas ne fut-il pas reçu sans grandes résistances. Néanmoins, si l'on excepte la causalité principale que St. Thomas attribuait aux anges moteurs des astres pour la production de la vie, son système finit par être généralement adopté dans les Écoles (Dorlodot, 2009, p. 109).

Saint Thomas aurait été guidé, dans cette traduction de l'aristotélisme en théologie chrétienne, par « le naturalisme chrétien ». Pour le Docteur angélique, « à partir de la constitution définitive du monde, à partir du 6e jour de *l'Hexaméron* dans l'hypothèse d'une succession réelle des jours, le monde contenait, formellement ou éminemment, toutes les perfections formelles des êtres qui devaient être réalisées par la suite » (idem, p. 110). Cette théorie thomiste était, dit de Dortlodot, « un beau rêve, une superstructure de paille : '*Omnia quae scripsi*, disait St. Thomas lui-même, après une longue extase que Dieu, pour l'humilier, lui accorda vers la fin de sa vie : '*omnia quae scripsi mihi videntur ut palea*e » (idem, p. 111). Cela étant dit, néanmoins, l'auteur analyse patiemment les idées principes chez les Pères et chez les Scolastiques concernant la « nature et l'ontologie de l'homme » (pp. 113-118) et sur la « possibilité philosophique de l'origine de l'homme par évolution phylogénétique » (pp. 119-195). Il ne serait pas pertinent de résumer l'ensemble de l'analyse de l'auteur ici, d'autant plus que, comme nous le disions, il ne s'agit pas d'une analyse véritablement comparative entre les idées darwiniennes et les fondements dogmatiques de la foi chrétienne, mais une tentative d'expliquer ces derniers sur base d'un parti pris d'avance pour la science, de laquelle le darwinisme est estimé par l'auteur partie prenante. Mais en approfondissant les questions de la nature et de l'homme à la lumière des affirmations de l'Écriture sainte concernant sa destinée surnaturelle, l'auteur ne peut que conclure à *l'incompatibilité* de certaines propositions darwiniennes avec la foi catholique orthodoxe. Indiquons seulement les conclusions principales, et pertinentes pour notre propos, de cette analyse des fondements de la foi chrétienne en rapport avec l'origine et la nature de l'être humain. Deux éléments sont ainsi à indiquer : l'élévation d'Adam à l'ordre surnaturel, préfigure de Christ, et l'origine surnaturelle d'Ève, préfigure de l'Église.

Premièrement, l'auteur conclut de son analyse des Pères, qu'« aucun Père n'a songé et n'a pu songer à une origine de l'homme par l'évolution phylogénétique[42] telle que nous l'imaginons aujourd'hui. Le temps très court qu'ils accordaient à l'évolution du monde jusqu'au moment de l'apparition de l'homme s'y opposait » (Dorlodot, 2009, p. 142). C'est ainsi que saint Augustin maintenaient l'ordre de l'apparition des êtres vivants tel que décrit au chapitre II de la Genèse et, comme les autres Pères, s'abstenait d'affirmer comme il le faisait pour les animaux, que l'homme ou le corps humain, ait été formé, d'après l'enseignement formel de l'Écriture c'est-à-dire par causalité active de la matière brute. La différence que les Pères affirment est celle de l'origine de l'âme de l'homme qui « a été créée directement par Dieu ». Et De Dorlodot de conclure qu'il « ne serait plus possible

[42] Ce terme « phylogénétique » renvoie à l'évolution des espèces à partir d'un ancêtre commun. C'est pourquoi Darwin parlait d'un « arbre évolutif » montrant les relations de parenté entre les êtres vivants et permettant de remonter à un ancêtre commun des descendants.

aujourd'hui d'entrer dans la voie tracée par ces grands Docteurs, autrement qu'en admettant, au moins dans une certaine mesure, l'origine de l'homme (ou du corps humain) par voie d'évolution phylogénétique » (idem). Mais le point le plus important est affirmé tout de suite :

> Toutefois, étant posé surtout ce que la théologie catholique enseigne aujourd'hui sur l'état SURNATUREL dans lequel Adam fuit constitutus et la probabilité de l'opinion d'après laquelle il a été constitué dans cet état dès sa première origine ; étant posée, en outre la nécessité d'admettre que l'organisation de son corps était compatible avec une mentalité morale très développée, il pourrait y avoir lieu de retenir quelque chose de l'opinion que S. Augustin propose simplement comme probable, lorsqu'il parle de l'origine d'Ève, en disant : qu'Adam était contenu virtuellement quant à sa substance naturelle, dans le phylome[43] dont il est issu ; mais que Dieu, voulant faire de lui un être surnaturel et le chef moral aussi bien que physique d'une race sainte, a voulu accélérer son évolution ; non pas par un « coup de pouce » comme on dit vulgairement, mais en USANT DU POUVOIR QU'A LA CAUSE PREMIÈRE DE PRODUIRE PAR LES CAUSES SECONDES L'EFFET QU'IL LEUR APPARTIENT DE PRODUIRE, MAIS EN SUIVANT UN MODE DIFFÉRENT DU MODE NORMAL. L'exemple que donne S. Augustin de la maternité virginale de la Sainte Vierge me paraît tout à fait ad rem (Dorlodot, 2009, p. 143, mise en forme dans le texte).

Cette position des Pères de l'Église qu'adopte l'auteur est fondamentale dans la mesure où elle introduit déjà le thème de l'origine d'Ève en insistant sur le projet de « surnaturalisation » de l'être humain par Dieu, idée qui, en elle-même, permettra de montrer le caractère « hérétique » des propositions de Darwin dans *La Descendance de l'homme* notamment le fait que Darwin refuse la foi en l'inspiration de l'Écriture sainte sans laquelle cette manière de voir l'origine de l'être humain (homme et femme) ne peut tenir la route. Avant cette conclusion néanmoins, l'auteur analyse la position des Scolastiques en critiquant d'ailleurs leur adoption de l'Aristotélisme, notamment en rapport avec l'influence des astres sur la génération spontanée des plantes et des animaux. « Nous savons aujourd'hui que les principes scientifiques sur lesquels se sont appuyés les Scolastiques ne sont pas fondés. Il n'y a donc lieu de tenir compte de leurs conclusions que dans la

[43] Ce terme semble un néologisme provenant de « **phylum** » qui signifie, en biologie, « souche d'où est issue une série généalogique ; suite des formes revêtues par les ascendants d'une espèce » ; et en zoologie, un « embranchement » (Larousse).

mesure où la science de notre temps le conseillerait [...] » (Dorlodot, 2009, p. 155). C'est ainsi que la question de l'origine d'Ève que l'auteur étudie avec beaucoup d'attention, se révèle déterminante pour montrer que les anciens Pères avaient théologiquement raison sur le caractère surnaturel de la production d'Ève à partir de la côte d'Adam. Mentionnons d'abord les conclusions de l'auteur à cet égard (Dorlodot, 2009, p. 178) :

> 1. La formation d'Ève *ex Adamo* me semble résulter assez clairement des témoignages de l'Écriture Sainte et de la Tradition, pour ne pouvoir être révoquée prudemment en doute. Il n'existe d'ailleurs aucune raison de la mettre en doute, sinon la difficulté de comprendre comment elle a pu se réaliser ; et cette difficulté n'a pas arrêté les Pères et les anciens Docteurs et théologiens, [...].
>
> 2. Cette production, selon un mode extraordinaire, doit être attribuée, sans doute, à la Toute-Puissance divine ; mais je pense qu'il faut ajouter qu'elle a été réalisée avec la coopération active d'Adam, agissant, sous l'influence divine, comme cause principale et par l'intermédiaire d'une portion de son organisme, qui, selon les lois générales de la biologie, contenait virtuellement la perfection de l'espèce et de la race sainte d'Adam. Sauf donc le mode extraordinaire pour l'espèce humaine, elle est tout à fait analogue aux phénomènes de génération agame si fréquents dans le règne animal. La science moderne, loin d'avoir créé de nouvelles difficultés, rend la chose moins difficile à comprendre. Elle fournit notamment une analogie, dont le défaut se présentait à l'esprit de S. Augustin comme la principale objection.
>
> 3. Cette origine d'Ève fut surnaturelle évidemment, puisque l'humanité adamique appartenait alors zoologiquement à l'ordre surnaturel ; mais elle était connaturelle à l'état de notre premier père, et il y avait exigence connaturelle au concours de Dieu nécessaire à ce mode de production. Enfin, tout bien considéré, il n'y rien en cela qui puisse effaroucher un naturaliste chrétien ; ce mode de production d'Ève était celui qui répondait le mieux à la « suave Providence de Dieu », et, étant posé l'élévation d'Adam à l'ordre surnaturel, il rentre tout à fait dans le cadre de la théorie de l'origine des espèces par évolution organique.

Pour comprendre ces conclusions, surtout la dernière qui réaffirme le naturalisme chrétien, il faut avoir en tête l'analyse précédente de l'auteur. Sans toutefois la reprendre en détail, fournissons-en quelques idées clés. Tout d'abord, l'auteur exploite à la fois le récit de la Genèse (Gn 2) qui affirme que Dieu a tiré Ève de la côte d'Adam, l'explication de Saint Paul du mystère du mariage, selon laquelle Christ qui, par sa mort-résurrection, a donné naissance à l'Église dont Il est l'Époux mystique, réalise l'image originelle du mariage entre un homme (Adam) et une femme (Ève), Christ étant le Nouvel Adam, l'Église la Nouvelle Ève. L'auteur combine toutefois cette explication théologique de l'origine d'Ève avec une explication évolutionniste liée à son corps. Ève a évolué à partir d'Adam, par un processus de reproduction agame avec l'intervention de Dieu. Comparant, à la suite de saint Augustin, la formation d'Ève à partir d'un morceau de la chair d'Adam à la formation de Christ dans le sein de la Vierge Marie, qui le porta pendant neuf mois alors même que sa conception fut complètement miraculeuse, l'auteur se garde toutefois de prétendre que la formation de la première femme à partir de l'homme soit surnaturelle au même titre que l'Incarnation du Verbe de Dieu dans le sein de la Vierge Marie. Le caractère surnaturel de la formation d'Ève, lié au statut surnaturel auquel Dieu avait déjà élevé Adam, est toutefois bien réel quoiqu'en termes différents que ceux de l'Incarnation :

> Car d'après le récit biblique elle a eu lieu après qu'Adam eut été introduit dans le Paradis terrestre, c'est-à-dire à un moment où sans conteste possible, la nature humaine était surnaturalisée dans Adam : elle eut lieu lorsqu'Adam avait reçu déjà, par révélation divine, le précepte positif de l'accomplissement duquel devait dépendre la propagation, chez ses descendants, de l'état de sainteté et de justice dans lequel il avait été constitué ; et c'est pour qu'il eût une aide appropriée à la propagation de cette race sainte, qu'il était nécessaire qu'Adam reçût une compagne semblable à lui, semblable non seulement parce qu'il appartenait comme lui à l'espèce humaine, mais aussi semblable par ces caractères raciaux de justice et de sainteté. Cette compagne ne pouvait évidemment être produite que par une opération surnaturelle (Dorlodot, 2009, pp. 169-170).

Pour l'auteur toutefois, il y a des opérations surnaturelles et « connaturelles » en même temps. Les actes surnaturels de l'intelligence et de la volonté lorsque l'âme est en état de grâce sont connaturels. La génération de descendants d'Adam aurait été connaturelle si Adam n'avait pas péché. « Car l'ordre surnaturel a ses lois établies par Dieu et découlant de la « surnature » comme les phénomènes naturels sont tels parce qu'ils procèdent de la nature créée par Dieu. Il eut été aussi connaturel à la race sanctifiée d'Adam de se propager dans la sainteté, qu'il est connaturel aujourd'hui à la race pécheresse de se propager dans le péché » (idem, p.170). Ainsi, puisque Dieu avait élevé Adam à l'ordre surnaturel avec le projet de faire se propager une race sanctifiée, la formation d'Ève de la virtualité d'Adam, qui était le seul être créé contenant la virtualité de la race sanctifiée, constituait un mode de « suave Providence », associant l'activité de la créature à sa propre activité. La théorie évolutionniste s'applique donc à la formation d'Ève seulement en tenant compte du fait que cette dernière s'est faite à partir de la virtualité existante en Adam, mais cette dernière n'est à son tour possible qu'à condition « que l'on tienne compte de l'élévation de la nature humaine à l'ordre surnaturel, dans Adam » (Dorlodot, 2009, p. 171). L'auteur affirme d'ailleurs être conforté dans son « naturalisme chrétien » en se réclamant de la pensée de S. Paul « qui se fonde sur l'origine de la femme pour appuyer des vérités importantes d'ordre dogmatique et moral, et sur la doctrine constante de la tradition catholique, qui a vu dans cette origine d'Ève, qu'elle a toujours envisagée comme historiquement vraie, l'image prophétique de l'Église naissante du Christ mourant sur la croix » (idem). C'est pourquoi, affirme en dernière analyse l'auteur, « la Commission biblique place la vérité historique de cette origine d'Ève au nombre des faits qui touchent aux fondements de la doctrine chrétienne » (ibid.).

Cette vérité est historique, bien sûr à titre de vérité révélée, mais les chapitres 2 et 3 du livre de la Genèse constituent un récit figuré et « d'un anthropomorphisme outré » (idem, p. 172). Le langage est figuré, car faisant agir Dieu comme un être humain (anthropomorphisme) et il vise à communiquer précisément le sens littéral du récit : « IL ÉTAIT IMPOSSIBLE MÊME À DIEU DE FAIRE NAÎTRE L'ÉPOUSE QUI CONVENAIT À ADAM AUTREMENT QU'EN LA FAISANT NAÎTRE D'ADAM » (Dorlodot, 2009, p. 174, majuscules dans le texte). D'où, pour l'auteur, ce sens littéral vise à communiquer le message mystique qui a été compris par l'Église à partir des affirmations de Jésus-Christ lui-même et de Saint Paul : l'Église prendra et ne peut prendre naissance que du Christ ; l'Église est si intimement unie à Christ qu'elle ne forme avec lui qu'un seul corps ; à l'image de cette union, le mari et la femme, dans le royaume de Christ, aussi bien que dans l'état de justice originelle, seront si intimement unis par la grâce, qu'on pourra dire d'eux aussi qu'ils ne forment qu'un seul corps mystique – De cela, Jésus-Christ, S. Paul et toute la tradition rendent témoignage (cf. idem, p. 175) [44]. Ainsi, affirme l'auteur, « il s'agit ici des relations essentielles entre le '*primus homo Adam*' et le '*novissimus Adam*, c'est-à-dire le Christ : relations qui appartiennent à la substance même de la tradition chrétienne » (ibid., à nous les italiques). En quoi consistent ces relations ? Dans les affirmations fondamentales de la foi chrétienne : Dieu a créé d'abord une humanité sainte, dans la personne du premier Adam ; mais cette humanité a été souillée dans sa source par le péché. D'Adam est par conséquent issue une race pécheresse au lieu de la race sainte dont il devait être la souche. Mais ayant pitié pour la race d'Adam, Dieu a suscité un nouvel Adam qui, s'offrant lui-même à Dieu par une obéissance sans tache, en expiation du péché de la désobéissance d'Adam, a satisfait à la justice divine et est devenu source unique d'une nouvelle race sainte.

Néanmoins, la première race était sainte, puis pécheresse au *sens corporel*, zoologique du mot, et transmettait corporellement son état, d'où la propagation corporelle du péché originel ; la nouvelle race sainte n'est une race qu'au *sens spirituel*. « La régénération par le Christ, ne porte pas, en effet, du moins dans cette vie et selon la Providence ordinaire, sur le corps, mais seulement sur l'âme ; au point qu'au point de vue zoologique, l'homme régénéré par le Christ continue à appartenir à la race déchue et bien que justifié et sanctifié, il ne pourra engendrer que des pécheurs » (id.). Cette régénération s'effectue et se perfectionne normalement par des moyens que Jésus-Christ a donnés à son épouse, l'Église, qui est ainsi son aide pour la régénération et la sanctification des âmes : les sacrements, la prédication ; la grâce divine, etc. les sacrements sont des symboles de la grâce invisible, fonctionnant *ex opere operato* mais pas *per traducem* (par la chair). Ce dernier moyen ayant été le seul mode de propagation de la première race tant sanctifiée que pécheresse.

Ces propositions fondamentales de la foi chrétienne étant déduites du récit de la création d'Adam et Ève, l'auteur d'adonne à un exercice d'analyse raisonnée concernant les questions moins fondamentales concernant l'existence des « préadamiques » et des « coadamiques » c'est-à-dire les affirmations selon lesquelles avant Adam auraient existé d'autres êtres

---

[44] L'auteur se réfère probablement aux passages bibliques suivants : « *C'est pourquoi l'homme quittera son père et sa mère et s'attachera à sa femme, et les deux deviendront une seule chair* » ; « *Ce que Dieu a joint, que l'homme ne le sépare pas* ». cf. Gn 2, 23-25 ; Mt 19,5 ;Mc10,7-8 ; Éph. 5,31.

humains (préadamiques) ou au même moment de la création d'Adam ou durant son existence (coadamiques) quoique non issus de lui.

Concernant la première question, le récit des Patriarche duquel l'on tente de tirer le problème en insistant sur la chronologie, ne permet pas de résoudre cette question puisque l'auteur du Livre de la Genèse n'a pas voulu enseigner véritablement une chronologie historique : « il semble incontestable que l'on doive envisager la 'chronologie des patriarches' comme n'ayant, dans l'esprit de l'auteur sacré, aucune valeur chronologique » (Dorlodot, 2009, p. 180). On pourra donc faire remonter l'origine d'Adam « aussi loin qu'on le croira nécessaire » (idem, p. 181), de sorte que l'hypothèse de l'existence d'êtres humains préadamiques devient absurde :

> Qu'Adam ne soit pas le premier ancêtre humain de notre humanité, qu'il ait eu, au sens propre et philosophique du terme, un autre père que Dieu, cela diminue incontestablement sa dignité de premier père et source unique de notre humanité, et l'on peut se demander jusqu'à quel point cette hypothèse se concilierait avec le texte du Livre de la Sagesse (X, 1) : 'qui primus formatus est a Deo pater orbis terrarum, cum solus esset creatus.' Et si nous ajoutons [...] que cette hypothèse nous semble ne pouvoir s'appuyer sur aucune base vraiment scientifique, nous pourrons conclure qu'elle est pour le moins téméraire ; mais peut-être mérite-t-elle une censure plus sévère (Dorlodot, 2009, p. 193, soulignement dans le texte).

Quant aux coadamiques, le problème se pose avec le châtiment de Caïn : ce dernier craint d'être tué par quiconque le rencontrera, après l'assassinat de son frère Abel (Gn 4). Cela laisse sous-entendre qu'il y avait d'autres humains sur la terre… Cette hypothèse est plus concrètement nourrie par le récit concernant les « fils des élohîm » (*benê-haélohîm* : fils des puissants) qui auraient trouvé les « filles d'Adam » belles ou bonnes et se seraient unies à elles (Gn 6, 2). L'auteur conclut de l'analyse exégétique de ce texte que les êtres non humains, « *benê-haélohîm* » (fils d'Élohim), coadamiques, ou des anges rebelles, dont parle notamment l'Épître de Jude, en référence au serpent-démon, auraient existé en même temps qu'Adam. Mais comme on le voit, ce n'étaient pas des humains :

> Le doute que nous formulons pourra étonner ceux qui ne sont pas au courant de l'histoire de l'exégèse biblique ; car il est écrit que les « fils des élohîm »

> virent que les « filles des adam » étaient bonnes et qu'ils prirent pour leurs épouses parmi toutes, celles qu'ils choisirent ». Cela indique un choix délibéré ; les « fils des élohîm » étaient donc doués d'intelligence : ce n'étaient pas des animaux dépourvus de raison. Mais il y a lieu de tenir compte de l'interprétation des anciens Pères, que ceux-ci avaient reçue eux-mêmes de la tradition juive, et qui, il faut l'avouer, répond mieux au sens naturel du terme « élohîm ». D'après cette antique tradition, les « benê-haélohîm » du VIe Chapitre de la Genèse seraient des anges rebelles (Dorlodot, 2009, pp. 189-190).

À part cette hypothèse donc, il n'y avait pas d'autres coadamiques : « Adam était réellement 'le premier formé' et le père commun de tous les hommes que regarde la Providence surnaturelle de Dieu et sa conservation, lorsqu'il était seul de sa race, il était également essentiel au but du salut du monde, quelque hypothèse que l'on suppose au sujet de l'existence ou de la persistance d'autres races, qui n'intéressent pas plus l'auteur sacré, que les espèces fossiles d'animaux ou de végétaux » (cf. Dorlodot, 2009, p. 185).

En définitive on peut constater que l'auteur s'efforce de comprendre l'origine de l'homme en tenant compte et en confirmant les données de la Révélation et les affirmations dogmatiques de la foi catholique. La surnaturalisation d'Adam par son introduction dans le Paradis terrestre (le Jardin d'Éden), la formation surnaturelle d'Ève quoiqu'à partir de chair d'Adam, l'affirmation du projet divin concernant le salut, et le maintien de l'idée d'une suave Providence divine qui préside à la conservation et à la propagation des espèces, la réaffirmation du mystère analogique du mariage et du corps mystique de Christ qu'est l'Église de Dieu, tout cet arsenal théologique typiquement chrétien est absolument absent dans toute perspective véritablement darwinienne de la nature et de l'origine de l'homme. D'où il nous semble important maintenant de tenter de dégager de manière générale, la conclusion que nous pouvons tirer de cette approche en rapport avec sa pertinence en tant que tentative de conciliation entre le darwinisme et la théologie chrétienne, en particulier l'éthique particulièrement concernée par ces développements dans son second volume.

5.2. Que dire de cette approche ?

Avant de conclure notre réflexion, disons quelques mots sur la pertinence de cette tentative de Henry de Dorlodot de concilier foi chrétienne et darwinisme, selon son acception exprimée dans les deux volumes dont nous venons de présenter les grandes lignes. Nous indiquerons notre point de vue concernant la question de l'origine de l'Univers et du vivant, la théorie des raisons séminales et des causes secondes dans son interprétation et son application par De Dorlodot, la question de l'origine de l'homme et de l'éthique ainsi que le point de départ de la réflexion de l'auteur sur ces sujets.

5.2.1. L'origine de l'Univers et du vivant

La création *ex nihilo* de tout ce qui existe et des espèces vivantes dans leurs différences essentielles est une affirmation fondamentale de l'Écriture Sainte du Judéo-christianisme. De Dorlodot a peut-être raison de montrer que cette affirmation biblique ne permet pas de comprendre pourquoi les êtres vivants évoluent. L'argument selon lequel l'auteur sacré en parlant de la création du monde entendait le monde tel qu'il est actuellement n'est pas tout à fait convainquant d'autant plus que l'auteur sacré indique qu'à l'origine le monde créé était bon et parfait et que par la suite est intervenu le mal qui a introduit le désordre dans la nature. L'auteur parle d'ailleurs à cet égard du péché d'Adam qui a perdu son état de sainteté originelle sans mentionner les conséquences de ce péché sur les créatures autres que l'être humain, pourtant bien affirmées par les Écritures. On ne peut pas conclure que l'auteur sacré ignorait qu'il y a une différence entre le monde tel que Dieu l'avait voulu et le monde tel qu'il est actuellement d'autant plus que la Révélation montre que la Création tout entière attend également sa restauration, le jour de la révélation des enfants de Dieu. Le Prophète Isaïe, en parlant des temps messianiques et eschatologiques, n'hésite pas à décrire l'image d'une création harmonieuse et restaurée :

> Puis un rameau sortira du tronc d'Isaï. Et un rejeton naîtra de ses racines. L'Esprit de l'Éternel reposera sur lui : Esprit de sagesse et d'intelligence, Esprit de conseil et de force, Esprit de connaissance et de crainte de l'Éternel. Il respirera la crainte de l'Éternel ; Il ne jugera point sur l'apparence, Il ne prononcera point sur un ouï-dire. Mais il jugera les pauvres avec équité. Et il prononcera avec droiture sur les malheureux de la terre. Il frappera la terre de sa parole comme d'une verge. Et du souffle de ses lèvres il fera mourir le

> méchant. La justice sera la ceinture de ses flancs, et la fidélité la ceinture de ses reins. Le loup habitera avec l'agneau. Et la panthère se couchera avec le chevreau. Le veau, le lionceau, et le bétail qu'on engraisse, seront ensemble. Et un petit enfant les conduira. La vache et l'ourse auront un même pâturage. Leurs petits un même gîte. Et le lion, comme le bœuf, mangera de la paille. Le nourrisson s'ébattra sur l'antre de la vipère. Et l'enfant sevré mettra sa main dans la caverne du basilic. Il ne se fera ni tort ni dommage sur toute ma montagne sainte. Car la terre sera remplie de la connaissance de l'Éternel, comme le fond de la mer par les eaux qui le couvrent. En ce jour, le rejeton d'Isaï sera là comme une bannière pour les peuples. Les nations se tourneront vers lui, et la gloire sera sa demeure (Isaï 11, 1-10).

Quelle que soit l'interprétation que l'on puisse faire de cet extrait, il est évident que le messianisme chrétien s'en sent fondé à titre de prophétie, puisqu'il est question ici de l'œuvre rédemptrice et restauratrice de Jésus-Christ, le « rejeton des racines d'Isaï, père biologique du roi David ». Cet extrait, souvent lu lors du temps de l'Avent (temps précédent les célébrations de la Nativité du Seigneur Jésus communément appelées « Noël »), déborde le seul salut de l'humanité, dont parle de Dorlodot dans son deuxième volume. Ce dernier n'a pas pourtant indiqué le rôle de l'Esprit Saint, l'Esprit de l'Éternel, dans le projet de constitution de la nouvelle race sainte en Jésus-Christ, rôle pourtant primordial du moment que le Messie lui-même en sera rempli et que c'est par Lui qu'il rendra la justice avec droiture et équité. Signe de la restauration par Dieu, dans le Fils, de toutes choses à commencer par la constitution de la nouvelle race des saints, l'Esprit Saint inspire également la crainte de l'Éternel qui avait manqué à Adam lors de la désobéissance. Or, dans le Récit de la Genèse, il est affirmé que l'Esprit de Dieu planait sur les eaux primordiales et que la création a été effectuée, non à l'aide des causes secondes, mais par la *Parole de Dieu* : *Dieu dit.....et cela fut* : « Au commencement, Dieu créa les cieux et la terre. La terre était informe et vide : il y avait des ténèbres à la surface de l'abîme, et l'esprit de Dieu se mouvait au-dessus des eaux [...]. Dieu dit : Que la lumière soit ! Et la lumière fut. Dieu vit que la lumière était bonne ; et Dieu sépara la lumière d'avec les ténèbres. Dieu appela la lumière jour, et il appela les ténèbres nuit. Ainsi, il y eut un soir, et il y eut un matin : ce fut le premier jour » (Gn 1, 1-2).

Il s'agit d'un autre aspect sur lequel l'auteur, dans son premier volume, n'a pas écrit : le pouvoir surnaturel de Dieu, de faire advenir les choses du néant, par sa seule Parole. Pourtant le prologue de l'Évangile de Jean affirme l'origine des choses dans ce sens : *le Verbe, la Parole, est au commencement de toute chose et rien n'a été fait sans lui* : « Au commencement était la Parole, et la Parole était avec Dieu, et la Parole était Dieu. Elle était au commencement avec Dieu. Toutes choses ont été faites par elle, et rien de ce qui a été fait n'a été fait sans elle » (Jn 1, 1-3). Dans la perspective de la Révélation biblique, l'origine de toute chose est de l'ordre du miracle, contrairement à ce qu'affirme De Dorlodot. On a affaire ici à la Parole qui crée. Il s'agit exactement du même phénomène que les miracles décrits dans le Nouveau Testament lorsque Jésus dit « seulement un mot » et les choses voulues adviennent. Jésus dit au paralytique de Bethesda : « *Veux-tu être guéri ? Le malade lui répondit : Seigneur, je n'ai personne pour me jeter dans la piscine quand l'eau est agitée, et, pendant que j'y vais, un autre descend avant moi.* ***Lève-toi, lui dit Jésus, prends ton lit et marche****. Aussitôt cet homme fut guéri ; il prit son lit, et marcha* » (Jn 5, 6-8). Nous ne mentionnons que cet exemple. Cette Parole qui crée est par définition *transcendante*, ne peut être comprise dans la chose créée. L'acte de la création est donc de l'ordre du transcendant, du surnaturel. C'est en tout cas ce qu'affirme la Sainte Écriture biblique en divers endroits dans l'Ancien comme dans le Nouveau Testament : « Le Dieu qui a fait le monde et tout ce qui s'y trouve, étant le Seigneur du ciel et de la terre, n'habite point dans des temples faits de main d'homme » (Ac.17, 24). Ce dogme n'est pas de l'ordre de l'observable ni du vérifiable par les sciences empiriques puisqu'il s'agit de l'origine de toutes choses : c'est pourquoi c'est par la foi qu'on reconnaît ce miracle et non au moyen d'aucune vérification : « C'est par la foi que nous reconnaissons que le monde a été formé *par la parole de Dieu*, en sorte que ce qu'on voit n'a pas été fait de choses visibles » (Hébreux 11 : 3).

> Deutéronome 10, 14 : « Voici, à l'Éternel, ton Dieu, appartiennent les cieux et les cieux des cieux, la terre et tout ce qu'elle renferme ».
> 1 Rois 8, 27 : « Mais quoi ! Dieu habiterait-il véritablement sur la terre ? Voici, les cieux et les cieux des cieux ne peuvent te contenir : combien moins cette maison que je t'ai bâtie ! »
> Psaume 115, 16 : « Les cieux sont les cieux de l'Éternel. Mais il a donné la terre aux fils de l'homme. »
> Psaume 33, 6. 9 : « Les cieux ont été faits par la parole de l'Éternel, et toute leur armée par le souffle de sa bouche » [...] « Car il dit et la chose arrive ; il ordonne et elle existe »

> Ésaïe 42, 5 : « Ainsi parle Dieu, l'Éternel, Qui a créé les cieux et qui les a déployés, Qui a étendu la terre et ses productions, Qui a donné la respiration à ceux qui la peuplent, Et le souffle à ceux qui y marchent. »
> Hébreux 1, 10 : Et encore : Toi, Seigneur, tu as au commencement fondé la terre, Et les cieux sont l'ouvrage de tes mains ;
> Apocalypse 4, 11 : Tu es digne, notre Seigneur et notre Dieu, de recevoir la gloire et l'honneur et la puissance ; car tu as créé toutes choses, et c'est par ta volonté qu'elles existent et qu'elles ont été créées.

Ces versets montrent tous (et bien d'autres), que la Révélation biblique affirme que Dieu a créé toutes choses (visibles et *invisibles*, en y incluant les espèces et les individus qui, par la mort, n'existent plus, *sont disparues*) par sa Parole et que c'est Lui qui les fait subsister. Le principe de l'évolution que défend De Dorlodot surtout dans son premier volume peut bien sûr s'entendre de plusieurs façons. Évidemment, cet auteur insiste surtout sur l'origine des choses vivantes, d'où il mentionne deux types d'évolutionnisme : celui qu'il appelle « absolu » posant à l'origine du vivant la matière non vivante, et celui qu'il qualifie de « modéré » considérant la vie comme ayant eu Dieu pour origine puisqu'il a été prouvé par la science qu'elle ne peut naître spontanément de la matière inanimée. Les deux formes d'évolutionnisme concernent le vivant, mais l'origine ultime de l'Univers est attribuée par l'auteur à Dieu.

Or, l'évolutionnisme athée, duquel ne se réclame pas bien sûr, De Dorlodot, pose la matière à l'origine de l'Univers, dans la théorie du « *Big Bang* ». Cette matière serait en elle-même éternelle. Voilà où l'on peut arriver si l'on adopte l'attitude évolutionniste niant le pouvoir absolu de Dieu de faire naître les choses à partir de rien, y compris les êtres vivants. La nécessité de la foi en Dieu pour accepter le dogme de la création *ex nihilo* du monde et des espèces vivantes se voit donc ici comme à l'œil nu. Il s'agit d'accepter *l'inspiration de l'Écriture sainte* sans laquelle le texte sacré devient difficile à accepter du point de vue purement rationnel et scientifique. Il s'agit précisément de comprendre les Écritures saintes comme expressions de la Parole vivante de Dieu, cette même Parole par laquelle toutes choses ont été créées. L'inspiration des Écritures n'étant pas une manière d'attribuer un sens mystérieux à chaque mot de la Bible, mais plutôt le fait de tenir l'ensemble des textes sacrés comme contenant la Parole de Dieu, il n'est pas nécessaire d'aller y chercher des significations scientifiques exactes par une exégèse pointilleuse, mais plutôt d'en saisir le sens profond et cohérent dictant la compréhension de chaque partie selon le

Dessein de Dieu que porte cette Parole. C'est donc dans cette foi par exemple que l'interprétation de l'histoire d'Israël, des Prophéties et même de l'Événement Jésus-Christ, en termes d'histoire du salut a un sens. C'est dans cette foi que se comprend aussi la notion eschatologique de la restauration qui concernera toute la création. Une fois la justice de Dieu restaurée parmi les hommes, la création tout entière en ressentira les effets : la violence sauvage qu'on attribue à la nature et à la chaîne alimentaire (les animaux se dévorant entre eux, sans pitié, les bêtes féroces se constituant en ennemis de l'être humain, l'être humain devenant « un loup pour l'homme », etc.) n'aura plus court. Les relations entre les vivants seront marquées d'amour et d'harmonie et la nourriture sera constituée non de la chair d'autres animaux, mais de végétaux… Dans ce sens, le naturalisme chrétien que prône l'auteur semble détaché de ce projet messianique de Dieu, au moins dans le premier volume sur le darwinisme. L'idée de la Providence divine qui est « suave », c'est-à-dire, douce dans le sens d'invisible et de bonne, s'accorde mal avec la violence atroce qui sévit dans la nature et qui a poussé les darwiniens, et Darwin lui-même, à rejeter tout finalisme dans l'évolution et toute inspiration des Écritures biblique.

Le concept de « lutte pour l'existence » que De Dorlodot ne mentionne pas alors qu'il doit figurer parmi les concepts fondamentaux du darwinisme, en lien bien entendu avec celui de « Sélection naturelle », renvoie à l'idée de l'impitoyabilité de la nature. La loi de la nature, qui est celle de la jungle, légitime la suprématie du plus fort et la destruction/élimination des vaincus et des faibles surtout si le fort en a besoin pour sa subsistance. S'il y a suavité dans ce spectacle impitoyable de la nature ce n'est que dans l'idée du théologien. Il faut intégrer la *défiguration de la Création par le péché et le mal*, et *rappeler l'activité du Diable dans le monde et dans la nature*, pour expliquer pourquoi tout ce qui se passe dans le monde n'est pas nécessairement œuvre de Providence divine, mais peut être œuvre du Diable qui bénéficie, selon la Révélation, d'un temps où Dieu ne l'empêche pas d'agir, pour des raisons que Dieu seul connaît, en attendant son jugement dernier. Il semble d'ailleurs que ce soit précisément ce constat du mal et de la souffrance impitoyable inhérente aux monde du vivant qui, après la perte prématurée de ses deux enfants, amena Darwin à rejeter tout Dessein intelligent dans la nature et à insister sur le caractère aveugle de la Sélection naturelle (Lambert, 2010, p. 122). D'où également la question des raisons séminales et des causes secondes peut ne pas expliquer complètement le fonctionnement de l'Univers quoique la doctrine philosophique acceptée par le catholicisme y soit favorable.

5.2.2. Raisons séminales et causes secondes

La théorie des raisons séminales et des causes secondes faisant de Dieu l'auteur indirect de tout ce qui se passe de la nature nous semble incompatible avec la Révélation biblique concernant l'origine du mal et du péché, on vient de le rappeler. Le monde dans lequel nous vivons, c'est-à-dire la nature, pas seulement l'être humain, a été affecté par le péché. Par le péché, le mal, la mort, sont entrés dans le monde (Rm 5, 12-13). Le bon grain cohabite avec l'ivraie, semée par l'ennemi (Mt 13, 24-30). D'ailleurs, les auteurs Scolastiques ont insisté sur l'action des anges, mais aussi des démons. Les penseurs modernes, surtout imprégnés de l'esprit scientifique, trouvent la croyance aux anges et aux démons inacceptable. On parle moins de péché, de mal, on rit de l'idée même de l'existence du Diable. La théorie darwinienne de la Sélection naturelle et de la lutte pour l'existence a contribué à cette *naturalisation des problèmes du mal et du péché*.

L'une des raisons de cet abandon du spirituel et de l'invisible c'est justement l'adoption, par les Scolastiques, de la physique d'Aristote en la christianisant. Comme l'a bien indiqué Jean Borélla (Borella, 1990), la physique aristotélicienne qui fut christianisée par les Scholastiques, le fut sur fond d'« un malentendu » de fond : le monde physique expliqué par Aristote est autonome en lui-même et ne suppose pas nécessairement les causes secondes divines pour fonctionner. En effet, pour Aristote, les deux mondes qu'avait théorisés son maître, Platon, n'étaient pas pertinents. Il n'existe que le seul monde physique dans lequel existent des formes et de la matière qui, unies, forment des substances. Pour Aristote, il n'y a pas d'autre ciel que le ciel visible à l'œil humain. Le Premier Moteur Immobile (« Moteur universel », dit De Dorlodot) n'intervient pas directement dans le déroulement des processus naturels de sorte que la théologie chrétienne, y compris la théorie des anges et des démons, qui suppose l'existence d'un monde divin, surnaturel, spirituel, différent du monde physique, se trouve surajoutée à la structure autonome du monde aristotélicien. Pour Jean Borélla, ce malentendu a justement conduit au désenchantement du monde et à l'avènement de la science empirique émancipée de toute conception théologique lorsque les scientifiques ont commencé à manipuler les choses du monde par l'observation et l'expérimentation sans constater aucune interférence des forces spirituelles. De Dorlodot lui-même pense que la dépendance essentielle des créatures vis-à-vis de Dieu qu'on nomme « la conservation des créatures par Dieu », n'est pas distincte de l'être et de l'activité naturelle de ces créatures (Dorlodot, 1921, p. 140)[45]. Or, le sens du spirituel rappelé plus haut, suppose qu'on distingue radicalement ce dernier des choses physiques, biologiques et rationalisables, qu'on accepte qu'il existe le domaine propre de l'Esprit. Tout phénomène qui peut être ramené à des causes rationnellement compréhensibles par la raison humaine se situe en deçà de ce que le christianisme et toutes les religions appellent « le spirituel ». Ce dernier se situe au-delà et en dehors du domaine du naturellement accessible à la raison humaine. Il est surnaturel et en cette qualité il peut envelopper, entourer, pénétrer le naturel sans que ce dernier soit modifié ou changé dans ses structures propres. Le défaut de réduire l'action de la Providence de Dieu à des causes secondes ou tout au moins de la comprendre de cette façon c'est qu'elle tend à nier la différence fondamentale qui existe entre l'être de Dieu qui est Esprit (Jn 4, 24) et l'être du monde qui est matière. L'Être de Dieu n'est pas rationnellement compréhensible. Il dépasse l'entendement humain. En tant qu'Être spirituel pur, son action dans le monde qui peut prendre la forme de relations personnelles ou d'enveloppement de l'Univers ou de compénétration des choses de l'Univers sans être visible, ou de réalité parallèle ou de mondes ou d'Univers d'une autre dimension comme tente de la représenter la science-fiction contemporaine, ne peut être rationalisée en termes de causes secondes ou de maître, architecte de l'univers.

Comprendre l'action de Dieu en termes spirituels et non rationnels aide à saisir aussi la manière dont les humains doivent se rapporter à Lui : l'action de la prière qui prend l'allure d'une communication interpersonnelle avec un Être invisible, mais capable de communiquer, d'entendre, d'écouter, mais aussi de parler, et de surcroît omniprésent d'une manière personnalisée, et non vague ou diffuse, autrement dit la communication spirituelle de la prière devenant une sorte de communication inter-mondes, inter-Univers, inter-dimensions, dans le sens où l'être humain, par son esprit, communique avec un Être absolument spirituel n'entendant que le langage de l'esprit, ce dernier pouvant bien sûr compénétrer la matière et le corps, sans en modifier les propriétés, à moins de vouloir ce faire ; voilà ce qui rend problématique,

[45] L'auteur renvoie à son propre travail à cet égard : H. de Dorlodot, *Quaestionum qudlibetalium Prima ! De vera creationis notione,* Sect. II, Art. II, §B, q.2.

d'un point de vue chrétien et biblique, la réduction de l'action de gouvernement du monde par Dieu à des causes secondes téléguidées pour ainsi dire par la Cause Première, une Cause Première tellement transcendante qu'elle n'est plus présente parmi les gens, dans leurs vies concrètes, dans leurs activités. Or, précisément, le Christianisme enseigne que Dieu est un Père, et qu'en Jésus-Christ, ce Père céleste, est devenu « Dieu avec nous », « Emmanuel ». Mais même à ce titre, la communication avec le Père se fait non dans la chair, non par l'activité ordinaire de notre corps et de notre intelligence, mais « en esprit » : « *Mais l'heure vient, et elle est déjà venue où les vrais adorateurs adoreront le Père en esprit et en vérité ; car ce sont là les adorateurs que le Père demande. Dieu est Esprit, et il faut que ceux qui l'adorent l'adorent en esprit et en vérité* » (Jn 4, 23-24). Il est donc ardu de rationaliser ce type de mystère, mais l'accueillir dans la foi et se laisser introduire dans la logique de la communication mystique, voilà la meilleure voie pour le comprendre. Au-delà de ce que la raison nous donne de comprendre de nous-mêmes et des choses du monde, la foi nous introduit dans un mystère qui nous dépasse, mais qui nous aide à mieux nous saisir nous-mêmes et à mieux comprendre le monde et sa réalité.

Qui plus est, la théorie des raisons séminales et des causes secondes suppose que l'évolution est un processus dirigé par la volonté de Dieu. Ce finalisme théologique défendu par de Dorlodot est incompatible avec la théorie darwinienne qui répudie l'idée de l'orientation vers un quelconque but dans l'évolution. L'auteur catholique n'a pas traité de l'idée principale de Darwin : la Sélection naturelle. À ce titre, Darwin lui-même a explicitement répudié toute idée de finalisme dans l'évolution en affirmant, vers la fin de sa vie, son agnosticisme et sa perte de toute foi en la Révélation chrétienne (Lambert, 2010, pp. 121-122) :

> Lorsque Darwin arrive à l'explication de l'origine des espèces et de l'émergence d'organes complexes par sélection naturelle, il ne voit plus l'intérêt de maintenir l'argument du « *Design in Nature* » en faveur de l'existence d'un Créateur. Il dit : « Le vieil argument d'une finalité dans la nature, comme le présente Paley, qui me semblait autrefois concluant est tombé depuis la découverte de la sélection naturelle. Désormais nous ne pouvons plus prétendre que la belle charnière d'une coquille bivalve doive avoir été faite par un être intelligent, comme la charnière d'une porte par l'homme. Il ne semble pas qu'il y ait une plus grande finalité dans la

variabilité des êtres organiques ou dans l'action de la sélection naturelle que dans la direction où souffle le vent ».

Le mécanisme aveugle de la Sélection naturelle est donc à l'origine des belles structures des organismes biologiques observables par l'œil humain. La Sélection naturelle est « un horloger aveugle » (R. Dawkins, 1986). Elle ne peut rien prévoir – *pre-videre* : l'idée de la Providence, de la « Suave Providence » est absolument anti-darwinienne. Si Dieu est à l'origine de l'Évolution, s'il gouverne l'Univers et le vivant par sa Puissance même en recourant aux causes secondes, expressions de sa Suave Providence, c'est qu'Il mène les créatures vers un but exprimé par les raisons séminales que la Création doit actualiser au cours des siècles, du moins selon la pensée que De Dorlodot retrace chez les Pères de l'Église comme saint Augustin et saint Grégoire de Nysse. Or, chez Darwin, Dame Nature ne prévoit rien. Elle agit uniquement pour la survie du plus apte dans la féroce lutte pour l'existence. Voilà pourquoi elle sélectionne les traits de caractère en vue de favoriser les mieux adaptés. Si de meilleurs traits apparaissent aléatoirement et s'avèrent plus profitables adaptativement à la survie de l'espèce, en termes de survie et de reproduction, Dame Nature les favorise, les sélectionne. Elle n'a aucun but autre que la survie de l'espèce et la transmission des gènes de génération en génération. C'est d'ailleurs la position des néo-darwiniens comme Richards Dawkins qui, dans *The Selfish Gene*, pense que l'individu biologique ne vit que pour transmettre ses gènes, ceux-ci étant les véritables maîtres du jeu dans l'évolution (R. Dawkins, 1976). Elle n'est l'expression d'aucune intelligence. Telle est la conception de l'évolution darwinienne.

De Dorlodot, semble n'en avoir pas compris les idées clés, mais à y regarder de plus près, comme on peut lire à la fin du second volume, il a choisi simplement d'ignorer la question de la Sélection naturelle (Dorlodot, 2009, p. 194) probablement parce qu'elle lui paraissait trop éloignée, pour ne pas dire incompatible, de ou avec la foi chrétienne à laquelle il tenait à rester fidèle. Incompatible de ce point de vue en effet parce que le judéo-christianisme enseigne un finalisme dogmatique : Dieu a conçu un plan de salut pour l'humanité, réalisé en Jésus-Christ qui mourut sur la Croix et ressuscita, et qui reviendra à la Parousie pour juger les vivants et les morts lors de la résurrection générale des morts. Le temps est donc orienté par ce projet divin, il a une origine et une fin. Rien ne se passe par hasard dans le monde présent. Si les forces opposées à ce projet et à Dieu pervertissent l'ordre que Dieu a voulu, ce dernier reste en contrôle et les laisse agir seulement par sa volonté permissive et pour un temps. Dieu est donc le véritable Horloger de l'Univers (en intégrant bien entendu, comme on vient de le montrer, la question de l'origine diabolique du mal), au sens vrai du terme, car tout Horloger ne peut être dit tel s'il n'est pas capable de prévoyance et d'intelligence, aucune horloge ne peut sortir des mains d'un aveugle ou d'un débile.

La théorie darwinienne tend aussi à amoindrir l'action de Dieu dans l'histoire pourtant affirmée dans le second volume concernant l'élévation de l'être humain à l'ordre surnaturel et la « Réparation » de la création en vertu de la Rédemption par le Christ, et par la création de l'Église. Il aurait fallu que l'auteur montre que Dieu, de nature personnelle, n'agit pas seulement par les forces naturelles (les lois de la nature) fixées une fois pour toutes, mais interagit avec les êtres libres que sont les humains à travers Christ qui est le Médiateur entre les êtres humains et le Père, mais aussi dans l'Église et dans son enseignement. L'auteur parle brièvement des sacrements dans le second volume, mais il ne clarifie pas la relation entre le discours sur l'Église et l'action de Dieu dans l'Église par les sacrements et le Saint-Esprit avec sa théorie évolutionniste. Car c'est là où se joue la conception darwinienne de l'éthique qui ne peut être conciliée avec l'éthique chrétienne si nous comprenons celle-ci en lien avec la notion centrale de la grâce.

5.2.3. L'origine de l'homme et l'éthique

La thèse de De Dorlodot sur l'origine de l'être humain est moins darwinienne qu'il le pensait peut-être lui-même. En effet, seul le principe évolutionniste voulant que l'être humain ait évolué à partir d'une espèce animale inférieure est défendu par le théologien catholique qui insiste toutefois que l'âme humaine a été créée immédiatement par Dieu qui « éleva la nature d'Adam à l'ordre surnaturel » (Dorlodot, 2009, p. 160, voir note 87.). On vient par ailleurs de le voir, De Dorlodot défend l'ordre surnaturel auquel Dieu a élevé Adam et dans lequel Dieu a créé Ève d'une manière absolument incompatible avec l'évolutionnisme darwinien. De Dorlodot affirme déceler un certain évolutionnisme dans le fait que la formation d'Ève nécessita le concours d'une partie de la chair d'Adam, mais là on voit que l'argument surnaturaliste prime sur celui naturaliste. Adam ayant déjà été élevé à l'ordre surnaturel lorsque Dieu le plaça dans le Paradis terrestre, l'Éden, Ève ayant été formée également de manière surnaturelle quoiqu'au moyen d'une « reproduction agame » dirigée par Dieu lui-même, le langage évolutionniste devient simplement inadéquat pour exprimer ce type de génération, ou tout au moins, il devient foncièrement non-darwinien, puisqu'on n'est plus dans l'ordre naturel. L'évolutionnisme darwinien est en effet *entièrement naturaliste.* Il est ainsi clair que la théorie de l'origine de l'homme défendue par Henry de Dorlodot, inscrite dans la perspective de la foi chrétienne, catholique orthodoxe, ne peut se concilier avec le naturalisme darwinien.

Du point de vue de l'éthique, cette incompatibilité devient flagrante. On l'a vu amplement dans notre second chapitre, Darwin a développé dans *La descendance de l'homme* une conception naturaliste, évolutionniste et matérialiste de l'éthique. Interprétant les différences fondamentales entre les animaux, les bêtes sauvages et les humains en termes gradualistes, au moyen de la théorie selon laquelle des millions d'années ont été nécessaires pour que ces différences deviennent réelles et parviennent à la perfection qu'elles ont actuellement chez l'être humain, Darwin n'introduit aucun agent extérieur à la nature et à la société pour expliquer l'éthique. Cette dernière a nécessité le développement chez l'être humain des conditions corporelles nécessaires aux facultés intellectuelles et langagières, elles-mêmes nécessaires aux idées complexes sans lesquelles aucune action éthique n'est possible. Ces conditions corporelles comprenant notamment un cerveau très développé et une constitution de la bouche susceptible d'articuler le langage. Elles comprennent aussi la stature debout et la bipédie qui rentrent dans les conditions nécessaires au développement du langage articulé associé à l'habileté des mains libres visant à accomplir des gestes et des signes langagiers. Ces conditions ont été acquises, selon Darwin, par une évolution biologique lente et graduelle à partir des animaux supérieurs. Le sens moral s'est développé à partir des instincts sociaux, nourris par le développement des sentiments comme la sympathie, l'amour de la louange et de l'approbation, la crainte d'être blâmé ou désapprouvé par les semblables, etc. La sympathie, d'abord limitée aux membres de la même tribu, s'est progressivement étendue aux autres groupes humains et finalement, dans les sociétés dites civilisées, ce sentiment s'est universalisé.

Ce récit de l'origine de la moralité ressemble davantage à un conte, aux allures du récit biblique de la Création, à une seule différence fondamentale près : on reconnaît au récit biblique de la Création le caractère d'inspiré par

Dieu qui s'est révélé, alors que l'histoire racontée par Darwin, qui ne reconnaît pas la réalité de l'inspiration, n'est qu'une théorie que son auteur entendait ériger en vérité scientifique. Nous l'avons déjà dit, la plupart des affirmations de Darwin concernant l'origine des facultés intellectuelles, morales et religieuses de l'être humain ne sont pas fondées sur une démonstration scientifique rigoureuse, mais sur des hypothèses et des affirmations en termes de probabilités, de possibilités, etc. On ne peut aller chercher dans ce type d'affirmations de la vérité scientifique au vrai sens du terme, sauf bien entendu, si l'on veut à tout prix remplacer les croyances religieuses à cet égard par quelque théorie ayant les apparences d'une science, parce qu'elle s'affirme naturaliste et matérialiste, refusant d'expliquer les choses par des mystères. Un tel choix cependant ne nous semble pas moins religieux que celui consistant à adhérer par la foi au récit biblique de la Création selon lequel Dieu a créé le monde et tout ce qui s'y trouve, y compris les êtres vivants actuels *et disparus* dans leurs spécificités fondamentales.

Le mystère n'ayant pas été élucidé, adhérer à une théorie fondée sur des suppositions peut d'ailleurs être plus fanatique qu'admettre simplement une explication religieuse dans la mesure où sa vérité, quoique ne reposant pas sur une démonstration scientifique, s'intègre dans un sens global qui a fait ses preuves en termes d'efficacité vitale et d'orientation éthique. Cette orientation éthique est en même temps un fond de signification pour la vie humaine et pour le monde en général du point de vue des hommes. C'est ici qu'il faut situer l'explication chrétienne de l'origine et de la réalité de l'éthique. De Dorlodot en a parlé rarement dans son second volume sans développer ce volet fondamental de la foi chrétienne, notamment lorsqu'il parle du rapport prophétique entre la formation d'Ève et l'origine de l'Église chrétienne : « Ma croyance est basée sur les assertions de S. Paul, qui se fonde sur cette origine de la femme, pour appuyer des vérités importantes d'ordre dogmatique et moral, et sur la doctrine constante de la tradition catholique qui a vu dans cette origine d'Ève, qu'elle a toujours envisagée comme historiquement vraie, l'image prophétique de l'Église naissante du Christ mourant sur la croix » (Dorlodot, 2009, p. 171).

La conception chrétienne de l'éthique est donc liée à la conception même de l'origine de l'être humain (homme et femme), plus particulièrement de l'origine de la femme du fait de la préfiguration de cette dernière origine de l'origine de l'Église en Jésus-Christ. C'est d'ailleurs un thème similaire qui, à quelques égards, est développé par Saint Paul lorsqu'il parle de l'origine de la Loi et du règne de la grâce en référence aux deux fils d'Abraham nés de deux femmes, l'une libre (Sarah) et l'autre esclave (Agar) (Ga 4, 21-31). Comme l'origine d'Ève fut surnaturelle, Dieu la tirant de la côte d'Adam déjà surnaturalisé, la naissance d'Isaac si elle ne fut pas surnaturelle, eut quelque chose de miraculeux, de symbolique, de préfigurant : d'une femme stérile, avancée en âge, naturellement inapte à procréer, Dieu suscita une fécondité, car c'est elle qui devait, selon Son plan, enfanter le fils de la promesse. Enfant donc miraculeux, Isaac, le fils de la promesse devait encore « simuler » le véritable sacrifice d'un « Fils de l'Homme » lorsque Dieu exigea de son père qu'il l'immolât sur le mont Moira avant de le remplacer *in extremis* par un bélier. Pendant toute la durée de l'âge de la Loi, ce bélier ou un animal similaire devait toujours se substituer au pécheur humain qui méritait le châtiment de la mort. Il a fallu attendre la réalisation de la promesse dont Isaac ne servait que de figure pour voir la fin de la substitution perpétuelle de l'homme par une bête, mais cette fois-ci d'une manière unique et définitive : le Fils de l'Homme, à la place de tous les hommes, subit finalement le châtiment de la mort (le « sacrifice ») devenant ainsi l'« Agneau de Dieu qui ôte le péché du monde » (Is 53, Jn 1, 29).

Ce sacrifice suprême, dont le signe fut donné par Dieu en demandant le sacrifice d'Isaac à Abraham, mit fin à la substitution des hommes par des bêtes, Jésus étant sacrifié, Lui qui n'était pas pourtant compté parmi les pécheurs, à la place de tous. Ainsi, il inaugura l'âge de la Grâce, dans laquelle la véritable liberté, préfigurée par Sarah, la femme libre, devenait une réalité spirituelle dans une Église fondée en Christ : « *C'est pourquoi, frères, nous ne sommes pas enfants de l'esclave, mais de la femme libre* » (Ga 4, 31). La nouvelle race sainte, à la différence de l'ancienne, l'est au sens spirituel, la liberté du chrétien est d'abord une liberté spirituelle, une liberté de l'âme. Si le péché, comme le rappelle De Dorldot, se propageait corporellement en vertu de la condition du Premier Adam qui était la souche d'une race sainte, puis pécheresse, en vertu de sa nature corporelle, la sainteté acquise par la grâce se propage de manière spirituelle, car la régénération par Christ, le Nouvel Adam, concerne l'âme, le cœur, alors que l'être humain dans sa chair, demeure corporellement solidaire de la condition du Premier Adam (cf. Dorlodot, 2009, p. 175). Nous pouvons donc voir ici que l'éthique chrétienne se fonde sur le projet de Dieu de se constituer une « race de saints », ce « peuple acquis, ce sacerdoce royal, cette nation sainte » dont parle saint Pierre (1 P 2, 9) et dont la sainte Écriture parle dès l'Ancien Testament : « Vous serez pour moi un royaume de sacrificateurs et une nation sainte » (Ex 19, 6). Une telle éthique fondée sur la vocation à la sainteté ne peut être simplement dictée par des instincts. La biologie, les instincts sociaux, la sympathie, l'altruisme, etc. ne suffisent absolument pas à établir une telle éthique de la sainteté. Celle-ci découle de l'élévation par Dieu de la nature humaine à l'ordre surnaturel, dont Adam fut d'abord déchu par le péché et qui fut spirituellement recouvrée en Jésus-Christ. En Jésus-Christ sont disponibles, pour reprendre la terminologie thomasienne, la grâce divine *sanante* d'abord pour guérir le pécheur qui se repent, ensuite la grâce *élevante* et *sanctifiante*, *habituelle* pour l'élever à l'orientation fondamentale vers sa destinée surnaturelle et maintenir le chrétien dans le nouvel état de grâce (vie nouvelle en Christ) moyennant toutefois sa coopération volontaire. L'envoi du Saint-Esprit (*grâce increée*) dans le cœur du croyant constitue, comme dit l'Écriture, « le sceau » (2 Co 1, 21-22), la confirmation de cette dignité de l'élévation à la filiation divine par adoption : « Parce que vous êtes fils, Dieu a envoyé dans vos cours l'Esprit de son Fils, lequel crie Abba, Père ! » (Ga 4, 4-7).

Dans ce sens foncièrement chrétien, l'agir moral n'est donc plus un agir purement humain, mais un agir dans lequel l'humain coopère avec la grâce surnaturelle de Dieu. Ce que la théologie chrétienne a appelé des « *vertus théologales* » : la foi, l'espérance et l'amour, exprime cette interaction entre l'humain et le divin dans l'agir chrétien. Il ne s'agit pas d'une manière métaphorique ou figurée de parler, mais du christianisme véritable, celui que John Wesley appelait « *true, genuine Christianity* » (Collins, 2007, p. 256), c'est-à-dire celui fondé sur l'expérience de la « Nouvelle naissance » ou la renaissance dont parle l'Évangile de Jean (Jean 3, 1-16) et saint Thomas d'Aquin en rapport avec « la justification de l'impie » (*Ia-IIae Pars* Q113). Dans ce christianisme, l'être humain expérimente un changement intérieur par la *grâce justifiante* qui culmine dans une inhabitation réelle de l'Esprit Saint, fondement de la « vie nouvelle en Christ » : « *Si quelqu'un est en Christ, il est une nouvelle créature. Les choses anciennes sont passées ; voici, toutes choses sont devenues nouvelles.* » (2 Co 5, 17). Dans ce sens, c'est l'être chrétien qu'il faut d'abord comprendre avant de comprendre son agir. L'être chrétien ne peut être identifié à l'être humain tout court. Si ce dernier, descendant d'Adam, demeure appelé à la vie de Dieu, à la vie surnaturelle, il reste qu'il ne peut s'y orienter lui-même par ses propres forces parce que le péché a rendu cette liberté pour Dieu gravement affectée comme l'a bien montré saint Augustin, le Docteur de la grâce, établissant par le fait même la nécessité universelle de la grâce de Dieu pour la vie véritablement morale de l'être humain. C'est en vertu de cette *justification-régénération* que l'être humain devient chrétien et voit l'intervention de Dieu dans sa nature qui y infuse Ses vertus, et lui fait don du Saint-Esprit, « gage de l'héritage de la vie éternelle » (Eph 1, 13-14).

Une telle éthique de la foi en Jésus-Christ, de l'espérance dans la vie éternelle à venir et de l'amour de Dieu et du prochain a été enseignée aux sociétés occidentales, non sans difficulté ou sans hauts et bas, durant les 20 derniers siècles. Si Darwin peut à juste titre parler de nations civilisées ayant pu étendre la sympathie à l'ensemble des peuples humains, y compris envers les peuples que lui-même qualifie de « sauvages » (mais il faut nuancer ce propos étant donné les horreurs de l'esclavage des Noirs, de la conquête des terres américaines, australiennes et africaines, et de la colonisation) ; l'éthique chrétienne y est certainement pour une grande part. Il ne s'agit certainement pas d'un stade d'évolution biologique avancé, d'un degré avancé de civilisation produit par la Sélection naturelle, comme l'affirme Darwin et les darwiniens. Il s'agit au contraire du résultat de l'influence de la pensée chrétienne mêlée avec la sagesse philosophique issue du monde romain et grec antiques, pensée éthique en l'occurrence, d'abord en tant que religion monopolisée : la Chrétienté médiévale et le saint Empire Romain germanique tout imprégné de catholicisme, les royaumes chrétiens, catholiques et protestants après la fameuse *Paix de Westphalie* (1648) qui entérina le principe du *Cuius regio, eius religio* à Augsbourg en 1555 (les sujets devaient adopter la religion de leur prince) ; ensuite en tant que religion sécularisée, dans les sociétés laïcisées et postchrétiennes (Gauchet, 1985).

On voit d'ailleurs dans le cadre de ces dernières, l'éthique chrétienne sécularisée concurrencée par d'autres éthiques souvent plus religieuses que cette dernière dans la mesure où justement elle ne se dit plus religieuse, dans le cadre des sociétés pluralisées. Elle ne peut plus informer véritablement la vie des gens, puisque son volet surnaturel interpellant l'intérieur, la conscience, a été évacué. Les gens se conduisent d'une manière politiquement correcte, donc extérieure, en respectant l'éthique de la tolérance et de l'ouverture bienveillante à l'autre, surtout à l'autre du point de vue culturel et religieux. Mais ce comportement officiel et superficiel cache souvent un égoïsme poussé, un individualiste dépourvu de tout sens du don de soi à l'autre, ayant perdu tout repère pour distinguer *a priori* le bien du mal et impliquer la conscience profonde dans la disposition face aux choix éthiques. Cet individualisme se constate, non dans l'espace public, où les règles sociales établies promeuvent l'esprit de la gentillesse et de l'ouverture aux autres dictée par ce comportement politiquement correct que nous venons de décrire, mais dans l'espace privé. Il se constate dans les familles, dans les relations entre les genres, dans les relations entre parents et enfants, dans les ménages, dans la vie intime privée où des crimes odieux se perpètrent souvent lorsque la police publique n'intervient pas à temps (incestes, viols, divorces fréquents ou mariages à biens séparés c'est-à-dire sans véritable communion autre que la rencontre des corps et l'instrumentalisation mutuelle, sans parler de la problématique des identités en termes de genres et de la définition même de l'idée de famille, etc.). Car, en effet, l'éthique véritablement chrétienne comporte les deux dimensions du Grand Commandement biblique : *l'amour de Dieu* vient en premier (dimension verticale), *l'amour du prochain* ensuite (dimension horizontale). L'amour de Dieu doit informer, illuminer, orienter, actualiser, rendre possible l'amour du prochain. C'est par l'amour de Dieu que la grâce transforme l'amour du prochain en une vertu théologale. Séculariser l'éthique chrétienne c'est la détruire en l'amputant de sa dimension verticale (l'amour de Dieu). Émanciper l'éthique chrétienne de la dépendance d'avec la grâce salvifique et sanctifiante, c'est comme déraciner un arbre de son sol fertile en prétendant vouloir mieux profiter de ses fruits, de son feuillage et de sa sève. Or, l'amour de Dieu, nous dit saint Jean, consiste dans la mise en pratique de ses commandements (Jn 14, 21 ; 1 Jn 5,3), et ces commandements concernent les deux dimensions de l'amour et encadrent et orientent donc toute la vie éthique du chrétien.

Jésus a également insisté sur cet aspect pratique de l'Évangile en comparant celui qui écoute et met en pratique sa Parole à un homme prudent, intelligent qui, en construisant sa maison, la fonde sur un roc inébranlable. Tandis que l'homme choisissant l'attitude contraire, c'est-à-dire écoutant sa Parole sans la mettre en pratique, est comparé à un insensé, un fou, un déphasé mental qui ne se préoccupe pas de fonder sa construction sur une fondation solide et choisit même de l'ériger sur du sable mouvant (Mt 7, 24-29). Comme personne dans la vie réelle n'aimerait devenir fou et que tout le monde veut être compté parmi les intelligents, il est clair que c'est le sérieux qu'on accorde à ces paroles bibliques qui détermine le comportement adopté tant d'un point de vue de foi que de celui éthique. Celui qui prend ces paroles évangéliques au sérieux sait que la comparaison que Jésus fait concerne non les choses de ce monde, mais les choses du royaume de Dieu. L'intelligence dont il parle n'est pas identique au savoir scientifique et technique ni à la capacité de savoir bien gagner sa lutte pour l'existence. Elle a trait à la sagesse quant aux réalités spirituelles qui sont concernées par la Parole de Dieu visant l'orientation vers la destinée éternelle. De telle façon que la folie quant aux choses divines peut précisément se trouver, se localiser, là où abonde la sagesse quant aux choses du monde : la science et la technique, l'intelligence dans les choses du monde ; et la sagesse quant aux choses divines là où abonde l'ignorance quant aux choses du monde.

Il faut cependant se garder soigneusement de catégoriser de façon binaire les hommes entre sages selon le monde et sages selon Dieu, par le critère du degré d'érudition et d'instruction. Dans toutes les catégories sociales, les sages selon le monde et les sages selon Dieu peuvent s'y retrouver. Le seul critère pour les connaître c'est justement cette écoute de la Parole de Dieu et cette propension à la prendre au sérieux, à la vivre, à la mettre en pratique. Un érudit ayant la sagesse selon Dieu, sait séparer son savoir fondé sur les capacités de la raison humaine, de sa connaissance d'ordre spirituel, fondée à la fois sur la compréhension par la raison de ses propres limites et l'acceptation du mystère de Dieu dans lequel opère l'Esprit-Saint. Sa science concernant les choses de ce monde sera alors utilisée dans les limites encadrées par la Loi de Dieu dans la mesure où la sagesse selon Dieu dépasse et enveloppe toute connaissance par la raison, l'érudit ayant acquis cette sagesse ne peut utiliser sa science sans tenir compte des exigences de la Loi de Dieu en qui il croit. De même, des personnes n'ayant aucune érudition ou instruction ou n'en ayant acquis que peu, peuvent se refuser à toute recherche de la sagesse de Dieu en ne vivant que par les tendances naturelles qui favorisent, comme le montrent les darwiniens, l'égoïsme biologique tant sur le plan des besoins physiques que sur celui des instincts sociaux. Si le manque d'instruction ou d'érudition peut prédisposer à une foi confiante en raison d'un manque de sens critique poussé (sens qui se développe généralement avec les études, surtout les études universitaires développées depuis l'avènement de la modernité), rien ne garantit que la personne non instruite devienne plus sage selon la célèbre parole de Jésus : en écoutant la Parole de Dieu et en la mettant en pratique.

On peut par exemple voir une application directe de ce que nous venons de dire dans le domaine, tout récent, de la *bioéthique*. L'éthique chrétienne ne peut ici se réduire à une procédure, une recette, visant à faciliter la prise de décision dans le strict respect de l'intérêt de l'individu concerné qui l'exprime pour lui-même ou par le biais de ses proches, comme l'affirment par exemple certains philosophes bioéthiciens (Legault, 1999 ; Malherbe, 1996, 2001). Dans la perspective de l'éthique naturaliste, darwinienne en l'occurrence, et en contexte pluraliste, la décision sera une affaire entièrement sociale et humaine. L'individu concerné par la décision est le premier impliqué, il doit, s'il en est encore capable, par exemple dans le cas de l'euthanasie, décider lui-même ce qu'il veut faire de sa vie. Sa famille directe est la prochaine impliquée. Souvent celle-ci décide à la place d'un individu rendu à un stade où il n'est plus capable de décider pour lui-même. L'individu concerné et sa famille expriment leur volonté en tenant compte de leurs valeurs, de leurs croyances, des conseils et avis reçus de par les groupes ecclésiaux ou autres dans lesquels ils évoluent, s'il y a lieu.

Ensuite vient la société, l'État et les instances médicales appliquant les législations en vigueur, et les avis des éthiciens (philosophes et théologiens) lorsque ceux-ci existent, soit organisés en comités d'éthique ou sous toute autre forme d'intervention. En principe, la décision finale doit être conforme à l'intérêt de l'individu compris en termes de droits individuels dans le sens naturel promu par la modernité. Les valeurs religieuses, les commandements de Dieu, peuvent être pertinents uniquement si l'individu concerné y adhère et veut leur respect. Auquel cas, les autres instances ne peuvent, en tenant compte du droit fondamental à la liberté de la conscience et de religion, passer outre sa volonté et le forcer à accepter une décision contraire. On a vu par exemple, des cas de refus par des Témoins de Jéhovah, de la transfusion sanguine au nom de leur interprétation des Écritures bibliques, jusqu'à accepter de mourir sans que les différents intervenants les contraignent à accepter une transfusion sanguine constituant souvent l'unique moyen d'arrêter le processus biologique vers la mort. Où situons-nous le problème ? Au niveau de la parole de l'éthicien théologien chrétien. Qu'est-ce qui guide ce dernier dans son intervention ? Évidemment, du point de vue chrétien, il ne peut y aller seulement par la raison. Il doit d'abord et avant tout prendre en compte le sens du cas en présence selon la Parole de Dieu (Écriture biblique et Tradition, c'est-à-dire la compréhension ecclésiale et historique de la première). Dans la perspective de l'éthique chrétienne, la prise de décision éthique, en bioéthique ou dans d'autres domaines, ne peut être une affaire uniquement sociale et humaine, elle doit impliquer la dimension de la transcendance, les exigences de Dieu exprimées dans la Révélation. L'avis du bioéthicien chrétien doit donc exiger la mise en pratique de la Parole. Dans le cas de l'euthanasie, l'avis d'un éthicien catholique ou chrétien, ne peut passer outre l'interdiction du suicide identifié à un meurtre dans la Bible et par l'Église depuis sa fondation. L'avis de l'éthicien chrétien et théologien est donc un avis visant la mise en pratique par les individus concernés de la Parole de Dieu. Ces derniers peuvent, bien entendu s'y dérober, mais cela ne doit pas être encouragé par l'éthicien chrétien au nom de la « compassion » ou de la conciliation ou de la perspective dialogique prônée par la philosophie contemporaine pour laquelle aucun fondement métaphysique de l'éthique n'existe. Cette absence de fondement à l'éthique est le résultat de l'adoption de la perspective naturaliste et évolutionniste, darwinienne en l'occurrence, qui a fini par imposer sa vision du monde et de la vie humaine en se présentant sous le chapeau du rationalisme scientifique.

Ainsi, en christianisme, la vie éthique ne peut évacuer *l'idée du péché* puisqu'elle vise, elle est ordonnée à, la sainteté. Le sens du commandement est lié à la notion du péché. Ce dernier n'est pas avant tout une offense contre le prochain ni contre le bien commun au sens socio-politique du terme, il est d'abord et fondamentalement *une offense contre Dieu.* Il ne s'agit pas simplement d'une vie morale pour le bien-être social ou collectif avec d'autres humains, *il s'agit d'une vie éthique ordonnée à la vie surnaturelle, à la félicité éternelle, au Royaume de Dieu.* C'est là le fondement ultime de l'éthique chrétienne. Or, l'éthique darwinienne, naturaliste, sans fondement métaphysique, se situe aux antipodes de cette éthique chrétienne dont les exigences visent la réalisation d'une destinée surnaturelle et pour laquelle des ressources surnaturelles de Dieu (la grâce, le Saint-Esprit) ont été disposées en Christ et dans son Église pour que le chrétien soit *réellement* capable, de lui-même, de bonne volonté, de la pleine réalisation de sa vocation.

5.2.4. Le point de départ de la réflexion théologique

Il est enfin intéressant de voir que De Dorlodot a inversé la perspective. Son point de départ de la réflexion, surtout dans le premier volume, est la théorie évolutionniste darwinienne, considérée comme vraie. Il réaffirme cette vérité du darwinisme exposé dans *L'origine des espèces* à la fin de son second volume : « Ce qui importe ici, c'est qu'on ne peut trouver la moindre erreur doctrinale dans '*The Origin of Species*' » (Dorlodot, 2009, p. 194). C'est à travers ses lunettes darwiniennes qu'il entend interroger tous les éléments du christianisme qui lui seraient opposés, identifier, valoriser et expliquer tous les autres éléments qui lui sont favorables. Il s'agit donc d'un renversement de perspective. Au lieu de partir de la religion dont il est l'un des ministres pour ensuite interroger la nouvelle théorie à la lumière de sa foi, il choisit de partir de cette nouvelle théorie pour interroger sa propre religion. Cette perspective nous paraît pour le moins étrange et difficile à comprendre. Car, si l'on part de l'affirmation de la foi chrétienne dans ses différents dogmes, les grandes idées de la théorie darwinienne ne peuvent être acceptées. Qu'il nous soit permis de revenir sur les différents principes que nous avons énoncés dans le chapitre précédent qui caractérisent fondamentalement l'attitude chrétienne. Il n'est pas compliqué de voir que ces principes ne peuvent permettre l'acceptation du darwinisme dans ses grandes idées. Le principe de la Révélation pose l'inspiration de l'Écriture sainte qui fonde l'acceptation de cette dernière à titre de « Parole de Dieu ». De cette façon, l'idée selon laquelle Dieu aurait impulsé les puissances de la vie dans quelques ou une seule forme originelle qui aurait alors évolué sur des temps géologiques en la diversité des espèces vivantes que l'on connaît contredit le sens commun dégagé de l'idée de la création de Dieu de toutes les espèces vivantes dès l'origine du moins dans leurs caractères essentiels : ce qui est généralement la position que les évolutionnistes ont qualifiée de « fixiste ».

Quel que soit l'apport de la pensée évolutionniste en rapport avec l'effet des combinaisons des gènes et des caractères notamment au moyen de la reproduction sexuée, combinaison qui résulte sans aucun doute en une modification progressive des caractères, il demeure audacieux d'affirmer que ces modifications donneront lieu à de nouvelles espèces distinctes des parents sans avoir directement observé ce type de mutation majeure. En effet, la reproduction se limite généralement à la combinaison des gènes et du patrimoine chromosomique des individus de la même espèce, de sorte que les humains engendrent toujours les humains, les animaux de même, selon leurs espèces, etc., et que, comme le disaient certains scientifiques critiques de la théorie darwinienne, les malformations génétiques sont toujours éliminées par la nature qui est donc plutôt 'protectionniste' de ces formes originelles plutôt qu'adepte du changement évolutif. Ces chercheurs ont par ailleurs montré que l'information génétique contenue dans l'ADN est hautement sophistiquée et organisée de telle sorte qu'il est absolument impossible qu'elle se soit mise en place aléatoirement (Wilders et al., 1991). Partir de la thèse fixiste tirée de la Révélation biblique devrait donc être le point de départ logique d'un théologien chrétien qui chercherait les éléments probants de la nouvelle théorie qui tenterait d'ébranler sa foi.

De même, le principe du spirituel sur lequel est bâti tout l'édifice de la foi chrétienne (et qui d'ailleurs est partagé par la plupart d'autres religions) pose à son tour l'existence d'une réalité autre que la matière, d'un Esprit et des esprits. Dire que Dieu est Esprit interdit de le ramener aux dimensions et aux capacités de l'intelligence humaine pour le comprendre et rationnaliser son action. Affirmer alors que Dieu ne pouvait pas créer toutes les espèces sans recourir aux temps géologiques et à la matière de la macroévolution c'est vouloir délimiter l'étendue de la puissance divine en vue de satisfaire le besoin humain de rationalisation. Un chrétien qui croit que Dieu est Esprit et que « rien ne lui est impossible » ne peut accepter l'évolutionnisme darwinien sans avoir en présence des preuves irréfutables de la théorie. Il ne s'agit pas de refuser le principe de la science. Il s'agit de refuser la fausse science qui prétend remplacer la foi. Tout le monde sait aujourd'hui qu'à part la science mathématique fondée sur les données numériques de l'Univers, les autres sciences ne peuvent être dites telles s'elles ne sont pas fondées sur de réelles observations empiriques et sur des expérimentations. L'épistémologie distingue bien les sciences humaines et sociales dont les conclusions ne sont pas toujours mathématisables et donc peuvent toujours se combiner avec le doute méthodique ; et les sciences exactes dont la mathématique et la physique, y compris l'astronomie, qui, notamment pour cette dernière, renferment également des limites pour la raison humaine. En mathématique, l'idée de l'infini par exemple échappe à toute maîtrise rationnelle. De même en physique, après la théorie newtonienne de la gravitation universelle, la théorie einsteinienne de la relativité universelle est devenue une relativisation de la première ; de même la théorie quantique et les données de l'astronomie actuelle sur les galaxies montrent que l'être humain, dans ses connaissances est loin d'avoir une maîtrise totale du réel.

Si donc, sur le plan des progrès de la science, l'être humain n'est pas encore capable d'affirmer une connaissance complète du réel, comment peut-il proclamer l'inexistence de l'Esprit ? Or, la Bible affirme que Dieu est un Esprit et que c'est spirituellement qu'il faut chercher à le connaître. À cet égard, il faut rappeler l'ouvrage célèbre de Rudolph Otto sur le sacré qui a eu le mérite d'insister sur le caractère *numineux* et mystérieux de l'expérience religieuse (Otto, 1969). Sans bien entendu vouloir renvoyer le tout de la religion à du mystérieux, étant donné au moins l'existence de la Révélation et ce que la raison humaine peut arriver à comprendre de Dieu à partir de l'observation des choses créées, garder en tête l'élément non rationalisable du divin prévient bien des erreurs liées à l'absolutisation de la rationalité humaine, particulièrement scientifique, comme le montrait bien le Pape Jean-Paul II dans l'encyclique *Fides et Ratio* (Jean-Paul, 1998).

De même, le principe monothéiste qui peut bien sûr s'entendre d'un Dieu maître de l'univers comme l'affirmait Darwin et que De Dorlodot semble aussi l'accepter, n'est pas suffisant si l'on est chrétien. Il faut ajouter l'idée de la personnalité de Dieu. Idée qui, en elle-même, justifie le fait que Dieu a communiqué, a parlé et que l'être humain peut aussi s'adresser à Lui, à travers la prière, mais aussi à travers la ritualité sacramentelle. Le caractère personnel du Dieu d'Abraham, d'Isaac et de Jacob, révélé particulièrement dans la Personne de Jésus-Christ, constitue une compréhension spécifique du judéo-christianisme quant à la nature de Dieu qui, par conséquent, ne s'identifie pas à une entité abstraite, primordiale, et éloignée de la vie concrète des gens et qui agit dans le monde uniquement par des causes secrètes qu'Il a mis en œuvre à l'origine des temps.

Le principe de l'intervention de la Trinité dans l'histoire découle d'ailleurs du précédent et légitime l'auto-compréhension du judéo-christianisme en termes d'histoire du salut, sacrée, à côté de l'histoire profane : par l'Alliance ancienne et Nouvelle, par la grâce infuse dans les cœurs des chrétiens et par la présence du Saint-Esprit. Toutes ces idées sont complètement incompréhensibles si l'on adopte l'évolutionnisme darwinien comme de point de départ de la réflexion sur le monde et sur la vie humaine. Il est donc clair que le résultat de la réflexion sur l'origine de l'Univers et de l'homme change radicalement si l'on part de la position judéo-chrétienne pour interroger les autres perspectives que si l'on adopte l'attitude inverse. Un théologien chrétien, qui déjà, se meut dans le cadre de la foi chrétienne, devrait à notre avis partir d'où il est inséré pour interroger le darwinisme plutôt que de chercher à ébranler la vision du monde qu'il a d'avance adoptée.

Est-ce à dire que tout dans le darwinisme est à rejeter, d'un point de vue chrétien ? À notre avis non. Nous pouvons par exemple accepter certaines applications scientifiques, c'est-à-dire expérimentales et concrètes, de la théorie darwinienne : les similarités, la proximité physique et physiologique entre espèces animales et l'espèce humaine, l'existence des fossiles d'espèces autrefois vivantes, mais éteintes, les transmissions héréditaires des caractères au moyen de la reproduction, etc. sans toutefois aller jusqu'à affirmer, sans preuve suffisante, la grande idée de Darwin qui est l'origine transformiste des espèces les unes dans les autres, y compris de l'espèce humaine à partir d'une souche ou quelques formes. Sans doute pouvons-nous aussi concevoir des modifications de caractères à l'intérieur des espèces, par l'interaction avec l'environnement, les conditions de l'existence, tel qu'on peut même l'observer dans l'élevage, etc. C'est par exemple que la théorie darwinienne a permis de démontrer que les races humaines, qui font partie de la même espèce, sont issues d'un ancêtre humain commun (le monogénisme). Ce qui n'est pas contraire à la foi chrétienne qui affirme l'origine de toute l'humanité d'Adam et d'Ève. Ce qui lui serait contraire serait le polygénisme postulant plusieurs couples humains à l'origine de l'humanité actuelle. Évidemment comme nous l'avons montré également plus haut, après le racisme fondé sur la race, et les horreurs auxquelles il conduit (notamment la Shoah, les différents génocides, etc.), un racisme culturel s'est subtilement implanté dans certains esprits et ce dernier est fondé sur la théorie darwinienne de l'évolution : entre les tribus « sauvages » et les « nations civilisées », la différence tient au progrès de la civilisation pour ne pas dire au degré d'humanisation… Or, cette échelle d'humanisation ne peut, en principe, être défendue dans la théorie biblique de l'origine de l'être humain dont la nature est égale et la même dans tous nonobstant les différences liées aux différents environnements et conditionnements éducatifs auxquels les individus peuvent être exposés ou soumis.

À noter d'ailleurs que les transformations intergénérationnelles liées notamment à la sélection sexuelle dans l'élevage comptent parmi les principales observations de Darwin pour fonder sa théorie dans *La Descendance de l'homme*. Or, ces transformations relèvent d'une échelle limitée et ne permettent pas d'affirmer, avec certitude, la macroévolution globale en termes d'arbre phylogénétique postulant un ancêtre commun à l'ensemble des êtres vivants, humains et non humains. Qui plus est, la main de l'homme qui sélectionne les meilleures races d'animaux en favorisant les accouplements à dessein, indique que l'évolution pour qu'elle ait réellement eu lieu dans le sens du progrès vers davantage de complexité idée qui semble transparaître des idées de Darwin à propos de l'origine de l'homme (même si Darwin lui-même et les darwiniens la nient), devrait être dirigée par une intelligence supérieure qui favoriserait à bon escient certaines modifications et susciterait des variations majeures plutôt que d'autres. Dans ce cas, l'évolution ne serait pas un processus algorithmique, aveugle comme l'affirmait Darwin dans *De l'origine de l'espèce* et comme le défendent les néo-darwiniens contemporains, elle serait orientée et se comprendrait donc dans le sens de la version évolutionniste défendue par les darwiniens chrétiens comme De Dorlodot qui a évité, à dessein probablement, de parler de la Sélection naturelle et a donc construit sa propre version de l'évolutionniste dans le sens d'un « naturalisme chrétien ».

En définitive, un chrétien n'éprouverait aucun problème à reconnaître ces transformations à l'échelle limitée que nous venons de décrire comme ne contredisant pas fondamentalement sa foi, mais il ne peut aller jusqu'à postuler (il faut bien dire qu'il s'agit de postuler) que la biodiversité dans son ensemble provient d'une souche unique ou de quelques formes qui se seraient diversifiées par Sélection naturelle à travers des millions d'années, un postulat qui réduit Dieu à un Premier Moteur Immobile tel que le concevait Aristote et qui exclut toute conception personnaliste de Dieu comme interagissant et communiquant avec les humains dans l'histoire et dans leurs vies concrètes surtout dans le cadre d'une Alliance telle que celle scellée dans la grâce obtenue en Jésus-Christ.

Conclusion : un dialogue de sourds ?

Le dialogue entre la théorie darwinienne et le christianisme, spécialement sur le plan de l'éthique, apparaît, au terme de cette brève étude, reposer sur un certain nombre de malentendus qui, à notre avis, le rend semblable à un dialogue entre des sourds. D'un côté, le christianisme est à la fois une religion et une philosophie de vie, une vision du monde développée sur la base de la Révélation biblique, de l'Ancien Testament et du Nouveau Testament. Cet enseignement n'est pas scientifique. Il est de nature religieuse, mais propage des vérités sur le monde, sur les êtres inanimés et animés, et sur le sens de l'existence humaine. Par son message concernant l'existence d'un Dieu unique, ayant choisi de se révéler, et de communiquer aux hommes son Dessein et sa volonté et surtout par l'existence et l'activité messianiques de Jésus de Nazareth et la fondation de l'Église chrétienne, dans laquelle opère le Saint-Esprit, le christianisme a assis sa crédibilité sur le témoignage de millions de gens qui ont épousé la foi chrétienne et qui ont vu leurs vies radicalement changées quels que soient les caractères biologiques hérités de leurs ancêtres. Promettant un bonheur sans fin dans le Royaume de Dieu à venir, mais offrant aussi l'occasion d'y goûter d'ores et déjà par des bienfaits spirituels existant en Jésus-Christ et par l'abondance des dons de l'Esprit Saint, le christianisme répond aux aspirations profondes du cœur humain et est par conséquent difficilement ébranlable par les avancées de la science et de la technologie. Ces dernières en effet ne touchent pas aux réalités intérieures de l'être humain qui impliquent sa dimension spirituelle et son désir de l'éternité, fondé sur le refus de la mort dont la réalité empirique répugne à la réalité même de la vie manifestant un principe inné de conservation et de perpétuation, une aspiration innée à la vie éternelle.

Or, le darwinisme, se réclamant de l'approche scientifique de la réalité quoiqu'étant davantage une philosophie fondée sur des postulats que de la véritable science d'observation, entend empiéter sur le domaine propre aux christianismes depuis près de deux millénaires en Occident : celui de fournir des réponses aux grandes interrogations fondamentales de l'existence humaine. Alors que même certains darwiniens tels que Stephen J. Gould ont proposé le principe de non-empiétement des Magistères (NOMA) (Nizigama, 2007, chap. 7), d'autres proposent carrément d'enseigner dans des domaines traditionnellement dévolus à la religion tels que l'origine du monde et de la vie, la nature de la vie humaine et sa destinée. Ce texte a montré que les réponses fournies par Darwin, bien qu'il ait postulé un Créateur à l'origine des premiers éléments vivants, sont essentiellement basées sur le mécanisme de la Sélection naturelle et les idées qui lui sont associées telles que la lutte pour l'existence et la survie du plus adapté. Sa théorie sur l'origine de l'être humain et de ses facultés spécifiques ne laisse aucune place à une interprétation théologique des réalités humaines et des sociétés. Si l'idée d'un Créateur est lancée à la fin de son ouvrage majeur sur l'évolution des espèces, c'est probablement parce qu'il affirmait ne pouvoir expliquer dans le cadre de sa théorie l'origine ultime de la vie et des critiques notamment chrétiens lui avaient montré que cette incapacité constituait déjà un problème majeur pour sa théorie. Les darwiniens contemporains ont par ailleurs tenu à éliminer ce postulat de Dieu, en affirmant clairement que l'Évolution est un mécanisme aveugle, fondée sur des processus algorithmiques et aléatoires, et en poussant plus loin l'hypothèse darwinienne jusqu'à postuler l'évolution de la vie à partir de la matière non-vivante de la « terre primitive » il y a de cela près de « 3, 5 milliards d'années » (Dennett, 2000, p. 99). Cette explication foncièrement matérialiste et athée peut-elle dialoguer avec un christianisme foncièrement spiritualiste et religieux ? C'est là tout le problème. Il nous semble que les points de convergence sont extrêmement réduits et ce dialogue tend en effet vers celui entre deux sourds se parlant mutuellement sans réellement communiquer.

Notre étude a insisté sur la présentation des idées principales des Charles Darwin spécialement dans *La descendance de l'homme* dans les chapitres où il a traité spécifiquement des questions concernant la nature spécifiquement humaine et l'origine du sens moral et de la religion. Nous l'avons cité amplement et avons commenté ces extraits pour en démontrer le caractère essentiellement hypothétique. Nous avons par la suite présenté les idées principales sur lesquelles repose la pensée judéo-chrétienne, spécialement en matière d'éthique. Notre présentation de la doctrine chrétienne s'est principalement fondée sur l'approche catholique sans toutefois prétendre épuiser les données théologiques de cette approche ni tracer une ligne étanche de démarcation avec les confessions protestantes. L'élaboration de ces idées s'est faite sur fond de notre propre compréhension de la religion chrétienne en nous fondant sur des sources reconnues et sur l'Écriture biblique que nous avons constamment citée. Nous avons présenté le point de vue d'un théologien catholique qui s'est ouvertement réclamé de la théorie darwinienne. Une présentation qui a montré que le naturalisme chrétien défendu par Henry de Dorldot n'est nullement le darwinisme de Darwin puisqu'il a omis de tenir compte du mécanisme darwinien central : celui de la Sélection naturelle. C'est à travers cet auteur que nous avons dû tenir compte des idées darwiniennes sur l'origine de l'Univers et des vivants non-humains que De Dorlodot aborde dans son premier volume. La conclusion qui nous apparaît inéluctable est celle de l'incompatibilité fondamentale entre la théorie darwinienne telle que l'ont comprise les darwiniens contemporains et la doctrine chrétienne sur l'origine de l'Univers et de la vie ainsi que sur la nature de la vie humaine et sur sa destinée. On ne peut être à la fois darwinien au sens contemporain du terme et chrétien dans le sens orthodoxe, c'est-à-dire traditionnel et biblique.

Il demeure toutefois clair que l'évolutionnisme lui-même comme *philosophie* interprétant le monde sans insister sur le mécanisme aveugle de la sélection naturelle, spécialement dans le sens augustinien et platonicien du terme peut, à certains égards, être exploré comme possibilité de compréhension du monde sans toutefois l'affirmer comme une vérité au point de vouloir en faire une base de réévaluation du statut de la Révélation judéo-chrétienne. Parmi les écrits intéressants et récents du point de vue du rapport entre le darwinisme et la théologie catholique, mentionnons seulement un seul qui fait un bref bilan de la réception du darwinisme dans le catholicisme (Lambert, 2010). Parmi les affirmations intéressantes de cet écrit, celle selon laquelle la théorie darwinienne est une science empirique comme les autres sciences empiriques fondées sur des observations minutieuses que Darwin lui-même aurait accumulées pour établir cette science nous paraît pour le moins exagérée (Lambert, 2010, p. 124). Encore fois, une telle affirmation est faite sans aucun élément concret la confirmant. Notre lecture des chapitres pertinents de *La Descendance de l'homme* nous a permis de montrer que beaucoup des prétendues démonstrations avancées par Darwin à l'appui de ses thèses concernant l'origine et la nature de l'être humain ne sont en fait que des hypothèses défendues par une argumentation rhétorique sans véritable appui sur des faits empiriques vérifiables. Il est donc clair que ce type de travail, pour séduisant soit-il sur le plan de la rhétorique, doit être tenu pour essentiellement non-scientifique et considéré simplement comme une hypothèse dont la vérification est d'ailleurs quasi impossible étant donné son objet que sont les faits censés s'être produits à des temps extrêmement reculés.

Cet écrit montre également, avec raison, que l'Église catholique n'a pas, officiellement condamné le darwinisme, même si les réserves et les remarques données par exemple à Henry de Dorlodot lors de la publication de son premier volume, et la condamnation de l'évolutionnisme et des idées modernistes par le Pape Pie IX dans le *Syllabus* (Encyclique *Quanta cura*, 1864) montre que l'Église est restée alerte sur les répercussions philosophiques du darwinisme sur la vision chrétienne du monde. La prudence de l'Église s'explique aussi par le fait que la modernisation s'est de plus en plus affirmée non seulement sur le plan scientifique, mais aussi par la pluralisation religieuse consécutive à la fin de la Chrétienté. Condamner une doctrine comme le darwinisme, sans condamner toutes les autres doctrines religieuses qui sont enseignées, dans le cadre d'une société pluraliste, n'aurait aucun sens au moment même où le Concile Vatican II a opté pour l'ouverture à l'œcuménisme et au dialogue avec d'autres courants de pensée.

Notre objectif, dans cet ouvrage, était de souligner le fait que si l'on professe la foi chrétienne telle qu'elle est enseignée par l'Église depuis ses débuts, dans ses grands principes tels que la foi en un Dieu personnel, en l'inspiration des Écritures, aux miracles, particulièrement le miracle Jésus-Christ (un Dieu fait homme, mort et ressuscité), et sur le plan de l'éthique où on insiste non seulement sur la Loi, ces préceptes éthiques que l'on rencontre également dans d'autres religions du monde, mais surtout sur la notion de grâce, élément surnaturel de l'être chrétien, il est difficile, voire impossible de concilier le darwinisme de Darwin et des néo-darwiniens, celui de la Sélection naturelle qui est un naturalisme matérialiste, et le christianisme. Que ce même darwinisme, dans son idée de la Sélection naturelle et dans son anthropologie matérialiste dont nous avons critiqué plus haut certaines idées clés, soit « *une chance pour le théologien contemporain* » (Lambert, 2010, p. 129, italiques de l'auteur), c'est là une position qui nous paraît étonnante. Car, faire de ce darwinisme une chance pour le théologien chrétien exigerait une bonne capacité de distanciation par rapport aux sources traditionnelles de cette même foi (Bible et Tradition). Ce type de dialogue ne serait plus alors celui de sourds dont nous parlions précédemment. Mais cette prise au sérieux de la pensée darwinisme par le théologien risquerait de déboucher sur une réévaluation du statut de la Révélation sur la vérité concernant le monde et concernant l'être humain ; et donc sur l'élaboration des bases d'un « nouveau christianisme » pour nous référer à une expression d'une sociologue française des religions (Hervieu-Léger & Champion, 1986). L'impression qu'avait Étienne Gilson (1884-1978), philosophe chrétien, à propos de l'entreprise teilhardienne d'intégrer le christianisme dans la théorie de l'Évolution, nous paraît également concerner, *mutatis mutandis*, ce nouvel engouement de certains théologiens chrétiens pour le « vrai darwinisme ». Citons Étienne Gilson pour conclure sur cette note d'étonnement :

> Ce Moteur, Collecteur et Consolidateur de l'Évolution, clé de voûte de la Noosphère, nous ne le rencontrerons que dans la Christosphère, au-delà de la théologie et de la métaphysique (...). On s'y établirait volontiers si le théologien chrétien ne se sentait tenu de faire ici d'expresses réserves. On lui propose « d'intégrer le christianisme dans la cosmogénèse », alors qu'il s'agirait au contraire pour le théologien d'intégrer la cosmogénèse au christianisme, mais le faire serait pour Teilhard de Chardin s'enliser dans une théologie périmée, encore conçue à la mesure de l'*anima naturaliter christiana* ancien modèle au lieu de construire celle qu'attend aujourd'hui l'anima naturaliter christiana modèle nouveau (Gilson & Gilson, 1967, p. 95, mise en forme dans le texte).

Bibliographie

Aristotle. (1879). *Metaphysique d'Aristote*. Paris : Librairie Germer Bailliere et Cie.

Aristotle, & Hamelin, O. (1931). *Aristote. Physique II. Traduction et commentaire par O. Hamelin. Deuxième édition* : Paris.

Assmann, J. (2007). *Le prix du monothéisme*. Paris: Paris : Aubier, 2007.

Aubert, J.- M. (1987). *Abrégé de la morale catholique*. Paris, Ottawa : Desclée, Novalis.

Augustine & Goisbaud Du Bois, P. (1705). *Les confessions de S. Augustin,* traduites en français par Monsieur Arnauld d'Andilly. Nouvelle edition, sur l'édition latine des Peres Benedictins de la Congregation de saint Maur. ed. : Paris.

Augustine & Saisset, E. m. E. (1855). *La Cité de Dieu...* Traduction nouvelle, avec une introduction et des notes par M. Émile Saisset : Paris.

Banon, P. (2008). *La révolution théoculturelle, comprendre et gérer la diversité religieuse dans notre société*. Paris : Éditions des Presses de la Renaissance.

Barash, D. P. (1982). *Sociobiology and behavior* (2nd ed. ed.). London : Hodder and Stoughton.

Bastide, R. (1975). *Le sacré sauvage, et autres essais*. Paris : Payot.

Bastide, R., Capellato, M. E., & Kraehenbuehl, O. v. (1971). *Les religions africaines au Brésil.* Sao Paulo : Livraria Pioneira.

Batten, D. (Ed.) (2006). *The Creation Answers Book: More Than 60 of The Most Asked Questions About Creation, Evolution, and The Book of Genesis Answered !* Eight Mile Plains (Autralia) : Creation Book Publishers.

Baxter, B. (2007). *A Darwinian worldview : sociobiology, environmental ethics and the work of Edward O. Wilson.* Aldershot : Ashgate.

Berger, P. (2014). *The Many Altars of Modernity : Toward a Paradigm of Religion in a Pluralist Age*. Boston/Berlin : De Gruyter.

Berger, P. L. (1967). *The sacred canopy : elements of a sociological theory of religion.* New York : Anchor Books.

Berger, P. L. (1969). *The sacred canopy. Elements of a sociological theory of religion.* Garden City, New York : Doubleday & Co.

Berger, P. L. (1970). *A rumour of angels : modern society and the rediscovery of the supernatural*. London : Allen Lane.
Berger, P. L. (1979). *The heretical imperative : contemporary possibilities of religious affirmation* (1st ed. ed.). Garden City, N.Y. : Anchor Press.
Berger, P. L. (1981). *The Other side of God : a polarity in world religions* (1st ed. ed.). Garden City, N.Y.: Anchor Press/Doubleday.
Berger, P. L. (1992). *A far glory : the quest for faith in an age of credulity*. New York : Free Press.
Berger, P. L. (1998). *The limits of social cohesion : conflict and mediation in pluralist societies*. Boulder, Colo. ; Oxford : Westview Press.
Berger, P. L. (1999). *The desecularization of the world : resurgent religion and world politics*. Washington, D.C. : Ethics and Public Policy Center.
Berger, P. L. (2010). *Between relativism and fundamentalism : religious resources for a middle position*. Grand Rapids, Mich. : Eerdmans ; Edinburgh : Alban [distributor].
Berger, P. L., Berger, B., & Kellner, H. (1973). *The homeless mind. Modernization and consciousness*. New York : Random House.
Berger, P. L., Davie, G., & Fokas, E. (2008). *Religious America, secular Europe ? : a theme and variation*. Aldershot : Ashgate.
Berger, P. L., & Luckmann, T. (1966). *The social construction of reality : a treatise in the sociology of knowledge*. New York, NY : Open Road Integrated Media.
Bergeron, R. (1982). *Le cortège des fous de Dieu, un chrétien scrute les nouvelles religions*. Montréal : Paulines.
Bibby, W. R. (1987). *Fragmented Gods, the Poverty and Potential of Religion in Canada*. Toronto : Irwin Publishing Inc.
Borella, J. (1990). *La crise du symbolisme religieux*. Lausanne Lausanne [Suisse] : Lausanne : L'Age d'homme, c1990.
Bouchaud, J. (1967). Évangélisation et colonisation. Revue française d'histoire d'outre-mer, 54(194), 39-43.
Bovy, L. p. (1938). *Grâce et liberté chez saint Augustin*. Montréal, 1938., Montréal.
Bultmann, R.(1961). *Existence and Faith*. [S.l.] : Meridian Books, The World Publishing co.
Bultmann, R. C. (1958). *Jesus Christ and Mythology*. New York : Charles Scribner's Sons.
Bultmann, R. K. *Theology of the New Testament*: London : SCM, 1955 (1983 [printing]).
Caillois, R. (1950). *L'Homme et le sacré*. Paris : Gallimard.
Caillois, R. (1963). *L'Homme et le sacré. Édition augmentée de trois appendices sur le sexe, le jeu, la guerre dans leurs rapports avec le sacr1. (Troisième édition.)* : [Paris].

Cairns, D., & Bultmann, R. C. (1960). *A Gospel without Myth? Bultmann's challenge to the preacher*. London : SCM Press.

Chareire, I. (2016). *La grâce, histoires de liberté*. Montrouge : Bayard.

Charles-Picard, G. (Cartographer). (1954). Les Religions de l'Afrique antique, etc. [With illustrations and a map.]

Charmetant, É. (2010). Darwin et l'éthique : Une rencontre précoce, un chantier toujours ouvert. *Archives de Philosophie, 73*(1), 93-118.

Christen, Y. (1979). *L'heure de la sociobiologie*. Paris : A. Michel.

Chéné, J. (1962). *La théologie de saint Augustin. Grâce et prédestination.* Lyon : Xavier Mappus.

Clair, A. (2002). *Sens de l'existence : recherche en philosophie contemporaine*. Paris: Paris : Armand Colin, c2002.

Collins, K. J. (2007). *The Theology of John Wesley : Holy Love and The Shape of Grace*. Nashville : Abingdon Press.

Cox, H. (1965). *The secular city : secularization and urbanization in theological perspective :* S.C.M.Press.

Cumont, F. V. M. (1929). *Les Religions orientales dans le paganisme romain. Confe\0301rences, etc.* (Quatrième édition revue, illustrée et annotée, etc. ed.) : Paris.

Cuvier, G. b. (1825). *Discours sur les révolutions de la surface du globe, et sur les changemens qu'elles ont produits dans le règne animal. Troisième édition française* : Paris.

D'Aquin, S. T., & Gosselin, R. (1948). *Le De ente et essentia de S. Thomas d'Aquin, texte etabli d'apres les manuscrits parisiens*. Paris : Librairie Philosophique J. Vrin.

Darwin, C. (1859). *On the Origin of Species by means of Natural Selection, or the preservation of favoured races in the struggle for life*. London : John Murray.

Darwin, C. (1871). *The descent of man, and selection in relation to sex. In two volumes...With illustrations* : London : John Murray.

Darwin, C. (1883). *The Descent of Man ... Second edition, revised and augmented ... Tenth thousand,* Second edition, revised and augmented. Seventeenth thousand, etc. London : John Murray.

Darwin, C. (1891). *La Descendance de l'Homme et la Sélection sexuelle* (E. Barbier, Trans. 3è édition ed.). Paris : C. Reinwald & Cie, Librairies Éditeurs.

Darwin, C. (1921). *L'origine des espèces au moyen de la sélection naturelle ou la lutte pour l'existence dans la nature*. Édité par Jean-Marc Simonet, Université du Québec à Chicoutimi (2006), pour l'édition électronique. Retrieved from http://classiques.uqac.ca

Darwin, C. (1994). *The zoology of the voyage of H.M.S. Beagle*. London : CIL Limited in association with the Royal Geographical Society.

Darwin, C. (2013). *La Filiation de l'Homme et la Sélection liée au sexe* (M. Prun, Trans. P. Tort Ed.) : Honoré Champion.

Darwin, C., Barbier, E., & Vogt, K. C. *De la variation des animaux et des plantes à l'état domestique...* Traduit, sur la seconde édition anglaise, par Ed. Barbier. Préface de Carl Vogt, etc : Paris, 1879.

Darwin, C., & Barlow, N. (1945). *Charles Darwin and the voyage of the Beagle*. London : Pilot Press.

Dawkins, R. (1976). *The selfish gene*. Oxford : Oxford University Press.

Dawkins, R. (1986). *The blind watchmaker*. London. Penguin, 1991.

Dawkins, R. (1988). *The blind watchmaker :* London. Penguin.

Dawkins, R. (1989). *The extended phenotype : the long reach of the gene*: Oxford University Press.

Dawkins, R. (2003). *A devil's chaplain*. London : Weidenfeld & Nicolson.

Dawkins, R. (2011). *The selfish gene* (30th anniversary ed. ed.). London : Folio Society.

Dawkins, R. & Dennett, D. C. (1999). *The extended phenotype : the long reach of the gene* (Revised edition. ed.).

Dennen, J. M. G. v. d., Smillie, D., & Wilson, D. R. (1999). *The Darwinian heritage and sociobiology*. Westport, CT : Praeger.

Dennett, D. C. (1987). *The intentional stance*. Cambridge, Mass. ; London : MIT Press.

Dennett, D. C. (1991). *Consciousness explained*. London : Penguin, 1993.

Dennett, D. C. (1992). *Consciousness explained*. London : Allen Lane The Penguin Press.

Dennett, D. C. (1995). *Darwin's dangerous idea : evolution and the meanings of life*. New York ; London : Simon & Schuster.

Dennett, D. C. (2000). *Darwin est-il dangereux ? : l'évolution et les sens de la vie*. Paris: Paris : Éditions Odile Jacob, c2000.

Dennett, D. C. (2003). *Freedom evolves*. New York : Viking.

Dennett, D. C. (2003). *Théorie évolutionniste de la liberté*. Paris : Odile Jacob.

Dierkens, A. e. S., Jean-Philippe (Ed.) (2006). *Laïcité et sécularisation dans l'Union européenne*. Bruxelles : Éditions de l'Université de Bruxelles.

Dorlodot, H. d. (1921). *Le Darwinisme au Point de Vue de l'Orthodoxie Catholique, l'Origine des espèces* (Vol. 1). Bruxelles, Paris : Vromant & Co. Imprimeurs-Éditeurs.

Dorlodot, H. d. (2009). *L'origine de l'homme. Le Darwinisme au point de vue de l'orthodoxie catholique*. Wavre : Mardaga.

Drioux, C.-J. (1851). *La Somme Théologique de saint Thomas* (Vol. 1). Paris : Librairie ecclésiastique et classique d'Eugène Belin.

Dumézil, G. (1952). *Les Dieux des Indo-Européens :* Paris.

Durkheim, E. (1912). *Les Formes élémentaires de la vie religieuse. Le système totémique en Australie... Avec une carte hors texte :* Paris.

Durkheim, E. (1979). *Les formes élémentaires de la vie religieuse*. Paris : Presses Universitaire de France.

Dzagoyan, R. (1986). *The Aristotle system*. London : Collins.

Décobert, C. (2010). Polythéisme et monothéisme. In Azria, R. & Hervieu-Léger, D. (Ed.), *Dictionnaire des faits religieux* (pp. 930-938). Paris : Presses universitaires de France.

Eliade, M. *Histoire des croyances et des idées religieuses :* Paris : Payot, 1976-.

Eliade, M. (1971). *La nostalgie des origines. Méthodologie et histoire des religions*. [Paris] : Gallimard.

Eliade, M. (1973). *Australian religions : an introduction*. Ithaca ; London : Cornell University Press.

Eliade, M. (1979). *Traite d'histoire des religions*. Paris : Payot.

Eliade, M., Couliano, I. P. & Wiesner, H. S. (1990). *Dictionnaire des religions*. Paris : Plon.

Eliade, M. & Sheed, R. (1958). *Traite d'histoire des religions. Patterns in Comparative Religion...* Traduit par Rosemary Sheed. London ; New York : Sheed & Ward.

Froelich, J. C. (1964). *Animismes. Les religions païennes de l'Afrique de l'ouest* : Paris.

Furfari, S. (2010). *Dieu, l'homme et la nature : l'écologie, nouvel opium du peuple ?* Paris : Bourain Éditeur.

Fédou, M. (2009). La doctrine du Logos chez Justin : enjeux philosophiques et théologiques. *Kentron*, 145-158.

Gauchet, M. (1985). *Le désenchantement du monde : une histoire politique de la religion*. Paris : Gallimard.

Gehlen, A. (1940). *Der Mensch : seine Natur und seine Stellung in der Welt*. Berlin : Junker und Dünnhaupt.

Gelin, A. (1962). *L'homme selon la Bible*. Paris : Ligel.

Geoltrain, P. d. (2000). *Aux origines du christianisme*. Paris : Gallimard.

Gilson, E., & Gilson, E. t. (1967). *Les tribulations de Sophie*. Paris : J. Vrin.

Gobineau, A. c. d. (1900). *Les Religions et les Philosophies dans l'Asie Centrale*. (Troisième édition. ed.). Paris : Ernest Leroux.

Gould, S. J. (2002). *The structure of evolutionary theory*. Cambridge, MA ; London : Belknap Press of Harvard University Press.

Grafen, A. (1989). *Evolution and its influence*. Oxford : Clarendon.

Grandjean, M. (2016). *La Réforme, matin du monde moderne*. Paris : Cabédita.

Granet, M. (1922). *La Religion des Chinois* : Paris.

Granet, M. (1929). *La civilisation chinoise*. [S.l.] : [s.n.].

Grjebine, A. (1998). *Un monde sans dieux, plaidoyer pour une société ouverte*. Paris : Plon.

Heidegger, M. (1964). *L'être et le temps*. Gallimard. Paris

Hervieu-Léger, D. (1993). *La religion pour mémoire*. Paris : Éditions du Cerf.

Hervieu-Léger, D. & Champion, F. (1986). *Vers un nouveau Christianisme : introduction à la sociologie du Christionisme occidental*. Paris : Le Cerf.

Huftier, M. (1968). *Libre arbitre, liberté et péché chez saint Augustin.* Louvain : Editions Nauwelaerts, 1968.

Huxley, T. H. (1877). *A manual of the anatomy of invertebrated animals.* [S.l.] : Churchill.

Huxley, T. H. (1879/1980). *A Manual of the anatomy of vertebrated animals*. [S.l.] : J. & A. Churchill.

Jean-Paul, I. (1998). *Encyclique Fides et Ratio*. Rome : Saint-Siège Retrieved from http://w2.vatican.va/content/john-paul-ii/fr/encyclicals/documents/hf_jp-ii_enc_14091998_fides-et-ratio.html

Johnson, D. R. (2010). *Nietzsche's anti-Darwinism*. Cambridge : Cambridge University Press.

Kant, I. (1993). *Fondements de la métaphysique des moeurs*. Paris : Librairie générale française, c1993.

Lamarck, J. B. & Martins, C. (1873). *Philosophie zoologique* (New ed. with intro. by C. Martins. ed.). Paris : Savy.

Lambert, D. (2010). La réception du darwinisme dans l'Église catholique : histoire et actualité. *Transversalités, 114*(2), 119-134.

Lassiat , H. (1978). L'anthropologie d'Irénée. *Nouvelle Revue Théologique, 100*(3), 399-417.

Latourelle, R. (1992). Theologia scienza della salvezza, prospettive della sapieza cristiana. In (settima edizione ed.). Assisi: Cittadella editrice.

Legault, G. A. (1999). *Professionnalisme et délibération éthique : manuel d'aide à la décision responsable*. Sainte-Foy [Quebec].

Leibniz, G. W. F., Gottsched, J. C., (1763). Essai de la théodicée. (von L. A. V. Gottschedinn) : Hannover ; Leipzig.

Leroi-Gourhan, A. (1964). *Les Religions de la préhistoire-paléolithique. Avec illustrations. :* Paris.

Linne, C. v., & Quesne, F. O. A. (1788). *Philosophie botanique ; ...* traduite du Latin par F. A. Quesnël : Paris.

Lot-Borodine, M. (1970). *La déification de l'homme selon la doctrine des Pères grecs*. Paris : Paris : Éditions du Cerf, 1970.

Lumsden, C. J., & Wilson, E. O. (1981). *Genes, mind and culture : the coevolutionary process*. Cambridge, Mass. ; London : Harvard University Press.

Malherbe, J.-F. (1996). *Homicide et compassion : l'euthanasie en éthique clinique*. Montréal: Montréal : Médiaspaul, 1996.

Malherbe, J.-F. (2001). *Déjouer l'interdit de penser : essais d'éthique critique*. Montréal: Montréal : Liber, 2001.

Manquat, M., & Aristotle. Appendix, C. (1932). *Aristote, naturaliste* : Paris.

Marx, K. (1957). *K. Marx and F. Engels. On religion.* Moscow: Foreign Languages Publishing House.
Marx, K., & Engels, F. (1972). *L'Idéo1ologie allemande (première partie) : Thèses sur Feuerbach.* Paris : Editions Sociales.
Mimouni, S. C. & Maraval., P. (2006). *Le christianisme des origines à Constantin.* Paris : Presses universitaires de France.
Moltmann, J. r. (1985). *God in creation : an ecological doctrine of creation.* London : SCM.
Morin, E. (1992). *La Méthode 3 : La Connaissance de la connaissance.* Paris : Seuil.
Mounier, E. (2010). *Le personnalisme.* Presses Universitaires de France. Paris
Naour, P. (2009). *E.O. Wilson and B.F. Skinner : a dialogue between sociobiology and radical behaviorism.* New York : Springer.
Nietzsche, F. W. (1966). *La généalogie de la morale.* Paris : Gallimard, 1966.
Nietzsche, F. W. (1996). *On the genealogy of morals : a polemic : by way of clarification and supplement to my last book Beyond good and evil.* Oxford : Oxford University Press.
Nietzsche, F. W. & Faber, M. (1998). *Beyond good and evil : prelude to a philosophy of the future.* Oxford : Oxford University Press.
Nietzsche, F. W. & Kaufmann, W. (1968). *The Will to Power.* [S.l.] : Random Press.
Nietzsche, F. W. & Vialatte, A. *Le gai savoir* : Paris : Gallimard, 1950 (1975).
Nietzsche, F. W. & Scarpitti, M. A. t. *On the genealogy of morals : a polemic.*
Nietzsche, F. W. Scarpitti, M. A. t. & Holub, R. C. *On the genealogy of morals.*
Nizigama, I. (2007). *Par-delà les gènes et les « mèmes » : L'éthique évolutionniste « vraiment darwinienne » chez Daniel Clement Dennett.* In : ProQuest Dissertations Publishing.
Otto, R. (1924). *Idea of the Holy.* [S.l.] : O.U.P.
Otto, R. (1969). *Le Sacré : l'élément non-rationnel dans l'idée du divin et sa relation avec le rationnel.* Paris: Paris : Payot, 1969.
Perrenx, A. J.-P. (2007). *Théologie morale fondamentale (6 volumes).* Paris : Pierre TÉQUI éditeur.
Pierret, P. (1882). *Le livre des morts des anciens Égyptiens.* Paris : Ernest Leroux, Éditeur.
Porter, J. L., Darwin, C. , Huxley, T. H., Spencer, H. A., & Tyndall, J. F. (1874). *Science and Revelation: their distinctive provinces. With a review of the theories of Tyndall, Huxley, Darwin and Herbert Spencer* : Belfast.

Rahner, K. & Herbert, V. (Ed.) (1998). *Dizionario di Teologia,* Milano : TEA.
Richardson, J. (2004). *Nietzsche's new Darwinism.* Oxford ; New York : Oxford University Press.
Richardson, J. (2009). *Nietzsche's new Darwinism.* New York ; Oxford : Oxford University Press.
Ringgren, H., & et Ström, A. V. (1966). *Les religions du monde.* Paris : Payot.
Riva, F. (1985). *Corpo e metafora in Gabriel Marcel.* Milano: Vita e pensiero.
Rondet, H. (1964). *Essais sur la théologie de la grâce.* Paris : Beauchesne et ses fils.
Rosny, L. o. d. (1886). *Les Religions de l'Extrême-Orient. Leçon d'ouverture, etc* : Paris.
Rosny, É. d. (1981). *Les yeux de ma chèvre, sur les traces des maîtres de la nuit en pays douala (cameroun).* Paris : Plon.
Ruse, M. (2009). *Philosophy after Darwin : classic and contemporary readings.* Princeton, N.J. Oxford : Princeton University Press.
Sartre, J.-P. (2003). *L'existentialisme est un humanisme.* Paris : Gallimard, D.l. 2003, c1996.
Schurman, J. G., & Kant, I. A. (1881). *Kantian Ethics and the Ethics of Evolution. A critical study ... Published by the Hibbert Trustees.* London : Williams & Norgate.
Spencer, H., & Cazelles, E. m. H. (1871). *Les premiers principes* . Traduitpar M. E. Cazelles. Paris : Librairie Germer Baillie\0300re.
Stark, R. (1985). *Religious movements : Genesis, Exodus, and Numbers.* New York : Paragon House Publishers.
Stark, R. (2011). *The triumph of Christianity : how the Jesus movement became the world's largest religion.* New York : HarperOne.
Stark, R., & Bainbridge, W. S. (1985a). *The future of religion : secularization, revival and cult formation.* Berkeley : University of California Press.
Stark, R., & Bainbridge, W. S. (1985b). *The future of religion : secularization, revival, and cult formation.* Berkeley ; London : University of California Press.
Stark, R., & Finke, R. (2000). *Acts of faith : explaining the human side of religion.* Berkeley : University of California Press.
Szëkely, T., Moore, A. J., & Komdeur, J. (2010). *Social behaviour : genes, ecology and evolution.* Cambridge : Cambridge University Press.
Taylor, C. (2007). *A secular age.* Cambridge, Mass. ; London : Belknap.
Teilhard de Chardin, P. (1955). *Le phénomène humain.* Paris : Éditions du Seuil.

Thonnard, F.-J. (1970). La notion de liberté dans la philosophie augustinienne. *Revue d'études augustiniennes et patristiques, 16* (3-4), 243-270.

Tort, P. (2001). *Charles Darwin : the scholar who changed human history.* London : Thames & Hudson.

Tort, P. (2017). *Darwin et le darwinisme.* Paris : Presses Universitaires de France.

Tschannen, O. a. (1992). *Les théories de la sécularisation* : Genève : Librairie Droz, 1992.

Valadier, P. (2007). *Détresse du politique, force du religieux.* Paris : Seuil.

Vattimo, G. (2004). *Après la chrétienté, pour un christianisme non religieux.* Paris : Calmann-Lévy.

Vattimo, G., Girard, R., & Antonello, P. (2010). *Christianity, truth, and weakening faith : a dialogue* (English-language ed. ed.). New York ; Chichester : Columbia University Press.

Weber, M. *Ancient Judaism; translated and edited by Hans H. Gerth and Don Martindale* : Glencoe.

Weber, M., & Kalberg, S. (2009). *The Protestant ethic and the spirit of capitalism with other writings on the rise of the West* (4th ed. ed.). New York ; Oxford : Oxford University Press.

Weber, M., Parsons, T., & Tawney, R. H. (1930). *The Protestant Ethic and the Spirit of Capitalism. Translated by Talcott Parsons ...* With a foreword by R. H. Tawney. London : G. Allen & Unwin.

Weber, M., & RaphaëL, F. (1971). *Le judaisme antique. Traduit de l'allemand par Freddy Raphaël.* Paris : Librairie Plon.

Weber, M., Roth, G. n. & Wittich, C. (1979). *Economy and society : an outline of interpretive sociology.* Berkeley ; London : University of California Press.

Weikart, R. (2004). *From Darwin to Hitler : evolutionary ethics, eugenics, and racism in Germany* (1st ed.. ed.). New York: New York : Palgrave Macmillan, 2004.

Wilders, P., Fondi, R., Sermonti, G., Berthault, G., Boudreaux, E., Giertyck, M., . . . Centre Biblique, E. e. (1991). *L'Évolution, science ou croyance? une enquête scientifique.* In. Cortaillod, Suisse : Cortaillod, Suisse : TVP Télé-Vidéo Production.

Willaime, J.-P. (1992). *La précarité protestante : sociologie du protestantisme contemporain.* [Genève] : Labor et Fides.

Wilson, B. R. (1966). *Religion in the secular society: a sociological comment.* London : Watts.

Wilson, B. R. (1979). *Contemporary transformations of religion.* Oxford : Clarendon Press.

Wilson, B. R., & Cresswell, J. (1999). *New religions movements : challenge and response.* London : Routledge.

Wilson, E. O. (1976). *Sociobiology : the new synthesis*. Cambridge, Mass. ; London : Belknap Press of Harvard University Press.
Wilson, E. O. (1978). *On human nature*. Cambridge, Mass. ; London : Harvard University Press.

Table des matières

Religion
aux éditions L'Harmattan

Dernières parutions

LES MUSULMANS D'EUROPE FACE AU RACISME CONFESSIONNEL
De la discrimination à l'inclusion ?
Meriboute Zidane
Voici un panorama de la situation des vingt millions de musulmans d'Europe occidentale dans trois espaces géoculturels distincts : de sensibilités catholique, protestante et orthodoxe. La méfiance et les malentendus sont en train de se développer entre les pays européens et leurs minorités musulmanes. Comment ces problèmes se posent-ils concrètement dans les différentes aires culturelles ? Comment les musulmans d'Europe doivent-ils se réinventer et abandonner leur vision conservatrice de la société ? En remontant aux sources des discours racistes des années trente, l'auteur montre comment ils ont été récemment adaptés aux minorités musulmanes d'Europe.
(25.00 euros, 248 p.)
ISBN : 978-2-343-12073-7, ISBN EBOOK : 978-2-14-004144-0

SAINT MACAIRE ET LES MOINES DU DÉSERT DE SCÉTÉ
Goutagny Etienne - Fr. Etienne Goutagny moine de N.-D. de Cîteaux
avec la collaboration de Fr. Wadid, moine de Saint-Macaire (Égypte),
et d'Albocicade, laïc orthodoxe
Des chrétiens en Égypte ! Il y en a depuis l'époque des apôtres, et leur présence n'a jamais cessé au fil des siècles. Saint Macaire est l'un d'eux. Fondateur au IVe siècle du monastère qui porte son nom, il est compté parmi les « Pères du désert ». Cet ouvrage présente sa vie, ses œuvres, ainsi qu'un certain nombre de textes le concernant dans une nouvelle traduction revue sur les originaux coptes. Il décrit les différents monastères du désert de Scété, ainsi que quelques-unes de leurs grandes figures monastiques.
(Coll. Religions et Spiritualité, 23.00 euros, 226 p.)
ISBN : 978-2-343-12535-0, ISBN EBOOK : 978-2-14-004126-6

ÉSOTÉRISME GUÉNONIEN ET MYSTÈRE CHRÉTIEN
Borella Jean
En formulant les principes universels de l'ésotérisme, Guénon s'est imposé en Occident comme son théoricien le plus rigoureux. S'agissant de la religion chrétienne, ce livre propose une confrontation : comparer ce que Guénon nous en dit avec ce que la tradition chrétienne dit d'elle-même. La finalité de cet ouvrage est donc de donner à connaître les réponses que la tradition chrétienne offre aux questions fondamentales que Guénon croit devoir lui poser. Le texte de cette nouvelle édition permet de corriger, mettre à jour et compléter l'édition originale, là où cela était donc nécessaire.
(Coll. Théôria, 35.00 euros, 444 p.)
ISBN : 978-2-343-12596-1, ISBN EBOOK : 978-2-14-004176-1

LES STRUCTURES DE PÉCHÉ DANS LE MONDE CONTEMPORAIN
Diagnostic théologique de la racine du mal
Akplogan Pamphile - Jude Potvin/vd.selfip.com
Durant son pontificat, le pape Jean-Paul II a fustigé tout ce qui, au regard de la justice sociale, constitue ce qu'il a appelé les « structures de péché » qui sont imputables, le plus souvent, à deux tentatives d'absolutisation des comportements humains : le « désir exclusif du profit » et la « soif du pouvoir dans le but d'imposer aux autres sa volonté ». L'auteur livre ici l'histoire et les ramifications de ce concept philosophico-théologique dont la paternité revient au pape polonais.
(14.00 euros, 120 p.)
ISBN : 978-2-343-11933-5, ISBN EBOOK : 978-2-14-004145-7

UNE PERSPECTIVE AFRICAINE DE LA MISSION CHRÉTIENNE
Le dialogue éducatif
Amaglo Samuel Komlanvi
Les Églises d'Afrique se retrouvent aujourd'hui être des protagonistes non négligeables de la mission chrétienne comme les autres Églises locales. Une telle participation à la mission de Dieu suscite une question théologique : existe-t-il une perspective africaine de la mission chrétienne ? Partant de la relation entre mission et éducation, cet ouvrage a le mérite de proposer le dialogue éducatif, non seulement comme une perspective africaine de la mission chrétienne, mais aussi pour une missiologie intégrale et intégrante, capable de rendre effective la nature missionnaire de toute l'Église.
(Coll. Églises d'Afrique, 32.50 euros, 316 p.)
ISBN : 978-2-343-11914-4, ISBN EBOOK : 978-2-14-004150-1

LA VÉRITÉ AU SERVICE DE L'ENGAGEMENT RELIGIEUX
Préalable à toute inculturation authentique de la vie consacrée
Kamaheu Jean Paul
L'auteur aborde plusieurs thèmes, liés à la théologie de la vie consacrée, dont l'enjeu se situe bien au-delà des préoccupations théologiques et pastorales. Il est question du nécessaire enracinement de la vie consacrée en Afrique, ce qui intéresse alors non seulement les personnes consacrées d'Afrique et d'ailleurs, mais aussi tout chrétien désireux de connaître davantage cette réalité d'Église qu'est la Sequela Christi.
(Coll. Croire et savoir en Afrique, 16.50 euros, 152 p.)
ISBN : 978-2-343-12341-7, ISBN EBOOK : 978-2-14-004298-0

RELIGION ET DYNAMIQUE SOCIALE
Revue gabonaise de sociologie 10
Si la religion est un «système de solidarité, de croyances et de pratiques relatives à des choses sacrées, c'est-à-dire séparées qui unissent en une même communauté morale (...) tous ceux qui y adhèrent», on peut tout à fait comprendre l'idée que «le Noir est un être incurablement religieux». Pris sous cet angle, le religieux devient «synonyme» de nature humaine parce que présent dans toute son œuvre. Ce numéro est une illustration de cette thèse, en fonction des contextes sociologiques considérés par les différents auteurs.
(22.50 euros, 224 p.)
ISBN : 978-2-343-12131-4, ISBN EBOOK : 978-2-14-004193-8

DÉBAT THÉOLOGIQUE ET RELIGIEUX
Cahiers de l'IREA 11
Collectif
Au sommaire de ce numéro : L'attitude à l'égard des musulmans à l'ère du terrorisme jihadiste : adaptation d'une échelle de mesure au contexte social camerounais ; Islam et mosquées au Cameorun : du désaccord entre croyants à la course à l'hégémonie des confréries ; Religion, ethnicité et politique en Afrique ; L'Église protestante méthodiste de Côte d'Ivoire et la question des réfugiés libériens de 1989 à 1996 ; Évangélisation par le théâtre au Congo belge; Le ministère de guérison et de délivrance du pasteur Gohi bi gohi Samuel.
(24.50 euros, 238 p.)
ISBN : 978-2-343-12645-6, ISBN EBOOK : 978-2-14-004255-3

L'APPORT D'YVES JEAN-MARIE CONGAR AU DIALOGUE ŒCUMÉNIQUE
Sa contribution à la première phase du dialogue luthérien-catholique (1967-1971)
Djeckabe Alin
L'année 2017 est le 500e anniversaire de la Réforme de Luther. C'est l'occasion, pour l'Église catholique romaine et les Églises luthériennes de faire un bilan de parcours des 50 ans de dialogue. Quel geste pourra-t-on poser pour exprimer ce rapprochement réciproque ? C'est dans la perspective de ce grand évènement de vie d'Église que ce livre se propose d'étudier la contribution du Père Yves Jean-Marie Congar au dialogue luthérien-catholique.
(Coll. Religions et Spiritualité, 39.00 euros, 406 p.)
ISBN : 978-2-343-12040-9, ISBN EBOOK : 978-2-14-003993-5

L'EUROPE PÈLERINE
Religion et tourisme
Sous la direction de Laurent Sébastien Fournier et Fiorella Giacalone
L'Organisation mondiale du tourisme estime à 330 millions le nombre de voyageurs intéressés par les lieux de la foi. Les voyages vers des lieux de culte participent de la recherche d'une nouvelle spiritualité au sein d'une société fortement laïcisée. Mais les pèlerinages, phénomènes de mobilité contemporains, s'inscrivent aussi dans la continuité d'une histoire religieuse longue. L'ouvrage réunit une série de textes permettant d'aborder la diversité pèlerine européenne et les dynamiques contemporaines de transformation des pèlerinages.
(Coll. Ethnologie de l'Europe, 28.00 euros, 278 p.)
ISBN : 978-2-343-12391-2, ISBN EBOOK : 978-2-14-004051-1

DE L'ENFER INTROUVABLE À L'IMMORTALITÉ RETROUVÉE
Les fins dernières selon le christianisme originel
Fromaget Michel
Le parti choisi par cet ouvrage, en vue de mettre à jour la manière dont Jésus-Christ, les évangélistes, les apôtres et les premiers Pères de l'Église comprenaient l'immortalité et la damnation, a été de suivre le grand principe des sémioticiens qui leur intime de ne se fier qu'au texte. Avoir procédé ainsi permet d'affirmer que les soi-disant dogmes de l'enfer éternel et de l'immortalité naturelle de l'âme sont étrangers au christianisme originel. En cela, et en raison de l'ampleur de sa documentation scripturaire et historique, ce livre est aujourd'hui sans équivalent.
(Coll. Cahiers Disputatio, 37.50 euros, 372 p.)
ISBN : 978-2-343-11683-9, ISBN EBOOK : 978-2-14-004023-8

LE SENS ET LA VÉRITÉ DU MYTHE
Dans «Mere Christianity» de C.S. LEWIS
Johnston Stephen - Préface de Irène Fernandez
Ce livre nous invite à approfondir notre lecture d'un des livres les plus connus de C. S. Lewis, *Mere Christianity*, en étudiant le manuscrit des émissions à la BBC durant la Seconde Guerre mondiale qui en furent la première forme. En travaillant à la frontière de la littérature, de la philosophie, de la théologie et de l'anthropologie, l'auteur cherche à comprendre les raisons du succès de ces émissions auprès d'un public disparate.
(38.50 euros, 388 p.)
ISBN : 978-2-343-11028-8, ISBN EBOOK : 978-2-14-004073-3

LES CALAMITÉS IMPOSÉES AUX CHRÉTIENS
Par un témoin oculaire
Recueil des évènements malveillants, injustices, kidnappings, déportation, massacres, exode, injures et autres actes hideux survenus en Mésopotamie, principalement à Mardin, en 1895-1914-1919
Armalet Isaac
Cet ouvrage écrit par le Père Armalet en 1919 décrit les massacres en Mésopotamie de 1895 et 1915. Il est l'un des rares recueils à présenter en détail les massacres et les souffrances des communautés chrétiennes araméennes (syriaques catholiques, syriaques orthodoxes, chaldéens,

latins, protestants) et des Arméniens catholiques de la région. Il témoigne aussi du passage par cette zone des convois chrétiens venant de plus loin en Turquie, les attaques kurdes et tcherkesses, les rapts et les massacres.
(Coll. Théologie Plurielle, 42.00 euros, 440 p.)
ISBN : 978-2-343-11960-1, ISBN EBOOK : 978-2-14-003866-2

LE GHETTO THÉOCRATIQUE
Mbele Charles Romain
Une tendance lourde de tout le spectre religieux est née dans nos sociétés à l'orée des années 70 du XXe siècle : elle s'oppose à la laïcité, au pluralisme des convictions, à la diversité des croyances et des incroyances, à la multiplicité des sensibilités, ce qui a mené à l'enfermement des peuples dans un ghetto théocratique. Sortir de celui-ci suppose de renouer avec la réflexion critique, permettant de prendre du recul avec l'hystérisation actuelle de la différence en recherchant une instance - la philosophie - qui valorise la pensée critique, réflexive et rationnelle.
(Harmattan Cameroun, 29.00 euros, 278 p.)
ISBN : 978-2-343-11879-6, ISBN EBOOK : 978-2-14-003934-8

LES PRIÈRES D'EXORCISME ET DE GUÉRISON DANS L'ÉGLISE CATHOLIQUE EN AFRIQUE
Lecture théologique et pastorale
Salumu Ndalibandu Nestor
Cet ouvrage est à la fois autobiographique, pastoral et théologique. L'auteur invite les pasteurs des Églises catholiques en Afrique à considérer les problèmes liés à l'exorcisme et aux guérisons divines comme décisifs pour l'avenir de l'Église en Afrique. Il propose de mettre dans chaque diocèse une équipe pluridisciplinaire devant penser en profondeur ces graves problèmes, par une christologie trinitaire, prophétique et thérapeutique.
(Coll. Églises d'Afrique, 12.00 euros, 88 p.)
ISBN : 978-2-343-11978-6, ISBN EBOOK : 978-2-14-003947-8

À L'ÉCOLE DU CORAN
Lecture sélective et commentée des Sourates du Noble Coran
Mbacké Khadim - Compilation et révision par Amadou Sadickh Diop
Ce livre est une visite guidée du livre sacré de l'Islam, qui permet d'en explorer les méandres et d'en saisir les aspects surprenants. Étant donné la diversité et la richesse du sujet, un choix s'est imposé, d'où la sélection dans chaque sourate des versets qui semblent les plus actuels. Les commentaires visent à démontrer l'actualité du Message coranique et le besoin de tout croyant de s'y référer constamment pour bien gérer sa vie matérielle et spirituelle.
(Harmattan Sénégal, 50.00 euros, 500 p.)
ISBN : 978-2-343-12256-4, ISBN EBOOK : 978-2-14-003945-4

DIEU EST-IL CHRÉTIEN CATHOLIQUE ?
Barbey Francis
Cet ouvrage aborde la question du dialogue interreligieux en posant la question de l'appartenance religieuse de Dieu dans un contexte délicat. En effet, le dialogue entre croyants sur l'objet de la foi est une question complexe entre ce qu'on voudrait pour l'ensemble des croyants au nom d'un Dieu qui serait le même pour tous et ce qu'il n'est pas possible de faire. L'auteur souhaite ainsi interroger la complexité du dialogue interreligieux et montrer la façon dont le christianisme en particulier vit son chemin de dialogue au service de la paix et de la fraternité humaine.
(Coll. Religions et Spiritualité, 13.00 euros, 110 p.)
ISBN : 978-2-343-12083-6, ISBN EBOOK : 978-2-14-003803-7

Structures éditoriales du groupe L'Harmattan

L'Harmattan Italie
Via degli Artisti, 15
10124 Torino
harmattan.italia@gmail.com

L'Harmattan Hongrie
Kossuth l. u. 14-16.
1053 Budapest
harmattan@harmattan.hu

L'Harmattan Sénégal
10 VDN en face Mermoz
BP 45034 Dakar-Fann
senharmattan@gmail.com

L'Harmattan Cameroun
TSINGA/FECAFOOT
BP 11486 Yaoundé
inkoukam@gmail.com

L'Harmattan Burkina Faso
Achille Somé – tengnule@hotmail.fr

L'Harmattan Guinée
Almamya, rue KA 028 OKB Agency
BP 3470 Conakry
harmattanguinee@yahoo.fr

L'Harmattan RDC
185, avenue Nyangwe
Commune de Lingwala – Kinshasa
matangilamusadila@yahoo.fr

L'Harmattan Congo
67, boulevard Denis-Sassou-N'Guesso
BP 2874 Brazzaville
harmattan.congo@yahoo.fr

L'Harmattan Mali
Sirakoro-Meguetana V31
Bamako
syllaka@yahoo.fr

L'Harmattan Togo
Djidjole – Lomé
Maison Amela
face EPP BATOME
ddamela@aol.com

L'Harmattan Côte d'Ivoire
Résidence Karl – Cité des Arts
Abidjan-Cocody
03 BP 1588 Abidjan
espace_harmattan.ci@hotmail.fr

L'Harmattan Algérie
22, rue Moulay-Mohamed
31000 Oran
info2@harmattan-algerie.com

L'Harmattan Maroc
5, rue Ferrane-Kouicha, Talaâ-Elkbira
Chrableyine, Fès-Médine
30000 Fès
harmattan.maroc@gmail.com

Nos librairies en France

Librairie internationale
16, rue des Écoles – 75005 Paris
librairie.internationale@harmattan.fr
01 40 46 79 11
www.librairieharmattan.com

Lib. sciences humaines & histoire
21, rue des Écoles – 75005 Paris
librairie.sh@harmattan.fr
01 46 34 13 71
www.librairieharmattansh.com

Librairie l'Espace Harmattan
21 bis, rue des Écoles – 75005 Paris
librairie.espace@harmattan.fr
01 43 29 49 42

Lib. Méditerranée & Moyen-Orient
7, rue des Carmes – 75005 Paris
librairie.mediterranee@harmattan.fr
01 43 29 71 15

Librairie Le Lucernaire
53, rue Notre-Dame-des-Champs – 75006 Paris
librairie@lucernaire.fr
01 42 22 67 13

www.ingramcontent.com/pod-product-compliance
Lightning Source LLC
LaVergne TN
LVHW011011061026
849535LV00006B/1821